Gebräuchliche Abkürzungen

Aminosäuren

Ala Alanin
Arg Arginin
Asn Asparagin
Asp Asparaginsäure
Cys Cystein
Hyp Hydroxyprolin
Hyl Hydroxylysin
Gln Glutamin
Glu Glutaminsäure
Gly Glycin
His Histidin
Ile Isoleucin
Leu Leucin
Lys Lysin
Met Methionin
Phe Phenylalanin
Pro Prolin
Ser Serin
Thr Threonin
Try Tryptophan
Tyr Tyrosin
Val Valin

Monomere Kohlenhydrate

Rib Ribose
dRib Desoxyribose
Xyl Xylose
Glc Glucose
Gal Galaktose
Man Mannose
Fru Fructose (d steht für Desoxy-, sowohl bei Kohlenhydraten als auch bei Nucleotiden)

Kohlenhydrat-Derivate

GlcA Gluconsäure
GlcUA Glucuronsäure
GlcN Glucosamin
GlcNAc N-Acetylglucosamin
NANA N-Acetylneuraminsäure

Pyrimidin- und Purinbasen

Cyt Cytosin
Ura Uracil
Thy Thymin
Ade Adenin
Gua Guanin
Hyp Hypoxanthin

Nucleoside

C (Cyd) Cytidin
U (Urd) Uridin
T (Tho) Thymidinribosid
A (Ade) Adenosin
G (Guo) Guanosin
I (Ino) Inosin
-dC Desoxycytidin
...dA Desoxyadenosin etc.

Nucleosid-5-mono-, -di-, -triphosphate

C-5-MP Cytidinmonophosphat
C-5-DP, C-5-TP — analog U-5-MP
U-5-DP, U-5-TP — A-5-MP (AMP)
Adenosinmonophosphat
A-5-DP (ADP) Adenosindiphosphat
A-5-TP (ATP) Adenosintriphosphat
etc.

Nucleosid-3'-phosphate

A-3-MP etc.

Cyclophospate

A-3:5-MP Adenosin-3',5'-cyclomonophosphat etc.

Nucleinsäuren

DNA Desoxyribonucleinsäure
RNA Ribonucleinsäure
cRNA komplementäre RNA
mRNA Messenger-RNA (Matrizen-RNA)
mtRNA mitochondriale RNA
nRNA nucleare RNA
tRNA Transfer-RNA
tRNA^{Ala} Alanin-spezifische Transfer-RNA

Halbsystematische Kürzel

Acetyl-CoA Acetylcoenzym A
CoA Coenzym A (frei)
-S-CoA Coenzym A in Bindung an einen Säurerest, (Thioesterbindung) „aktivierte" Säure
DOPA Dihydroxyphenylalanin
GSH Glutathion
GSSG oxidiertes Glutathion
Hb Hämoglobin
HbCO Kohlenoxidhämoglobin
HbO$_2$ Sauerstoff-tragendes Hb
IP Isoelektrischer Punkt
MG Molekulargewicht
PP anorganisches Pyrophosphat
RQ Respiratorischer Quotient
TMV Tabakmosaikvirus
UV Ultraviolett

(Fortsetzung s. 3. Umschlagseite)

Heidelberger Taschenbücher Band 170

H. M. Th. Rauen · M. Rauen-Buchka

Physiologische Chemie

Begleittext zum Gegenstandskatalog
für die Fächer der Ärztlichen Vorprüfung

Springer-Verlag Berlin Heidelberg GmbH 1975

Professor Dr. H.M.Th. RAUEN und M. RAUEN-BUCHKA,
Abteilung für Experimentelle Zellforschung im Physiologisch-Chemischen Institut der Westfälischen Wilhelms-Universität, 44 Münster (Westf.)

ISBN 978-3-540-07273-7   ISBN 978-3-662-09354-2 (eBook)
DOI 10.1007/978-3-662-09354-2

Das Werk ist urheberrechtlich geschützt. Die dadurch begründeten Rechte, insbesondere die der Übersetzung, des Nachdruckes, der Entnahme von Abbildungen, der Funksendung, der Wiedergabe auf photomechanischem oder ähnlichem Wege und der Speicherung in Datenverarbeitungsanlagen bleiben, auch bei nur auszugsweiser Verwertung, vorbehalten.
Bei Vervielfältigungen für gewerbliche Zwecke ist gemäß § 54 UrhG eine Vergütung an den Verlag zu zahlen, deren Höhe mit dem Verlag zu vereinbaren ist.
© by Springer-Verlag Berlin Heidelberg 1975.
Ursprünglich erschienen bei Springer-Verlag Berlin Heidelberg New York 1975

Library of Congress Cataloging in Publication Data. Rauen, Hermann Matthias, 1913- Physiologische Chemie. (Heidelberger Taschenbücher; Bd. 170). Bibliography: p. Includes index. 1. Physiological chemistry. I. Rauen-Buchka, M., 1920- joint author II. Title. QP514.2.R38. 574.1'92. 75-8989
Die Wiedergabe von Gebrauchsnamen, Handelsnamen, Warenbezeichnungen usw. in diesem Werk berechtigt auch ohne besondere Kennzeichnung nicht zu der Annahme, daß solche Namen im Sinne der Warenzeichen- und Markenschutz-Gesetzgebung als frei zu betrachten wären und daher von jedermann benutzt werden dürften.

Für Florian Thomas Rauen

Einführung

Dieses Buch erscheint zu einem Zeitpunkt, da Lehrende wie Lernende zu einer Konsequenz drängen, die Fülle der in den letzten Jahrzehnten aufgelaufenen wissenschaftlichen Ergebnisse in Medizin und Naturwissenschaften zwar „zum Wohl des Menschen", aber nicht zum „Fluch des Medizinstudenten" werden zu lassen.
Der erste Schritt zu dieser Konsequenz wurde mit der Änderung der Approbationsordnung für Ärzte mit einschneidenden Veränderungen im Bereich des ärztlichen Prüfungswesens getan. Dieser wieder veranlaßte eine Neuerung im Prüfungswesen durch die Einführung einheitlicher schriftlicher Prüfungen nach dem Multiple Choice System. Das zu unterrichtende und zu prüfende „Material" ist im Gegenstandskatalog für die Fächer der Ärztlichen Vorprüfung und der Ärztlichen Prüfung zusammengetragen.
Ohne hier eine Analyse der Entwicklung des Medizinstudiums geben zu wollen, reicht die Feststellung, daß sich sehr bald nach Erscheinen des „Gegenstandskatalogs" das Bedürfnis zeigte, sich für diese Prüfungsform über das im täglichen Unterrichtsbetrieb erworbene Wissen stetig zu kontrollieren. Damit ergab sich das Konzept zur Darstellung des großen Fachgebiets der „Biochemie" auf kleinstmöglichem Raum. In Anlehnung an die Einteilung des Gegenstandskatalogs wurden in diesem Buch die Fakten ohne kommentierenden Text aneinander gefügt, um so aus der logisch didaktischen Folge der Anordnung den funktionellen Ablauf der Reaktionsvorgänge transparent zu machen und dem Studierenden die Übersicht über das für ihn komplizierte Fachgebiet zu erleichtern.
Ebenso wie der Gegenstandskatalog ein erster Anfang auf dem Weg zu einem reibungslosen Unterrichts- und Prüfungsablauf ist, fassen wir auch den vorliegenden Text als ein erstes Konzept auf, das permanent sowohl in Sachauswahl wie in didaktischer Darstellung zu verbessern ist. Um eine kritische aber konstruktive Stellungnahme bitten wir, und wir würden uns freuen, wenn in gemeinsamer

Arbeit zwischen Benutzern und Autoren die Bewältigung der Lernprobleme um einen Schritt zur Annäherung vom geforderten zum wirklich notwendigen Pensum das Resultat wäre.

Allen Mitarbeitern, insbesondere des Springer-Verlages, danken wir für gute Zusammenarbeit, und wir danken dem Leser und Lernenden für Interesse und Verständnis.

Münster, im April 1975

H.M.TH. RAUEN · M. RAUEN-BUCHKA

Inhaltsverzeichnis

1 **Physikalisch-chemische Grundbegriffe** 1
   1.1 Chemische Bindungen 1
   1.2 Energetik und Kinetik 3
   1.3 Metabole Bedeutung des Wassers ... 5
   1.4 Membrangleichgewicht 5
   1.5 pH- und pK-Wert 7

2 **Proteine** 9
   2.1 Aminosäuren 9
   2.2 Peptide 11
   2.3 Proteine 13

3 **Enzyme** 18
   3.1 Stoffklasse, Molekulargewicht 18
   3.2 Struktur 18
   3.3 Eigenschaften 19
   3.4 Nomenklatur 20
   3.5 Kinetik 22
   3.6 Hemmstoffe 24
   3.7 Darstellung (Präparation) 27
   3.8 Die Diagnostik und allgemeine klinische Anwendung 27

4 **Stoffwechsel der Aminosäuren** 29
   4.1 N-Kreislauf 29
   4.2 Synthese und Abbau von Aminosäuren . 30
   4.3 Harnstoffbildung 31
   4.4 Stoffwechsel des Ammoniaks 32
   4.5 Umwandlung des Kohlenstoffgerüsts . 34
   4.6 Stoffwechsel einzelner Aminosäuren . 36
   4.7 Angeborene Stoffwechselstörungen .. 40

5 **Nucleinsäuren und Molekularbiologie** 42
   5.1 Allgemeines 42
   5.2 Chemie der Nucleinsäuren 43
   5.3 Biosynthese der Nucleinsäurebausteine 45

5.4	Struktur und Charakteristik von Nucleinsäuren	46
5.5	Biosynthese der Nucleinsäuren	48
5.6	Abbau von Nucleinsäuren	50
5.7	Proteinbiosynthese	52
5.8	Genetischer Code	56
5.9	Hemmstoffe der Proteinbiosynthese	56
5.10	DNA als genetisches Material	57
5.11	Mutation	58

6 Kohlenhydrate ... 60
6.1	Allgemeines	60
6.2	Stoffwechsel	65
6.3	Pyruvat-Dehydrogenase	70
6.4	Citrat-Cyclus	70
6.5	Gluconeogenese	74
6.6	Pentose-Phosphatweg	75
6.7	Glykogenstoffwechsel	78
6.8	Umwandlung der Zucker untereinander	80

7 Lipide ... 85
7.1	Allgemeines	85
7.2	Stoffwechsel der Fettsäuren	86
7.3	Stoffwechsel der Triglyceride	89
7.4	Stoffwechsel der Phosphatide	90
7.5	Stoffwechsel der Sphingolipide	90
7.6	Ketonkörper	91
7.7	Cholesterin	93
7.8	Gallensäuren	95
7.9	Steroidhormone	96
7.10	Lipoproteine	96

8 Biologische Oxidation ... 97
8.1	Allgemeines	97
8.2	Biologische Redoxsysteme	99
8.3	Mitochondrien	100
8.4	Atmungskette	102
8.5	Sauerstoffaktivierende Enzyme	107
8.6	Katalase und Peroxidasen	108

9 Mineralstoffwechsel ... 110
9.1	Elektrolythaushalt	110
9.2	Säure-Basen-Haushalt	113
9.3	Eisenstoffwechsel	116
9.4	Spurenelemente	118

10 Allgemeine Mechanismen der Stoffwechselregulation 119
  10.1 Allgemeine Begriffe 119
  10.2 Intracelluläre Regulation 123
  10.3 Enzymsynthese, Modell von Jacob und Monod 124

11 Hormonelle Regulation 128
  11.1 Allgemeines 128
  11.2 Schilddrüsenhormone 131
  11.3 Thyreoidea-stimulierendes Hormon (TSH und TRH) 132
  11.4 Parathormon 132
  11.5 Thyreocalcitonin 132
  11.6 Noradrenalin und Adrenalin 132
  11.7 Insulin 133
  11.8 Glukagon 136
  11.9 Wachstumshormon (STH) 136
  11.10 Hormone der Nebennierenrinde (u. a. Steroidhormone) 137
  11.11 Adrenocorticotropes Hormon (ACTH) 139
  11.12 Sexualhormone und gonadotrope Hormone 141
  11.13 Hormone des Hypophysenhinterlappens 142
  11.14 Serotonin 143
  11.15 Histamin 143
  11.16 Renin-Angiotensin-System 144
  11.17 Prostaglandine 144
  11.18 Hormone des Gastrointestinaltraktes . 144

12 Immunchemie 145
  12.1 Definition 145
  12.2 Antikörper 147
  12.3 Methoden 148
  12.4 Klinisch-praktische Anwendungen (Blutgruppen und Blutfaktoren) . . . 150

13 Vitamine 153
  13.1 Allgemeines 153
  13.2 Thiamin 159
  13.3 Riboflavin 159
  13.4 Nicotinsäure und Nicotinsäureamid . . 160
  13.5 Biotin 160
  13.6 Pyridoxin 160

13.7	Pantothensäure	161
13.8	Folsäure	161
13.9	Cobalamin	162
13.10	Ascorbinsäure	163
13.11	Retinol	163
13.12	Calciferol	165
13.13	Phyllochinon	166
13.14	Tokopherol	166

14	**Ernährung und Verdauung**	167
14.1	Allgemeine Grundlagen und Begriffe	167
14.2	Proteine	172
14.3	Kohlenhydrate	173
14.4	Fette und Lipide	174
14.5	Hungerstoffwechsel	175
14.6	Verdauung	178
14.7	Bakterienflora	180
14.8	Resorption der Nahrungsstoffe	180

15	**Topochemie der Zelle**	184
15.1	Allgemeines	184
15.2	Zellkern	185
15.3	Mikrosomen	186
15.4	Mitochondrien	187
15.5	Lysosomen	188
15.6	Cytosol	189
15.7	Membranen	189

16	**Blut**	192
16.1	Häm und Hämoglobine	192
16.2	Andere Hämoproteine	197
16.3	Erythrocyten	198
16.4	Andere celluläre Bestandteile des Blutes	199
16.5	Blutflüssigkeit, Plasma bzw. Serum	200
16.6	Blutgerinnung	203
16.7	Fibrinolyse	206

17	**Leber**	207
17.1	Generelle Leistungen	207
17.2	Spezifische Funktionen im Gesamtstoffwechsel	207
17.3	Proteinsynthesen	209
17.4	Fremdstoffwechsel	210
17.5	Lebertoxische Substanzen	211
17.6	Leberfunktionsproben	212

	17.7	Serumenzymdiagnostik	212
	17.8	Zusammensetzung der Galle	213
	17.9	Pathologischer Leberstoffwechsel	215
	17.10	Neonatale Leber	215
18	**Niere und Harn**		217
	18.1	Mechanismus der Harnbildung	217
	18.2	Zusammensetzung des Harns	219
	18.3	Stoffwechsel der Niere	221
	18.4	Regulation des Säure-Basen-Haushaltes	221
19	**Fettgewebe**		223
	19.1	Funktion	223
	19.2	Stoffwechsel	223
20	**Muskelgewebe**		226
	20.1	Zusammensetzung und Ultrastruktur des Muskels	226
	20.2	Energiestoffwechsel des Muskels	227
	20.3	Enzymausstattung des Muskels	227
	20.4	Erregung, Kontraktion, Relaxation	228
21	**Nervengewebe**		231
	21.1	Bestandteile des Nervengewebes	231
	21.2	Stoffwechsel des Nervengewebes	232
	21.3	Nervenleitung und Erregungsstoffe	233
22	**Binde- und Stützgewebe**		237
	22.1	Bausteine, Stoffwechsel und Funktionen des Bindegewebes	237
	22.2	Knochen und Knochenbildung	240

Weiterführende Fachliteratur 243

1 Physikalisch-chemische Grundbegriffe

1.1 ▶ *a) Die Atombindung (kovalente oder homöopolare Bindung).*
Chemische Je ein einsames Elektron zweier Atome vereinigen sich
Bindungen zu einem Elektronenpaar. Die Einzelelektronen verlassen
aber nicht ihre Atomverbände, das *Bindungselektronenpaar*
befindet sich im Bereich beider Atomkerne. *Die chemische
Bindung* ist eine Kombination von Atom-Orbitalen zu
Molekel-Orbitalen mit maximaler Überlappung (ein
Orbital ist der Raumbereich, in dem sich ein Elektron mit
maximaler Wahrscheinlichkeit aufhält). Liegen die
Ladungswolken der Elektronen rotationssymmetrisch um
die Kernverbindungslinie, spricht man von σ-*Bindungen.*
In den Strukturformeln organischer Verbindungen wird
der Bindestrich als bindendes Elektronenpaar interpretiert.
Als *Bindigkeit* bezeichnet man die Anzahl von Atombindungen durch bindende Elektronenpaare, die ein Atom gegenüber einem anderen betätigt. – Ideal ist die gemeinsame Anteiligkeit zweier Atome an einem Bindungselektronenpaar nur dann, wenn die verbundenen Atome gleiche *Elektronenaffinitäten* haben. Sind sie verschieden, dann liegt das Bindungselektronenpaar nicht symmetrisch zwischen den beiden Atomen, sondern es wird nach dem Atom mit der größeren Elektronenanziehungskraft, der größeren *Elektronegativität,* hingezogen. Das andere Atom wird dadurch positiviert = *polare Atombindung,* es bildet sich ein elektrischer Bindungsdipol aus; er ist die Ursache elektrostatischer Feldwirkungen, durch die auch an entfernter liegenden Atomen die *Elektronendichten* verändert werden = *I-Effekt* (Induktionseffekt). So ergeben sich zwei Typen von Dipolen: *permanenter und induzierter Dipol.*
Bei der sp^3-Hybridisierung des Kohlenstoffs bilden sich vier gleichwertige sp^3-Hybrid-Orbitale, von denen zwei zur σ-*Bindung* zusammentreten, zwei weitere können ebenfalls überlappen, und zwar senkrecht zur Richtung ihrer größten Ausdehnung = π-Elektronenpaar oder π-*Bindung.* Zwischen den beiden C-Atomen besteht also *Doppelbindung.* Auch die O=C-Bindung ist durch eine

σ- und eine π-Bindung gegeben. Die π-Bindung ist stärker polarisiert als die σ-Bindung, was die chemische Reaktivität der Carbonylgruppe determiniert. (Atommittelpunktsabstände 0,09-0,15 nm).

Obgleich die einfache C-C-Bindung unpolar ist, kann sie durch benachbarte Feldwirkungen derart beeinflußt werden, daß sie sich *homolytisch* spaltet und *freie Kohlenstoffradikale* mit je einem Einzelelektron entstehen. Die Alternative ist, daß eine bereits polarisierte Bindung exogen noch weiter polarisiert wird und sich im Extremfall *heterolytisch* aufspaltet und zwei entgegengesetzt geladene Ionen entstehen, zum Beispiel bei Ausbildung eines *Carbonium-Ions* mit einer einfach positiven Ladung. Die polaren Atombindungen sind *Übergangstypen zwischen unpolarer Atombindung und Ionenbeziehung* und für das biochemische Verhalten von Metaboliten von fundamentaler Bedeutung.

b) Die Ionenbeziehung (Ionenbindung, heteropolare oder elektrovalente Bindung). Durch Elektronenaustausch zwischen zwei Atomen mit Elektronenüberschuß bzw. Elektronenlücke unter Ausbildung der Edelgaskonfiguration entstehen ein- oder mehrwertige, entgegengesetzt geladene Ionen. Da in verdünnten Lösungen die Ionen frei beweglich sind, wird der Terminus Ionen*beziehung* bevorzugt.

c) Oniumkomplexe. Die Ammoniakmolekel besitzt neben den drei Atombindungen (Kopplung der drei Einzelelektronen des N-Atoms mit je einem Elektron der drei H-Atome) noch ein *freies Elektronenpaar*. Dieses tendiert zur Bindung. NH_3 oder allgemein $R_1R_2R_3N$ wirkt als Elektronendonator und ist somit *nucleophil* (kernsuchend), und bindet einen Partner mit *Elektronenlücke*. Es bildet also eine weitere Atombindung aus, wozu es *zwei* Elektronen liefert. Das N-Atom ist Zentralatom und betätigt somit über die Zahl seiner Valenzelektronen hinaus noch eine weitere Bindung. Neben Ammoniumkomplexen gibt es *Oxonium-* und *Sulfoniumkomplexe* mit dreibindigem Sauerstoff bzw. Schwefel. Alle drei sind von großer biochemischer Bedeutung.

d) Die Komplexbindung. Zusammentritt mehrerer Atom- oder Molekelsysteme zu einer Verbindung höherer Ordnung. Um ein *Zentralion* (meist mehrwertiges Kation) sind anorganische oder organische *Liganden* unter Betätigung von heteropolaren und koordinativen Bindungen raumorientiert gruppiert. Das Zahlenverhältnis Ligand (Chelator) zu Zentralion wird *Koordinationszahl* genannt, die Verbindungen nennt man *Komplexverbindungen* oder in einem Sonderfall *Chelate*. Von biochemischer Bedeutung sind Chelate, in denen das Zentralkation von zwei- und mehr-„zähnigen" organischen Chelatoren eingehüllt ist.

e) Assoziate (Micellen) sind mehr oder weniger lockere Zusammenlagerungen, mit oder ohne strenge räumliche Ausrichtung der Partner. Sie entstehen durch Wechselwirkungen zwischen Anionen, Neutralmolekülen, Kationen und Dipolen. Solche mit permanenten Dipolen sind zum Beispiel die Hydrathüllen in Membranstrukturen oder Protein-Phospholipid-Assoziate.

f) Die Wasserstoffbindung oder Wasserstoffbrücke entsteht durch Oscillation eines Protons zwischen einem Protonendonator (z. B. -COOH, arom-OH, $-NH_2$, $>NH$) und einem Protonenacceptor (System höherer Elektronegativität infolge freier Elektronenpaare, z. B. $>C=O$, $\geqslant N$), allgemein X-H...Y, im Abstand von 0.28 nm. Die Bindungsenthalpie beträgt $\sim 0{,}1$ derjenigen einer kovalenten Bindung. Sie ist die Ursache der Bildung von H_2O-Clustern, Fettsäurendimerisation, Konformation von Makromolekülen (Nucleinsäuren, Proteine u.a.).

g) Die hydrophobe Bindung. Intra- oder intermolekulare Wechselwirkungen, Betätigung von London-van-der-Waals-Kräften zwischen nichthydratisierten Molekelbezirken infolge induzierter Polarisation von Elektronenwolken in wäßrigen Medien. Ihre Statik ist bedingt durch Entropieabnahme des bei Assoziation der unpolaren Gruppen verdrängten Wassers, zum Beispiel zwischen der $-CH_3$ des Alanins, den aliphatischen Resten von Valin, Leucin, Isoleucin, dem aromatischen Rest von Phenylalanin, dem heterocyclischen Rest von Tryptophan.

1.2 Energetik und Kinetik

▶ *Energie* ist die Fähigkeit eines Systems, *Arbeit* zu leisten. Im biologischen Bereich entstammt diese Fähigkeit energetischen Änderungen von Katabolsystemen (primär ist diese Energie im Photosyntheseprozeß eingebracht).

1. Hauptsatz: Die Gesamtenergie eines abgeschlossenen Systems ist konstant.

2. Hauptsatz: $\Delta H = \Delta G + T \cdot \Delta S$. Die Änderung des Wärmeinhaltes ΔH (Enthalpie) eines reagierenden Systems (kcal) besteht aus der Änderung der freien Energie (freie Enthalpie) ΔG, die in andere Energieformen konvertierbar ist, und einem Produkt, bestehend aus der absoluten Temperatur T und der Entropieänderung ΔS (Maß für den Grad der molekularen Unordnung; ungeordnete Systemzustände sind wahrscheinlicher als geordnete; $T \cdot \Delta S$ hat die Dimension kcal). Meist wird $\Delta G°$ gebraucht: Änderung der freien Energie eines Systems unter Standardbedingungen (1 M Konzentration, 1 at, 298° K; Dimension kcal·Mol^{-1}). $-\Delta G°$ besagt, daß das reagierende System Energie verliert = *exergonische Reaktion*, $+\Delta G°$, daß es Energie aufnimmt = *endergonische Reaktion*. − Da bei biochemischen Reaktionen $\Delta G°$ interessiert, erhält obige Gleichung die Form: $\Delta G° = \Delta H - T \cdot \Delta S$.

1.2.1 Reversible und irreversible Prozesse

a) Reversible Reaktionen: $A + B \rightleftharpoons C + D$. Nach dem Massenwirkungsgesetz:

[C] [D] / [A] [B] = K (Gleichgewichtskonstante).

Das System fällt von hohem Energiepotential auf ein niedriges ab, ein Maß für die Potentialdifferenz ist K: $\Delta G° = -RT\ln K$ (R = Gaskonstante 1,987 cal·Mol^{-1}. Grad^{-1}, K = Gleichgewichtskonstante bei Temp. T). Liegen nicht einmolare Konzentrationen der Reaktionspartner vor, dann ist

$\Delta G = \Delta G° + RT\ln$ ([C] [D] / [A] [B]).

Jede freiwillig ablaufende Reaktion ist exergonisch, manche brauchen zunächst Aktivierungsenergie; sie läuft so lange weiter, als die freie Energie noch abnehmen kann. Beim Gleichgewichtszustand wird $\Delta G = O$. *b) Irreversible Reaktionen:* Eine Reihe enzymkatalytischer Reaktionen verlaufen aus energetischen u. a. Gründen irreversibel, z. B.
Phosphoenolpyruvat → Enolpyruvat (Pyruvatkinase),
Glucose → Glucose-6-phosphat (Hexokinase, Glucokinase),
Pyruvat → Acetaldehyd + CO_2 (Pyruvatdecarboxylase).
Die Thermodynamik irreversibler Prozesse ist kompliziert; vereinfachend nehmen wir an, daß bei diesen an sich irreversiblen Prozessen das Gleichgewicht vollkommen nach rechts verschoben ist.

1.2.2 Fließgleichgewicht

Wenn ein System ins Gleichgewicht kommt und $\Delta G = O$ wird, leistet es keine Arbeit mehr. Damit es permanent Arbeit leistet, darf ein Reaktans nie die Gleichgewichtskonzentration erreichen. Es muß laufend weiter reagieren: $A \rightarrow B \rightarrow C \rightarrow \ldots \rightarrow Z$, d. h. es muß *Fließgleichgewicht* herrschen. Alle Reaktantien haben im „steady state", im stationären Zustand, bestimmte *stationäre Konzentrationen,* die von denen der (thermodynamisch determinierten) chemischen Gleichgewichtskonzentrationen verschieden sind. In das Fließgleichgewichtssystem können nun auch endergonische Einzelreaktionen einbezogen sein; sie laufen trotzdem ab, weil andere Teilreaktionen der Sequenz exergonisch ablaufen und damit auch ΔG des Gesamtvorgangs negativ wird. - Grundbedingungen: Im geschlossenen System ist im dynamischen Gleichgewichtszustand Reaktionsgeschwindigkeit → gleich Reaktionsgeschwindigkeit ←; im offenen System ist kein Gleichgewicht möglich, somit Reaktionsgeschwindigkeit → > Reaktionsgeschwindigkeit ←. Beispiele: enzymkatalysierte Reaktionssequenz, lebende Zelle.

1.2.3 ▶ Bindungs- und Aktivierungsenergie

a) Bindungsenergie: Freie Energie der Spaltung (Zerstören des Orbitals eines Bindungselektronenpaares) eines Molekelsystems in Atome und Radikale. Dies sind stark endergonische Vorgänge. Für eine kovalente Bindung müssen 50 - 100 kcal·Mol^{-1}, für eine Wasserstoffbrückenbindung 5 - 8 kcal·Mol^{-1} und für eine elektrovalente Bindung 10 - 20 kcal·Mol^{-1} aufgewandt werden. *b) Aktivierungsenergie:* Viele reaktionsaffine Stoffe bilden untereinander einen metastabilen Zustand: obgleich nicht im Gleichgewichtszustand, werden sie chemisch nicht verändert. Aber die Zufuhr eines gewissen Energiebetrages (zum Beispiel durch Wärme oder Photonen) bringt sie in einen *reaktiven Zustand* (Änderung der Elektronen- oder Atomkonfiguration), und jetzt erfolgt chemischer Umsatz. Die Änderung der Gesamtenergie des reagierenden Systems = Änderung der freien Energie ΔG + zugeführte Aktivierungsenergie. Die Aktivierungsenergie kann durch Zugabe eines Katalysators herabgesetzt werden (Platinschwamm für $H_2 + O_2 = 2 H_2O$; Enzyme für enzymatisch katalysierte Reaktionen).

1.3 ▶ Metabole Bedeutung des Wassers

a) H_2O wird verbraucht: Bei allen hydrolatischen Spaltungen: Carbonsäure-, Phosphorsäure-, Schwefelsäureester, Homo- und Heteroglykanen, Glykosiden, Proteinen, Poly- und Oligopeptiden, ferner bei Hydratisierungen: Fumarat, α, β-ungesättigte Fettsäuren. *b) H_2O entsteht:* Hauptmenge aus Endreaktion der Atmungskette, bei ligatischen Reaktionen.

1.4 ▶ Membrangleichgewicht

a) Osmotischer Druck (allgemein): Molekeln permeieren nicht durch Membranen, wenn die Molekeldurchmesser größer sind als die Membranporendurchmesser. Sind zwei Räume durch eine Membran getrennt, und es befindet sich auf der einen Seite reines Solvens (Puffer), auf der anderen in Solvens gelöster, nicht permeierender makromolekularer Stoff, dann steht die Lösung unter höherem

Druck (osmotische Zelle), der meßbar ist (Osmometer):

$$\pi \cdot V = (G/M) \cdot RT$$

(π = osmotischer Druck, V = Lösungsvolumen (Liter), G = Gewicht des Gelösten, M = Molekulargewicht des Gelösten, RT ist bekannt). Die Messung von π ergibt das Molekulargewicht, wenn unendlich verdünnte Lösungen vorliegen (Extrapolation der Konzentration gegen 0), isoelektrischer Zustand des Gelösten besteht (bei Dissoziation ist Teilchenzahl pro Volumen erhöht und molare Konzentration ist mit Ionenzahl zu multiplizieren = „Osmolarität"), da sonst der *Donnan-Effekt* von Makromolekülen stört. Das Molekulargewicht von Makromolekülen darf nicht höher als einige 10^5 sein. *b) Kolloidosmotischer (onkotischer) Druck:* Sind „das Gelöste" Makromoleküle (hauptsächlich Proteine, aber auch Glykane, Nucleinsäuren), dann wird der auf sie entfallende osmotische Druck als kolloidosmotisch bezeichnet, er ist abhängig von der Molarität der (Protein-)Lösung. Wegen des hohen Molekulargewichtes ist er nur gering. Enthält eine Lösung von Serumalbumin, z. B. Blut, etwa 48 g pro Liter (0,7 millimolar), dann ist $\pi = 17{,}8 \cdot 10^{-3}$ Atm (37°C). *c) Osmose* sorgt im Organismus für Flüssigkeitstransport („Wasserspülung"). Der vasale + interstitielle Raum einerseits steht in Kommunikation mit dem interstitiellen + cellulären Raum andererseits. Treibende Kräfte des Wassertransports. *a) Osmotischer Druck:* in allen Räumen durch Konzentration osmotisch wirksamer Teilchen (meist Elektrolyte) bestimmt (300 – 400 mVal $\cdot$ l^{-1}). Veränderungen der Elektrolytkonzentration eines Raumes bewirkt Wasserbewegung infolge Änderung des osmotischen Drucks. *b) Kolloidosmotischer Druck:* für Wasserin- und -efflux hat der onkotische Druck, insbes. derjenige der Blutplasmaalbumine, große Bedeutung. *c) Hydrostatischer Druck:* zwischen Arteriolen und Gewebsinterstitien besteht ein hydrostatisches Druckgefälle. Es bewirkt Infiltration von Plasmawasser mit Gelöstem ins Gewebe. Im venösen Bereich erfolgt der Rückstrom des abfiltrierten Wassers mit Gelöstem in Venulen, da hier der onkotische Druck des Blutplasmas (20 – 30 Torr) größer ist als der hydrostatische Druck (16 Torr).

1.4.1. ▶
Diffusion und aktiver Transport

a) Freie Diffusion: Steht eine Lösung in direktem Kontakt mit dem reinen Lösungsmittel (Überschichten), so kommt es zur langsamen Vermischung. Das ist ein freiwillig verlaufender Prozeß unter Erhöhung der molekularen Unordnung. Die Diffusionsgeschwindigkeit ist abhängig von der Konzentrationsdifferenz des Gelösten (chemische Potentialdifferenz; bei Ionen: elektrische Potentialdifferenz) und einer Stoffkonstanten (Diffusionskonstante D). Zwischen D und Molekülradius r besteht eine Beziehung (Einstein). Weicht die Molekülform von der Kugelgestalt ab, dann wird die Reibung größer. Besonders bei Makromolekülen spielt das Achsenverhältnis eine große Rolle. *b) Behinderte Diffusion:* Befindet sich eine Membran zwischen Lösung und Lösungsmittel und ist sie voll permeabel, dann wird die Diffusionsgeschwindigkeit verringert (abhängig von Porengröße und Membrandicke); ist die Membran semipermeabel (nur Lösungsmittelmoleküle treten hindurch), entsteht ein „osmotischer Druck". *c) Erleichterte Diffusion:* Einige Stoffe (zum Beispiel Glucose, Galaktose) passieren eine Membran aus Lösungsmilieu ins Lösungsmittelmilieu schneller als ohne dieselbe, wahrscheinlich verursacht durch einen Carrier (er verbindet sich auf der einen Seite mit diffundierenden Molekeln und gibt sie auf der anderen Seite wieder ab). Die Flußrate ist proportional der Carrierkapazität. Triebkraft ist die Konzentrations- oder elektrochemische Potentialdifferenz. *d) Aktiver Transport:* Gerichteter Stofftransport durch Membranen, nicht nach dem Prinzip von Osmose oder Diffusion, und meist gegen ein Konzentrationsgefälle. Nicht nur Zellgrenzmembranen, sondern auch intracelluläre Membranen sind hierzu befähigt. Transportiert werden: H^+, Na^+ (Natriumpumpe), K^+, Ca^{2+}, Glucose, Aminosäuren. Benötigt wird chemische Energie, meistens durch ATP-Spaltung bereitgestellt (durch Mg^{2+}-abhängige Na^+ und K^+ aktivierbare ATPase als „Funktionär" des Transportsystems; Hemmung durch Herzglykosid Ouabain). Kriterien: Spezifität, Abhängigkeit von Energiebereitstellung; Sättigungskinetik; Carriermechanismen bisher nicht bekannt.

1.5 pH- und pK-Wert
▶ *Die H^+-Aktivität* ist im biologischen Bereich ein autoregulatives System, dessen Variation biochemische Systeme variiert und von diesen auch wieder variiert wird. Beispiele: Hydrogencarbonat-Kohlensäure-System; Phosphatpuffersystem; Hämoglobin-Puffersystem (HbO_2 ist stärkere Säure als Hb); Proteinat-Puffersystem; pH-Aktivitätsabhängigkeit von Enzymen.

1.5.1 Definition von pH
▶ pH kommt von *potentia hydrogenii,* Sörensen 1909. Der mit -1 multiplizierte dekadische Logarithmus der H^+-Aktivität (= H^+-Konzentration in Mol · $Liter^{-1}$ x Aktivitätskoeffizient (= $(-1)^{10}\log[H^+]$).

1.5.2 ▶
pH und ionisierbare Gruppen

Der Ampholytcharakter von Polypeptiden (Proteinen) ist durch saure und basische Gruppen ihrer Aminoacylreste bedingt (saure Gruppen: Asp, Glu; basische Gruppen: Lys, Arg. Besonders wirksam ist die Imidazoliumgruppe von His). *Steigende H^+-Aktivität* (fallendes pH) drängt die Deprotonierung der sauren Gruppen zurück und erhöht die Protonierung der basischen: *kationische Gruppen überwiegen,* das Molekül verhält sich wie ein Kation. *Fallende H^+-Aktivität* (steigendes pH) erhöht Deprotonierung der sauren Gruppen und vermindert Protonierung der basischen: *anionische Gruppen überwiegen,* das Molekül verhält sich wie ein Anion. Beim Zwischenzustand liegen gleich viele anionische und kationische Aktivitäten vor, das Molekül verhält sich als ob es ungeladen wäre = *isoelektrischer Zustand. Der isoelektrische Punkt* (IP) ist definiert als derjenige pH-Wert des Lösungsmilieus, bei dem sich ein Ampholyt im isoelektrischen Zustand befindet. Berechnung des IP aus den pK-Werten der dissoziablen (sauren = a; basischen = b) Gruppen: $(pK_a + pK_b)/2 = IP$. − IP von Aminosäuren: zwischen 2,7 − 10,8.

1.5.3 ▶
Definition von pK

$pK = -\log K$. Nach dem Massenwirkungsgesetz (MWG) ist $([Ac^-]/[HAc]) \times [H^+] = K$;
ist $[Ac^-]/[HAc] = 1$, d. h. sind die Konzentrationen an Anion und undissoziierter Säure gleich, dann ist $[H^+]$ gleich der Dissoziationskonstanten der Säure. Unter Berücksichtigung der Definition von pH ergibt sich obige Gleichung. Bei Logarithmierung:

$\log ([Ac^-]/[HAc]) + \log [H^+] = \log K$;

$\log ([Ac^-]/[HAc]) - \log K = \log [H^+]$;

$\log ([Ac^-]/[HAc]) + pK = pH$; = *Henderson-Hasselbalch-Gleichung;* s. Puffer.

2 Proteine

2.1 Aminosäuren

▶ Die Struktur der biologisch wichtigen Aminosäuren, die am häufigsten als Bausteine der Proteine vorkommen:

2.1.1 Struktur

▶ *Aliphatische Aminosäuren: 1. Neutrale Aminosäuren:* Glycin (Gly) = Aminoessigsäure; L-Alanin (Ala) = 2-Aminopropionsäure; L-Serin (Ser) = 2-Amino-3-hydroxypropionsäure; L-Threonin (Thr) = 2-Amino-3-hydroxybuttersäure; L-Valin (Val) = 2-Amino-isovaleriansäure; L-Leucin (Leu) = 2-Amino-4-methylvaleriansäure, 2-Amino-isobutylessigsäure; L-Isoleucin (Ile) = 2-Amino-3-methylvaleriansäure, 2-Amino-3-methyläthyl-propionsäure. *2. Saure Aminosäuren und die Amide:* L-Asparaginsäure (Asp) = Aminobernsteinsäure; L-Asparagin (Asp-NH$_2$ oder AspN) = L-Asparaginsäuremonoamid; L-Glutaminsäure (Glu) = 2-Amino-glutarsäure; Glutamin (Glu-NH$_2$ oder GluN) = L-Glutaminsäure-monoamid. *3. Basische Aminosäuren:* L-Arginin (Arg) = 2-Amino-5-guanylvaleriansäure; L-Lysin (Lys) = 2,6-Diamino-capronsäure; L-Hydroxylysin (Hyl) = 2,6-Diamino-3-hydroxycapronsäure. – *S-haltige Aminosäuren:* L-Cystein (Cys) = 2-Amino-3-mercaptopropionsäure; L-Cystin (Cys·Cys) = Bis [2-amino-2-carboxyäthyl]-disulfid, Dimeres von Cystein unter dehydrierender S-S-Gruppenbildung; L-Methionin (Met) = 2-Amino-4-methylmercaptobuttersäure. – *Aromatische Aminosäuren:* L-Phenylalanin (Phe) = 2-Amino-3-phenylpropionsäure; L-Tyrosin (Tyr) = 2-Amino-3 [4-hydroxyphenyl]-propionsäure. – *Heterocyclische Aminosäuren:* L-Histidin (His) = 2-Amino-3-imidazolylpropionsäure, Imidazolyl-alanin; L-Tryptophan (Try) = 2-Amino-3-indolylpropionsäure, Indolyl-alanin. – *Iminosäuren:* L-Prolin (Pro) = Pyrrolidin-2-carbonsäure; L-Hydroxyprolin (Hyp) = 4-Hydroxypyrrolidin-2-carbonsäure.

Aminosäuren, die nicht Bausteine der Protein-Biosynthese sind: Sarkosin = N-Methylglycin; L-β-Alanin = 3-Aminopropionsäure; L-Cysteinsäure = 2-Amino-3-sulfopropionsäure; D-Penicillamin = 2-Amino-3-mercaptoisovaleriansäure; L-Homocystein = 2-Amino-4-mercaptobuttersäure;

L-Ornithin = 2,4-Diamino-valeriansäure; L-Citrullin = 2-Amino-5-carbamido-valeriansäure; „Dopa" = L-3,4-Dihydroxyphenylalanin; 3,5,3′-Trijodthyronin = 2-Amino-2 [4,3,5,3′-trijod-hydroxyphenoxy]-propionsäure; L-Thyroxin = o [3,5-Dijod-4-hydroxyphenyl]-3′,5′-dijod-L-tyrosin.

2.1.2
Aminosäuren-Analyse

▶ *a) Papier(Filterplatten)chromatographie:* Auf saugfähigem Spezialpapier (Filterpapier) das Substanzgemisch, gelöst in wäßriger (enteiweißter) Lösung, auftragen, trocknen lassen. Filterpapier mit der Gasphase eines Lösungsmittelgemisches = Solvens (zum Beispiel Butanol-Eisessig, mit Wasser gesättigt) ins Gleichgewicht setzen, dann in dieses Solvens eintauchen. Die Flüssigkeit wandert infolge Capillarwirkung und nimmt die Aminosäuren entsprechend ihrer Löslichkeit mit (die gut löslichen am weitesten). Nach Trocknen Sichtbarmachen der Aminosäurenpositionen mit Ninhydrin. Wanderstrecke der Aminosäuren von der Startposition aus, dividiert durch die Wanderstrecke des Solvens = R_f-Wert (charakteristisch für jede Aminosäure). *b) Dünnschichtchromatographie:* Auf Glasplatten aufgetragene, dünne Adsorbensschichten (Cellulosepulver, Aluminiumoxid, Silicagel u. a.), Prinzip wie unter a). *c) Ionenaustauschchromatographie:* Kunstharze mit Sulfogruppen, neutralisiert mit Na^+ (oder Li^+), in Form kleinster Kügelchen oder Rotationsellipsoiden in Glasröhren eingefüllt. Durchlauf: Li-haltiger Puffer, z. B. pH 2,70, Aufbringen des Aminosäurengemisches in wäßriger Lösung pH 2, Aminosäuren liegen als Kationen vor und werden gegen Na^+ (oder Li^+) ausgetauscht, Durchlauf von Puffern steigender pH-Werte, Abwärtswanderung der Aminosäuren nach Maßgabe ihrer Protonierungsgrade und Affinitäten zu den Kunstharzgegenionen, kontinuierliche Ninhydrinreaktion, Photometrie und Ausschreiben der Extinktionen. Bestes Verfahren zur Quantifizierung von Aminosäurenprofilen in biologischem Material (enteiweißtes Serum, Organextrakte, Nahrungsmittel).

2.1.3
Bedeutung für die Klinik

▶ *Aminosäurenanalysen* zur Prüfung auf angeborene *Stoffwechselanomalien: Phenylketonurie* (fehlt Phenylalaninhydroxylase), *Tyrosinosis* (fehlt p-Hydroxyphenylpyruvatoxidase), *Alkaptonurie* (Homogentisinsäure wird nicht weiter metabolisiert), *Ahornsirupkrankheit* (nach Desaminierung bleibt Katabolismus der C-Gerüste von Val, Leu, Ile auf der Stufe der α-Ketosäuren bzw. α-Hydroxysäuren stehen, erhöhter Plasmapegel von verzweigtkettigen Aminosäuren).

2.1.4 Identifizierung der Aminosäuren

▶ *Dünnschichtchromatographie* = Sichtbarmachen der einzelnen Aminosäurenpositionen mit Ninhydrin-Sprayreagens; Pro mit p-Dimethylaminobenzaldehyd; Identifizierung anhand des R_f-Wertes. − *Ninhydrinreaktion:* Ninhydrin (Triketohydrindenhydrat) reduziert ($SnCl_2$, Hydrazin, Ascorbinsäure) zu Hydrindantoin, Abbau der Aminosäure in der Siedehitze (pH 5,6) zum nächst niederen Aldehyd, CO_2 und NH_3, Reaktion von Ninhydrin (hydrat) + NH_2 + Hydrindantoin zu einem indigoiden Farbstoff. − *Chelatbildung mit Cu^{2+}*: Cu^{2+}-Gly-chelat (1:2) ist löslich, Cu^{2+}-Leu-chelat (1:2) ist unlöslich in Wasser. − *Tyr* (gebunden oder frei) gibt mit *Millon-Reagens* (Lösung von $HgSO_4$ in H_2SO_4 + $NaNO_2$) eine rote oder gelblichrote Färbung. − *Try* (sowie andere Indolderivate: Tryptamin, Serotonin, Skatol) färbt sich (gebunden oder frei) mit *Ehrlich-Reagens* (p-Dimethylaminobenzaldehyd + $NaNO_2$) dunkelblau. − *Arg* (gebunden oder frei) gibt mit *Sakaguchi-Reagens* (α-Naphthol + NaOCl) eine rosa oder rote Färbung. *SH-haltige Aminosäuren* (gebunden oder frei) reagieren mit *alkalischer Pb-Salzlösung* dunkelbraun bis schwarz. − *Phenolgruppe von Tyr, Indolgruppen von Try* und *Imidazolgruppe von His* reagieren mit *tetrazoliertem Benzidin* + 1-Amino-8-naphthol-3,6-disulfosäure: tiefrotbraune Färbung.

2.1.5 Bindungsprinzipien

▶ Al, Val, Leu, Ile, Phe, Try gehen hydrophobe Bindungen ein (Bindungsenthalpie je Bindung ist zwar klein, doch infolge vieler solcher Bindungen je Polypeptid oder Protein ist die Bedeutung dieses Bindungstyps für die Gesamtmolekel groß). Zwischen Glu, Asp einerseits und Arg, Lys, His andererseits können sich Salzbindungen ausbilden. − Cys: kovalente −S−S−Bindung; Ser, Thr: Esterbindung der −OH mit Phosphorsäure, Schwefelsäure.

2.2 Peptide

▶ *Peptide* sind Oligomere oder Polymere von Aminosäuren, allg. Säureamide, entstehen formal durch H_2O-Entzug aus −COOH der einen und −NH_2 der anderen Aminosäure. Peptidbindungen sind hydrolytisch spaltbar. Dipeptid (zwei Aminosäuren), Tripeptid (drei Aminosäuren) usw.; bis zu zehn Aminosäuren: *Oligopeptide,* darüber hinaus: *Polypeptide;* mehr als 50 Aminosäuren sind *Makropeptide* und *Proteine;* letztere bestehen meist aus mehreren Polypeptidketten. − Systematisch: Acylaminosäuren, Namenbildung durch Anhängen von -yl an diejenige Aminosäure, die mit −COOH in Reaktion tritt: Glycylserin, γ-Glutamyl-cysteylglycin (Glutathion). Wir kennen lineare und ringgeschlossene Peptide (Ringschluß durch -S-S-Bindung über zwei Cysteinylgruppen: Ocytocin, Vasopressin).

2.2.1 Struktur ▶ *Primärstruktur:* Sequenz (Reihenfolge) der Aminosäuren; jedes Peptid besitzt N-terminale (freie -NH_2) und C-terminale (freie -COOH) Aminosäure. – *Sekundärstruktur:* Mehrere Konformationen möglich durch: a) freie Drehbarkeit der -C-C- bzw. -C-N-Bindungen, b) Mesomerie der Peptidbindung, die energetisch begünstigten partiellen Doppelbindungscharakter aufweist und dadurch planar wird. c) trans-Konfiguration der Substituenten an der Peptidbindung. d) Konfiguration des asymmetrischen C2 (L-). e) Betätigung von Wasserstoffbrücken, hydrophoben Bindungen und Ionenbeziehungen. – *Wichtigste (energetisch begünstigte) Konformationen:* a. nahezu planare Zickzackanordnung (Fadenmolekül) als Voraussetzung der Faltblattstruktur von „Peptidrosten"; Statik durch interchenare Wasserstoffbrücken; Identitätsperiode 0.727 nm; – b. Wendelform, α-Helix, schraubenartige Sequenz; Seitenketten stehen vom Schraubenkörper weg nach außen; Statik durch intrachenare Wasserstoffbrücken zwischen den einzelnen Windungen; Identitätsperiode (Ganghöhe) 0.544 nm; 3,7 Aminosäurereste pro Wendel; Pro läßt sich nicht in die Helix einfügen, bei seinem Vorkommen entsteht Helixstrukturaberration. – Aufklärung der Raum-Strukturen durch Röntgendiffraktionsmessungen.

2.2.2 Biosynthese ▶ Die *Biosynthese* von einsamen Oligopeptiden und von zu Proteinen vergesellschafteten Polypeptiden erfolgt nach dem gleichen Grundprinzip: durch *Transskription* und *Translation* codierte Determination der Aminosäurensequenz. Funktionale Oligopeptide entstehen entweder direkt als solche oder in Form von Polypeptid-Vorstufen. Spezifische Enzyme spalten dann das funktionale Oligopeptid heraus. Zu einem aus mehreren Polypeptidketten bestehenden Protein werden die ersteren an benachbarten Ribosomen synchron synthetisiert, sie „erkennen" sich und lagern sich aufgrund inhärenter raumorientierter Bindemöglichkeiten zu Oligomeren zusammen. Beispiel: normales Adulthämoglobin besteht aus α, α, β, β-Polypeptidketten (Untereinheiten; Quartärstruktur).

2.2.3 Funktionale Oligopeptide ▶ a) Dipeptide: *Carnosin* = β-Alanyl-histidin; *Anserin* = 1-Methyl-carnosin, Bestandteile der quergestreiften Muskulatur mit bisher unbekannter Funktion; – *Pantothensäure* = peptidische Verbindung aus Pantoinsäure (α, γ-Dihydroxy-β, β-dimethylbuttersäure, essentiell) und β-Alanin, vorletzte

Vorstufe für die CoA-Biosynthese. b) Tripeptide: *Pantethein* = peptidische Verbindung aus Pantothensäure und Cysteamin, letzte Vorstufe für die CoA-Biosynthese; – *Glutathion* = γ-Glutamyl-cysteinyl-glycin, in Zellen aller Lebewesen, Redoxsystem nach dem Prinzip reversibler Bindung zweier Moleküle über Disulfidbrücke: 2 GSH ⇌ GSSG + 2 H. – Octapeptid: *Angiotensin II* (proteolytisch aus Angiotensin I) = H·Asp-Arg-Val-Tyr-Ile-His-Pro-Phe·OH; blutdrucksteigernd, Regulation der Nebennierenrindenfunktion (kleinste Mengen stimulieren Aldosteronbildung). – Nonapeptid: *Bradykinin* (Kallidin 9, proteolytisch aus pankreatischem Kallikrein) = H·Arg-Pro-Pro-Gly-Phe-Ser-Pro-Phe-Arg · OH; gefäßerweiternde Wirkung, dadurch blutdrucksenkend, bewirkt Kontraktion glatter Muskulatur. – Dekapeptid: *Angiotensin I* (proteolytisch, Renin, aus Angiotensinogen, Plasmaprotein der $α_2$-Globulinfraktion) = H·Asp-Arg-Val-Tyr-Ile-His-Pro-Phe-His-Leu·OH; Vorstufe von Angiotensin II. – *Kallidin 10* = H·Lys-Arg-Pro-Pro-Gly-Phe-Ser-Pro-Phe-Arg · OH; in Blutplasma, Wirkung wie Kallidin 9. – Ringpeptide: *Ocytocin* und *Vasopressin* = Hormone des Hypophysenhinterlappens. *Ocytocin* wirkt kontrahierend auf glatte Uterusmuskulatur (Wehenauslösung), fördert Milchejektion lactierender Brustdrüsen; *Vasopressin* (Adiuretin) wirkt blutdrucksteigernd, erregt glatte Muskulatur des Dünndarms, hemmt Diurese infolge Förderung der Rückresorption des Wassers. – *Gramicidin* = Antibioticum.

2.3 Proteine

Physikochemische Eigenschaften

In wäßrigen Lösungen (Cytoplasma) liegen *Proteine* im *makromolekulardispersen Zustand* vor: „diskrete Makromoleküle", durch ihre Hydratationshüllen voneinander getrennt. Manche tendieren zu Di-, Tetra- oder Oligomerisierung: *paucidispers*. In Strukturelementen (Zellmembran, Mitochondrienmembran u.a.) sind Proteine als Micellen neben anderen Molekelaggregaten raumorientiert eingebaut. – Proteinmakromoleküle mit Teilchengewichten von einigen 10^4 bis mehreren 10^6 und Diametern von 5 – 50 nm haben (angenähert) *globuläre*, rotationsellipsoide (einschließlich Hydratmantel) oder *fadenförmige* Gestalt. – Lösungen globulärer Proteine sind schwach viscös: *Sol.*- Faser- oder fadenförmige Proteine sind hochviscös bis gallertig: *Gel;* sind miteinander vernetzt und stark hydratisiert: z.B. Gelatine. – *Löslichkeit* der löslichen Proteine ist stark abhängig von H^+-Aktivität (beim IP Löslichkeitsminimum; Löslichkeitszunahme mit steigender Entfernung der H^+-Aktivität vom IP) und Anwesenheit von Neutralsalzen (besonders Globuline; Albumine in dest. Wasser gut, Globuline nur mäßig löslich). – Nach außen gerichtete Ladungszentren oder hydrophobe Bezirke ermöglichen Adsorption von niedermolekularen Fremdmolekeln: *Transportfunktion* von Plasmaproteinen. – Durch Mehrpunktbindebezirke Anlagerung von „Substraten", durch deren Deformation Herabsetzung von Aktivierungsenergie und Determinierung chemischer Umsetzungen: *katalytische Befähigung (Enzyme).* – Konformationswechsel zwischen zwei bevorzugten Zuständen: *Erregungsweiterleitung.* – Biologische Funktionen gehen bei der *Denaturierung* verloren (Aufhebung der Raumorientierung).

2.3.1
nativ, denaturiert, inaktiv

▶ *a) Beim „nativen" Protein* liegen die Polypeptidketten in der durch die Aminosäurensequenz determinierten Raumstruktur vor: einige Abschnitte als α-Helix, bei anderen bestehen Querverbindungen durch –S–S–Brücken, Wasserstoffbrücken oder hydrophobe Bindungen und elektrostatische Wechselbeziehungen; die geladenen Gruppen stehen an der Oberfläche der Makromolekel, die hydrophoben Seitenketten sind nach innen gerichtet; die ganze Makromolekel ist von einem Wassermantel umgeben, dessen innerste Schicht aus parallel angeordneten H_2O-Molekeln besteht. *b) „Denaturierung"* bedeutet Aufhebung dieser vorgegebenen Raumorientierung, willkürliche, ungeordnete, knäuelförmige Zusammenlagerung der Polypeptidketten zu (meist) hydrophoben Konglomeraten (starke positive Entropieänderung), mit Röntgendiagramm des β-Keratins (fast lineare Peptidketten); Denaturierung erzeugt durch: Erhitzen schwach saurer, wässriger Proteinlösungen, durch Zugabe von Eiweißfällungsreagenzien: Sulfosalicylsäure, Trichloressigsäure, konz. Harnstoff- oder Guanidinlösungen, Detergentien (Dodecylsulfat). Leichtere Spaltung denaturierter als nativer Proteine durch Proteasen. Durch Denaturierung gehen enzymatische und Hormonwirkungen verloren. *c) Inaktivierung:* Auch native, d. h. im Grundzustand befindliche Enzymproteine können inaktiviert werden, z. B. durch Schwermetallsalzlösungen, organische Hg-Verbindungen; spezifische und unspezifische Enzyminhibitoren; vgl. verschiedene Hemmungsformen und biogene Inhibitoren (3.6).

2.3.2
Konformation, Quartärstruktur

▶ *a) Konformation. Skleroproteine* bilden streng raumorientierte Proteinfaserassoziate; Achsenverhältnis bis 30:1 bei fibrillären Proteinen (Prokollagen, Fibrinogen, Myosin). – *Globuläre Proteine* liegen in verdünnter wäßriger Lösung als einzelne Makromoleküle, durch Hydrathüllen voneinander getrennt, vor. Polypeptidketten sind stellenweise in α-Helix-Anordnung, geknäuelt und gewinkelt, querversteift durch Nebenvalenzkräfte (Wasserstoffbrücken, hydrophobe Bindungen) oder Kovalenzbindungen (–S–S-Brücken) = *Tertiärstruktur,* also durch Primär- und Sekundärstrukturprinzipien (s. 2.2) vorgegebene dreidimensionale Orientierung, wobei keine echte Kugel- oder Rotationsellipsoidform resultiert. Diese oft erst angenähert durch „einebnenden" Effekt oberflächenassoziierter H_2O-Molekeln. Echte Kugelform nur bei β-Lipoproteinen des Blutserums; bedingt durch deren hohen Lipidanteil (bis etwa 90%). Viele Proteine besitzen nur eine Konformation, allosterische Enzymproteine (s. d.) können in zwei verschiedenen, reversibel ineinander umwandelbaren Konformationen existieren. *b) Quartärstruktur.* Zusammensetzung der Gesamtmolekel aus mehreren Untereinheiten gleicher Anzahl (Polypeptidketten, Protomere), zusammengehalten durch Nebenvalenzkräfte (zuweilen auch –S–S-Brücken). Assoziat ist reversibel dissoziierbar, zum Beispiel durch pH-Verschiebungen oder Änderung der Ionenstärke des Lösungsmilieus. Chemische Modifikation der Protomeren ändert Quartärstruktur (Beispiel: inaktive Phosphorylase b liegt in dimerer Form vor, nach Phosphorylierung der Untereinheiten in enzymatisch aktiver tetramerer Form). Eine Quartärstruktur besteht fast immer, wenn MG über 10^5 ist. Humanhämoglobin besteht aus 2 α- + 2 β-Ketten; Lactat-Dehydrogenase, Hefe-Alkohol-Dehydrogenase und Rinderleber-Katalase aus je 4, Rinderleber-Glutamat-Dehydrogenase aus 40 Protomeren. Da Lactat-Dehydrogenase aus Herz (Typ H) und aus Muskel (Typ M) aus jeweils verschiedenen Protomeren zusammengesetzt ist, ist Hybridisierung möglich (H_4, H_3M, H_2M_2, HM_3, M_4) = *Isoenzyme.*

2.3.3 Konformation, Bindungsarten ► Struktur s. 2.1.5; Wasserstoffbindung, hydrophobe Bindung, Salzbindung, kovalente –S–S-Bindung s. 1.1.

2.3.4 Funktionen ► *1. Strukturproteine:* Unlösliche Stütz- und Gerüstproteine von Haaren, Nägeln, Vogelfedern; lösliche Proteine; Kollagen der Muskulatur; Fibrinogen des Plasmas; *Einteilung* nach (röntgenoptisch ermittelten) Identitätsperioden: a) Seidenfibroin-β-Keratin-Gruppe 0,65 - 0,70 nm. b) α-Keratin-Myosin-Fibrinogen-Gruppe 0,51 - 0,54 nm. c) Kollagengruppe 0,28 - 0,29 nm. – *β-Keratin:* Faltblattstruktur mit parallelen, gleichgerichteten (in Bezug auf –CO=NH-) Polypeptidketten. – *Seidenfibroin:* Faltblattstruktur mit antiparallelen, entgegengesetzt gerichteten Ketten. – *α-Keratin:* α-Helix (bei Dehnen nasser Haare

Übergang von α-Helix in Faltblatt); Querversteifung infolge 14 – 16% Cystein durch –S–S–Bindungen. – *Myosin, Fibrinogen:* α-Keratintyp; Funktionen: Muskelkontraktion, Blutgerinnung. – *Kollagen:* Hauptbestandteil von Stütz- und Bindegewebe (Haut, Knochen), charakterisiert durch 30% Gly, 12 – 14% Hyp und 12% Pro, hochgeordnete Makromolekülstruktur: jeweils drei in Helix angeordnete Peptidketten sind zu Superhelix mit Ganghöhe von 2,8 nm verdrillt; essentieller Bestandteil des Mesenchyms und aller seiner Differenzierungen, Kochen in Wasser bewirkt Denaturierung → Gelatine. – *Elastin* in Sehnen, Arterien und elastischem Gewebe mit 27% Gly, 23% Ala, 12% Leu + Ile, 17% Val, 12% Pro (also apolaren Aminosäuren, hydrophobe Bindungen) sowie atypische Aminosäuren Desmosin und Isodesmosin (Brücken zwischen den Polypeptidketten, Biosynthese aus Lys); keine geordnete Makromolekularstruktur. *2. Enzyme:* Biokatalysatoren in vivo und in vitro, Determinierung von Modus und Geschwindigkeit der chemischen Umsetzungen (s. 3 ff.). *3. Transportsystem:* Blutproteine als Vehikel: Albumin transportiert freie Fettsäuren, Bilirubin (indirektes B.) auch Arzneimittel wie Salicylsäure, Penicillin; $α_1$-Globulin bindet Lipide, Corticosteroide, freies Hämoglobin (an Haptoglobin), $α_2$-Globulin bindet Insulin, Cu^{2+} (Coeruloplasmin), β-Globulin bindet Lipide, Fe^{2+} (Transferrin).

2.3.5 Aminosäuren-Sequenz ▶ *a) Sequenzermittlung* von Proteinpartialhydrolysaten: Umsatz der NH_2-Gruppe des Peptids mit Phenylisothiocyanat, Übergang des Reaktionsproduktes bei saurer Reaktion in das um eine Aminosäureneinheit kürzere Peptid und substituierte Phenylthiohydantoin, dann dessen papierchromatographische Identifizierung. *b) Identifizierung der N-terminalen Aminosäure:* Umsetzung des Peptids oder Proteins mit 2,4-Dinitrofluorbenzol, Totalhydrolyse, Analyse der Dinitrophenylaminosäure. *c) Identifizierung der C-terminalen Aminosäure:* Hydrazinolyse von Peptiden oder Proteinen; alle Aminosäuren liegen als Hydrazide vor, nur die C-terminale Aminosäure nicht. *d) Schrittweiser Abbau* der Peptide oder Proteine vom Carboxylende her durch Pankreas-Carboxypeptidase. – Röntgenkleinwinkelstreuungsanalyse von Proteinkristallen.

2.3.6 Proteinanalysen ▶ *a) Elektrophoretische Trennung* auf (meist) Celluloseacetatfolien in Boratpuffer pH 8,6, Anfärben mit Amidoschwarz, Transparentmachen und vollautomatisches Auswerten der Pherogramme; Sichtbarmachen von Lipoproteinen durch Ozonisieren, dann nach Waschen mit HCl mit

Schiffs Reagens (Rosanilin-HCl mit HCl + KHSO$_3$) behandeln. Auch Glykoproteide darstellbar. *b) Discelektrophorese* in Polyacrylamid-Gel als Träger (sehr wirksame Trennung). *c) Freie Elektrophorese in Pufferlösung* in der Tiseliusapparatur, Sichtbarmachen mit der Schlierenoptik. *d) Ultrazentrifugation:* Separation aufgrund von Molekulargewicht und Teilchenform im zentrifugalen Schwerefeld, Sichtbarmachen mit der Schlierenoptik. *e) Sogenannte Labilitätsreaktionen:* Blutkörperchensenkungsgeschwindigkeit, Takata-Reaktion (Trübung oder Flockung nach Versetzen des mit Na$_2$CO$_3$-NaCl-Lösung verdünnten Serums mit HgCl$_2$-Lösung, infolge Zunahme der γ-Globuline oder Abnahme der Albumine); Thymol-Trübungstest (Ausfällen von Serumeiweiß durch auf pH 5,5 gepufferte, gesättigte Thymollösung bei pathologischer Vermehrung von β- und/oder γ-Globulinen und Lipoproteiden); Weltmann-Koagulationsband (Hitzedenaturierung von verdünntem Serum nach Zusatz steigender Mengen an CaCl$_2$); Sia-Probe (einige hochmolekulare, elektrophoretisch langsam wandernde Paraproteine (pathologische Formen) des Serums von Euglobulincharakter fallen auf Zusatz von destilliertem Wasser aus; Sia = Serum in aqua). *f) „Klassische", klinisch-chemische Methoden: Kochprobe* (Nachweis von Eiweiß im Harn durch Kochen nach Zusatz einiger Tropfen Essigsäure); *Sulfosalicylsäureprobe* (irreversibles Ausfällen von Eiweiß mit Reagens); *Biuretmethode* (zur schnellen quantitativen Bestimmung; Proteine und Peptide geben im Gegensatz zu anderen N-haltigen Verbindungen (Kreatinin, Harnstoff, Harnsäure) in alkalischer Lösung mit Cu^{2+} violetten Farbkomplex).

3 Enzyme

3.1 Stoffklasse, Molekulargewicht ▶ Enzyme sind *Proteine* (bestehen nur aus Polypeptiden) oder *Proteide* (enthalten außer Polypeptiden weitere niedermolekulare organische Bestandteile verschiedenster chemischer Strukturen in kovalenter oder dissoziabler Bindung). – *Molekulargewichte* liegen zwischen 13×10^3 und mehreren 10^6.

3.2 Struktur ▶ *Multiple Formen:* Katalysieren die gleiche chemische Reaktion, sind aber verschieden in Zusammensetzung an Polypeptiden, Molekulargewicht und Molekelform, zeigen infolgedessen verschiedenes physikalisches Verhalten (Sedimentation im Zentrifugalfeld, Trägerelektrophorese). a) Sie können durch verschiedene *Gene codiert* werden (mitochondriale und cytoplasmatische Malat-Dehydrogenase). – b) *Hybrid-Enzyme:* Zwei und mehr nichtkovalent gebundene Polypeptide in wechselnden Relationen zueinander (H_4, H_3M, H_2M_2, H_1M_3, M_4; H = Vorkommen im Herz, M = Vorkommen in Muskulatur; Isoenzyme der Lactat-Dehydrogenase). c) *Allele:* Enzymproteine, die verschiedenen allelen Modifikationen des codierenden Gens entsprechen (mehr als 50 Glucose-6-phosphat-Dehydrogenasen). d) Ein *Nichtproteinanteil determiniert* die prinzipiell gleiche aber graduell stark verschiedene Enzymaktivität (Phosphorylase a und b). e) Aus *gemeinsamem* Proenzym entstandene Enzyme (Chymotrypsinogen → π- → δ- → α-Chymotrypsin). f) Aus *identischen Polypeptiden* in wechselndem Oligomerverhältnis zusammengesetzte Enzyme (Glutamat-Dehydrogenasen mit Molekulargewichten 1×10^6 und $0,25 \times 10^6$). g) Enzymproteine in *verschiedenen Konformationen* mit differenten Aktivitäten (alle allosterischen Enzyme).

3.2.1 Untereinheiten ▶ Lactat-Dehydrogenase, Alkohol-Dehydrogenase (Hefe) und Katalase (Rinderleber) bestehen aus 4, Glutamat-Dehydrogenase (Rinderleber) aus 40 Untereinheiten. Wie unter (3.2) vermerkt, ist Lactat-Dehydrogenase ein Hybridenzym, jedes der fünf möglichen Hybride ist enzymatisch voll wirksam, sie besitzen aber verschiedene katalytisch-kinetische Charakteristiken. Das Herzmuskelenzym besteht hauptsächlich aus H_4 und H_3M; in anderen Organen liegt wechselnde Zusammensetzung dieser multiplen Enzyme vor; bei Herzinfarkt u.a. akuten Herzerkrankungen steigt die Aktivität der Isoenzyme H_4 und H_3M im Plasma relativ stärker als die Aktivität der Gesamt-Lactat-Dehydrogenase (LDH). Erstere setzen auch den Fremdstoff (Nichtmetabolit) α-Hydroxybutyrat (α-HBDH) stärker um als die anderen Isoenzyme. Quotient LDH/α-HBDH, im Serum normalerweise 1,38 - 1,62, sinkt bei vorerwähnten Herzerkrankungen recht bald unter Normalwert. − Aus Untereinheiten bestehende *Isoenzyme* bieten Möglichkeit der Aktivitätsregulation im Metabolismus; wahrscheinlich ist dies die normale biologische Funktion der Multipelformen von Enzymen.

3.2.2
Aktives Zentrum
– prosthetische Gruppe

▶ *a) Das „aktive Zentrum"* ist der die katalytische Wirkung direkt ausübende Oberflächenbezirk eines Enzymproteins. Es können mehrere solcher Bezirke vorhanden sein: bestimmte Polypeptidkonformationen mit jeweils mehreren raumorientierten Bindemöglichkeiten für das Substrat = *Substratspezifität*. In vielen Fällen wird hier auch der Umsatzmodus determiniert = *Wirkungsspezifität. b) Die „prosthetische Gruppe"* ist der Nichtproteinanteil eines Enzymproteids. Sie kann kovalent (Hämenzyme) oder dissoziabel (NAD-Enzyme) gebunden sein: Apoenzym (Protein) + Coenzym (Nichtprotein) ⇌ Holoenzym (katalytische Wirkung). Im Verein mit dem Apoenzym entscheidet nun das Coenzym den Wirkungsmodus. Viele Coenzyme sind Derivate von Vitaminen.

3.3
Eigenschaften

(siehe 3.5)

3.3.1
Struktur, Funktion

▶ *a) Einfluß der H^+-Aktivität* s. auch (2.3). Der Protolysegrad der sauren und basischen Gruppen von Enzymproteinen hängt von der H^+-Aktivität des Milieus ab. Vom Protolysegrad hängt wieder Substratbindung oder Konformation des aktiven Bezirks ab; auch Säuren-Basen-Katalyse ist zu berücksichtigen. Spezifische katalytische Wirkung von Enzymen daher nur in bestimmtem pH-Bereich, *höchste Aktivität beim pH-Optimum*. Der pH-Bereich kann enger oder weiter über die pH-Skala ausgeprägt sein. Die meisten Enzyme haben ein pH-Optimum von pH 7 oder wenig unterhalb; *Ausnahme:* Pepsin bei pH 1,5 - 2,5, Trypsin bei pH 7,5 - 10, Pankreaslipase bei pH 8,0. Die pH-Aktivitätskurven entsprechen den Protolyse-Restkurven eines Ampholyten.

Das pH-Optimum kann von Bestandteilen der angewandten Pufferlösungen verändert sein. Die pH-Optima der Enzyme *in vivo* liegen oft anders als *in vitro! b) Einfluß der Temperatur:* Eine Reaktionsgeschwindigkeits-Temperatur-Regel gibt es in bestimmtem Temperaturbereich auch für enzymkatalytische Reaktionen: Temperaturerhöhung um 10° C verursacht Reaktionsgeschwindigkeitsbeschleunigung um das zwei- bis vierfache; sie ist Ausdruck der zunehmenden kinetischen Energie der Substratmolekeln und der „Trefferzahl" auf den aktiven Bezirk. Das Temperatur-Optimum tierischer Enzyme liegt meist nahe der Körpertemperatur (pflanzlicher Enzyme bei 60 - 70° C), einiger Einzeller (in heißen Quellen) nahe 100° C. Die *Enzymaktivitätskurve* ist asymmetrisch, da sich bei der Temperaturerhöhung die Temperaturdenaturierung des Enzymproteins zunehmend bemerkbar macht. Die Aktivität fällt steil ab. *c) Einfluß niedermolekularer Stoffe:* Allosterischer Effekt, s. (3.6): Änderung der Konformation durch Aufziehen einer Substanz, die nicht Substrat ist, auf bestimmten Alloster-Oberflächenbezirk oder Dissoziation des aus mehreren Protomeren bestehenden Enzymproteins oder Assoziation zum Enzymprotein aus den Protomeren in Gegenwart allosterisch aktiver Substanzen.

3.3.2 ▶ Weitere Funktionsfaktoren außer den unter (3.3) erläuterten: *Chemische Veränderung* eines Enzymproteins, Beispiel: inaktive Phosphorylase b (dimer) wird durch aktive Phosphorylase-b-Kinase zur aktiven Phosphorylase a (tetramer) phosphoryliert (Verbrauch von 4 ATP → 4 ADP), die selbst wieder durch AM-3:5-P aktiviert wird; dieses Am-3:5-P entsteht durch Adenylcyclase aus ATP. Durch das gleiche AM-3:5-P wird aber die aktive Glykogen-Synthetase unter Wirkung der Glykogensynthetase-Phosphorylase zur inaktiven Enzymform phosphoryliert. Hierdurch Metabolsteuerung zwischen Glykogen-Synthese und -Abbau.

Spezifität / Aktivität

3.4 ▶ *1. Oxidoreduktasen:* Elektronen (+ Protonen) -Transfer zwischen Donatorgruppe der einen und Acceptorgruppe der anderen Molekel (Alkohol-Dehydrogenase, Lactat-Dehydrogenase; Glucose-Oxidase). *2. Transferasen:* Übertragen eine andere Gruppe (als H^+) von Donator auf Acceptor (Methyl-, Hydroxymethyl-, Formyl-, Carboxyl-, Carbamyl-, Acyl-, Glykosyl-, Amino-Transferasen) *3. Hydrolasen:* Spalten Ester-, Äther-, Peptid-, Glykosid-, Säureanhydrid-, C–C- oder C–N-Bindungen unter Verwendung von H und OH des H_2O. *4. Lyasen:* Spalten nichthydroly-

Nomenklatur

tisch Gruppen ab (Pyruvat-Decarboxylase, Aldolase, Fumarat-Hydratase). *5. Isomerasen:* Katalysieren Isomeriegleichgewichte (Racemasen, Epimerasen: Ribulose-5-phosphat-Epimerase; Cis-trans-Isomerasen: Maleylacetoacetat-Isomerase; intramolekulare Oxidoreduktasen: Glucosephosphat-Isomerase). *6. Ligasen:* katalysieren Bindung zweier Substrate (unter Verbrauch „chemisch gebundener Energie"): Aminosäuren-aktivierende Enzyme, Glutamin-Synthetase, Acetyl-CoA-Carboxylase.

3.4.1 Spezifität ▶ Wir unterscheiden: Substratspezifität, Wirkungsspezifität und Organspezifität der Enzymwirkungen. *a) Substratspezifität:* Das Enzym „erkennt" ein Substrat anhand der *Konformationskoinzidenz.* Die Konformation des katalytischen Bezirks der Enzymoberfläche muß der Konformation der Substratmolekel an drei Raumstellen entsprechen (Dreipunktetheorie). *Beispiele:* α-Glucosidase hydrolysiert α-glucosidische Bindungen streng spezifisch hinsichtlich der Raumstellung der Bindung zum Aglykon, aber nicht hinsichtlich der chemischen Natur des Aglykons = *Gruppenspezifität.* β-Galaktosidase hydrolysiert nur β-galaktosidische Bindungen und keine α-glykosidischen. Dies sind 2 Beispiele für optische Spezifitäten, die man auch *anomere Spezifität* nennt. Beispiele *absoluter stereospezifischer Enzymwirkung:* Die Lactat-Dehydrogenase der Säugetierleber dehydriert nur L-Lactat, das Enzym aus Mikroorganismen nur D-Lactat; Proteasen hydrolysieren Peptidbindungen zwischen bestimmten Aminoacylresten (z. B.: Pepsin bevorzugt solche mit Phe und Tyr, Trypsin solche mit Arg, Lys). Wieder andere Enzyme zeigen *keine* ausgeprägte Substratspezifität: Aminosäuren-Decarboxylasen decarboxylieren einige Aminosäuren verschieden schnell, andere überhaupt nicht. *b) Wirkungsspezifität:* Enzyme wählen von verschiedenen Möglichkeiten chemischer Substratumsetzungen jeweils eine aus, deren Aktivierungsenergie sie herabsetzen. So wird eine Aminosäure durch die Decarboxylase decarboxyliert, durch die Oxidase oxidativ desaminiert und durch die Transaminase transferierend desaminiert. *c) Organspezifität:* Viele Enzyme sind in allen Organen nachzuweisen, andere dagegen nur in bestimmten. So sind Sorbit-Dehydrogenase und Ornithin-Carbamyl-Transferase leberspezifisch, und Kreatinphosphat-Kinase ist ein muskelspezifisches Enzym. – Die Spezifitätsunterschiede (wie die verschiedenen „Organmuster" der Enzymaktivitäten) sind Voraussetzungen für gerichtete metabole Tendenzen und Regulationen.

3.5 Kinetik ▶ *a)* „*Turnover Number*", *Umsatzzahl* = Anzahl von Substratmolekülen, die von *einem* aktiven Bezirk des Enzymmoleküls in der Minute umgesetzt werden, d. h. Umsatz Mikromol Substrat · min^{-1}.
1 Katal (kat) = Umsatz von 1 Mol Substrat per sec, entsprechend 1 Mikrokatal: 1 µMol · sec^{-1}; 1 µkat = 60 „Enzymeinheiten" = Enzymmenge, die unter optimalen Bedingungen 1 µMol Substrat umsetzt. *Beispiele:* Phosphorylase $8,1 \times 10^3$, Hexokinase 13×10^3, Urease 46×10^3, Acetylcholin-Esterase $0,3 \times 10^6$ bis 3×10^6, Katalase 5×10^6, Carboanhydratase $\sim 10^8$. – Ist die Anzahl der aktiven Bezirke pro Enzymmolekül nicht bekannt, dann ist die Umsatzzahl als molekulare Aktivität bzw. katalytische Konstante zu bezeichnen.
Bei vielen Enzymen sind sowohl Anzahl als auch Aminosäuren-Beteiligung an aktivem Bezirk bekannt, *Beispiel:* Chymotrypsin = Polypeptidkette aus 246 Aminosäuren, aktiver Bezirk: His 57, Asp 102, Ser 195, alle drei an Oberfläche. *b) Halbwertszeit:* 1. In bezug auf das *Substrat:* diejenige Zeit, in der die Substratkonzentration auf 0,5 abgesunken ist. 2. In bezug auf das *Enzym:* Einige Enzyme treten ins Plasma aus, ihre Aktivität verbleibt dort mehr oder weniger lange Zeit, wenn auf die Hälfte abgesunken = Halbwertszeit; sie liegt zwischen 2 – 5 Tagen (analog Halbwertszeit von Enzymaktivitäten in lebenden Zellen, nach exogener Blockade der gesamten Proteinbiosynthese im lebenden Organismus).

3.5.1 Enzymaktivitäten ▶ *a) Eine internationale Enzymeinheit* ist jene Enzymmenge, die in einer Minute 1 µMol Substrat umsetzt. Gemessen wird also nicht die gesamte Substratumsetzung, wie bei einer enzymatischen Substratkonzentrationsbestimmung, sondern dc/dt bzw. $\Delta E/\Delta t$. Voraussetzung ist, daß die Reaktion der nullten Ordnung gehorcht, d. h. linear verläuft. Das ist nicht immer der Fall. Bei nichtlinearem Verlauf gilt für die Aktivitätsdefinition die Anfangsgeschwindigkeit v_0. Meist ist die Enzym*konzentration* der Reaktionsgeschwindigkeit v_0 proportional und letztere ist umgekehrt proportional der Reaktionszeit. Voraussetzung für alle Aktivitätsbestimmungen ist das Einhalten des pH-Optimums, der optimalen Sättigung des Enzyms mit Substrat und der Meßtemperatur von 30° C = *Standardbedingungen. b) Meßmethoden:* In vielen Fällen, in denen direkt oder indirekt die zu messende Enzymaktivität auf $NAD(P)^+ \rightleftharpoons NAD(P)H_2$ bezogen werden kann, erfolgt *absorptionsphotometrische Messung* von Transmission oder Extinktion = *optischer Test,* s. (3.5.5). Verbraucht eine

Enzymreaktion O_2 oder erzeugt sie CO_2, verwendet man *manometrische* oder *polarometrische Verfahren*. Neuerdings kommen auch *fluorometrische Methoden* auf, ferner Meßverfahren mit Glaselektroden, elektrophoretische, dünnschicht- und säulenchromatographische, gaschromatographische Verfahren, die teil- oder vollautomatisiert sind, alles Mikroverfahren zur Analyse des Substrat-Cosubstrat $(NAD(P)^+$ bzw. $NAD(P)H_2$-Verbrauchs oder der Produktbildung.

3.5.2 und 3.5.3 Michaelis-Konstante, Maximalgeschwindigkeit, Substratsättigung
▶ Ein Enzym verändert *nicht die Gleichgewichtslage* einer chemischen Reaktion, sondern beschleunigt die *Geschwindigkeit bis zu seiner Einstellung:* Herabsetzung der Aktivierungsenergie (metastabiler Zustand des Systems); Prinzip der Zwischenstoffkatalyse: Bildung eines Enzym-Substrat-Komplexes − Substratumsetzung im Komplex − Abtrennung der Umsetzungsprodukte − Neubesetzung der aktiven Zentren mit Substrat:

$$E + S \underset{k_{-1}}{\overset{k_{+1}}{\rightleftharpoons}} ES \underset{k_{-2}}{\overset{k_{+2}}{\rightleftharpoons}} EP \underset{k_{-3}}{\overset{k_{+3}}{\rightleftharpoons}} E + P$$
$$\underbrace{}_{①} \underbrace{}_{②} \underbrace{}_{③}$$

Entstehung des/der Reaktionsprodukte(s) (P_1 bzw. $P_1 + P_2$) in einer praktisch vollständig (exergonisch; $k_{-2} \to 0$) ablaufenden Reaktion. − Nach der Prämisse von *Michaelis-Menten* ist $k_{+1} \gg k_{+2}, k_{+3}$; somit sind ② (oft unmeßbar) und ③ geschwindigkeitsbestimmend für den Gesamtablauf. Dieser ist proportional [ES], somit ein Maß für [ES]. *Anwendung des Massenwirkungsgesetzes (MWG):*

$$\frac{[E] \, [S]}{[ES]} = K_s$$

ist [E] konstant und [S] wird soweit erhöht, daß gesamtes E in ES übergeführt ist: *Substratsättigung*. Die Reaktionsgeschwindigkeit steigt dann bis zu einem Maximum: Maximalgeschwindigkeit, V_{max}. Da sich V_{max} asymptotisch einer Horizontalen nähert (beim Auftragen von V gegen [S]), wählt man zweckmäßig $V_{max}/2$ als Bezugsgröße. Jetzt liegt die halbe Konzentration von E als ES vor. In der MWG-Beziehung heben sich dann [E] gegen [ES] auf:

$$[S]_{hs} = K_m \ (Mol \cdot Liter^{-1})$$

hs = Symbol für Halbsättigung; K_m = *Michaelis-Konstante;* definitionsgemäß [S] für $v = 1/2 \, V_{max}$, also eine dynamische

Größe; hohe K_m bedeutet hohe Substratkonzentration bei Halbsättigung, d.h. kleine Affinität E zu S; niedrige K_m bedeutet niedrige Substratkonzentration bis Halbsättigung, d.h. große Affinität E zu S. – K_m liegt meist zwischen 10^{-2} und 10^{-5} Mol·Liter^{-1}. – *Lineweaver-Burk-Beziehung:* Trägt man 1/v gegen 1/S auf, so erhält man eine Gerade, die die Ordinate bei $1/V_{max}$ und die Abszisse bei $1/K_m$ schneidet. – Es gilt ferner

$$K_m = \frac{k_{-1} + k_{+2}}{k_{+1}} \ ; \ K_s = \frac{k_{-1}}{k_{+1}}$$

K_s = *Substratkonstante* als weiteres Kriterium; sehr kleines k_{+2} ist gegen k_{-1} zu vernachlässigen, jetzt werden K_m und K_s numerisch gleich. – *Bedeutung:* a) K_m ist unabhängig von [E], b) *Berechnung* von [S] für maximale Reaktionsgeschwindigkeit möglich ($\sim 10^2$ x K_m, jetzt bleibt $k_{-2} \ll 1$, also zu vernachlässigen). c) *Affinitätsmaß* von E zu S. d) *Konstanz* von [ES] im *Fließgleichgewicht*. e) Grundlage zur Beurteilung von *Enzyminhibitoren* (3.6).

3.5.4 Anfangsgeschwindigkeit ▶ Bei *Substratsättigung des Enzyms ist die Reaktionsgeschwindigkeit v der Enzymkonzentration* [E] *direkt proportional.* Beim graphischen Auftragen v versus [E] erhält man initial eine Gerade. Mit zunehmendem Substratumsatz nimmt v ab, da jetzt die Enzym-Lösung nicht mehr substratgesättigt ist.

3.5.5 Optischer Test ▶ Viele wasserstoffübertragende Enzyme erkennen NAD$^+$ oder NADP$^+$ als wasserstoffacceptierendes Coenzym (besser: Cosubstrat). Vom Molekel Substrat wird ein Hydridion (H$^+$e$^-_2$) auf die Molekel NAD$^+$ oder NADP$^+$ übertragen (ein H$^+$ geht ins Milieu), wobei NADH oder NADPH entsteht. Im Gegensatz zu NAD$^+$ oder NADP$^+$ absorbieren die hydrierten Formen bei 340 nm (verantwortlich hierfür ist der Pyridin → Dihydropyridin-Übergang). *Die Absorptionszunahme pro Zeiteinheit ist ein direktes Maß für die Reaktionsgeschwindigkeit und damit für die Enzymkonzentration* (3.5.4).

3.6 Hemmstoffe ▶ Als „*Reaktionszügler*" wirken endogen normale Metabolite, exogen Pharmaka bzw. exo-endogen deren Metabolite.
1. Reversible Enzymaktivitätsbeeinflussung (normales Regulativ). *a) Konzentrationsänderung von Aktivatoren:* Amylasen benötigen Cl$^-$, ATP-umsetzende Enzyme Mg^{2+}, Peptidasen Mn^{2+}, Zn^{2+} bzw. Co^{2+} (gegenseitige Vertretbarkeit).

Enzymaktivitätsmaximum bei optimaler Ionenkonzentration, Verminderung derselben verursacht Enzymaktivitätsabnahme. *b) Nichtkompetitive Hemmung:* Durch Anlagerung des Inhibitors außerhalb des aktiven Bezirks der Enzymoberfläche. Verminderung der Enzymaktivität *ohne* Beeinflussung der Bindung zwischen Enzym und Substrat. Die Hemmgröße ist bei allen Substratkonzentrationen gleich. *Beispiele:* Hemmung durch Hg^{2+}, Cu^{2+}, Fe^{2+} infolge Reaktion mit SH-Gruppen des Enzyms; CN^- reagiert mit essentiellen Metallionen von Enzymen; Jodacetat wirkt hemmend durch Alkylierung funktioneller Gruppen. *Lineweaver-Burk-Plot: Verminderung der maximalen Geschwindigkeit; Erhöhung von $1/V_{max}$ bei gleichbleibender Michaelis-Konstante ($-1/K_m$ sind gleich).*
c) Kompetitive Hemmung: Inhibitior und Substrat kompetitieren um den aktiven Enzymbezirk nach dem Massenwirkungsgesetz; die Hemmwirkung ist analog der Substratkonstanten, darstellbar durch die Inhibitorkonstante

$$\frac{[E]\ [I]}{[EI]} = K_i$$

Keine Veränderung der maximalen Reaktionsgeschwindigkeit bei Substratsättigung, aber diese ist erst bei höheren Substratkonzentrationen erreicht infolge Verminderung der von Enzymen gebundenen Substratmengen. *Lineweaver-Burk-Plot:* $1/V_{max}$ *sind gleich, aber* $-1/K_m$ *sind verschieden. Beispiel:* Hemmung der Glucokinase mit Glucose als Substrat und N-Acetylglucosamin als Inhibitor. *d) Unkompetitive Hemmung:* Inhibitor reagiert nur mit der Enzym-Substrat-Verbindung ES + I $\rightleftarrows$ ESI; verändert werden maximale Geschwindigkeit *und* Michaelis-Konstante. *Lineweaver-Burk-Plot: Parallelverschiebung der Schrägen, verschiedene* $1/V_{max}$ *und* $-1/K_m$. *Beispiel:* Hemmung von Cytochromoxidase (Fe^{3+}) durch Azid. *e) Hemmung durch Substrat- oder Produkt-Überschuß:* Sehr hohe Substrat- (oder Produkt-) Konzentrationen können zur Bildung von ESS (oder EPP) führen. *Lineweaver-Burk-Plot: Glockenform der Geschwindigkeits-Konzentrations-Kurve, Durchlauf eines Substratoptimums;* $1/V_{max}$ *verschieden von* $1/V_{max}$, $-1/K_m$ *sind gleich. Beispiel:* Hemmung der Fructose-1,6-diphosphatase durch Fructose-1,6-diphosphat. *f) Allosterische Rückkopplungs („feed back") -Hemmung:* Hemmung eines Enzyms am Anfang einer Metabolsequenz durch ein Produkt von dieser, oder am Ende dieser Sequenz. *Beispiel:* Biosynthese von Ile aus Thr über α-Ketobutyrat, wobei fünf sequential tätig werdende Enzyme (E_1 bis E_5) wirksam sind.

Ile hemmt beim Anstau spezifisch das Enzym E_1 = L-Threonin-Desaminase, und bei metaboler Weiterverwendung revertiert die Enzymaktivitätshemmung. Wahrscheinlich besitzt E_1 zwei aktive Bezirke: einen für Substratumsatz und einen, der affin ist für Inhibitor. Durch $E + I \rightleftarrows EI$ wird die Enzymkonformation so geändert, daß die Raumstruktur des aktiven Bezirks deformiert ist und Thr nicht mehr als Substrat erkennt. Kompetitiver allosterischer Effekt dann, wenn Substrat und Inhibitor je etwa gleiche Affinitäten zu ihren Bindebezirken haben. Alternativ zu Substratbindungsvariation (Erhöhung von K_s) auch Umsatzverlangsamung erwägbar (Erniedrigung von V_{max}). *Lineweaver-Burk-Plot: in Gegenwart von I größerer V_{max} -Abschnitt und größerer Steigungswinkel. g) Totale endogene Enzymblockade:* Spezifischer Trypsininhibitor aus Pankreas (56 Aminosäuren, MG 6×10^3) bildet mit Trypsin 1 : 1-Komplexe; Extrakte aus Ascariden enthalten Pepsin- und Trypsin-Inhibitoren. *h) Totale exogene Enzymblockade:* Atmungskettenenzyme durch CN^-, SH-Enzyme durch Jodacetamid oder N-Äthylmaleimid, Enzyme mit Ser im aktiven Bezirk durch Diisopropylfluorphosphat total blockiert.

3.6.1 und 3.6.2 ▶ *Angriffsort und Wirkungsmodus von Enzyminhibitoren* haben entscheidend zur Kenntnis von Metabolsequenzen beigetragen, insbes. der Purin-, Pyrimidin-, DNA-, RNA- und Proteinbiosynthese. – *Beispiele: a) Azaserin* (O-Diazoacetyl-L-serin) hemmt den Transferschritt des Glutamin-N auf Phosphoribosyl-1'-pyrophosphat, den Transformylaseschritt (C8) und die Umwandlung von Xanthosinmono-℗ in Guanosinmono-℗. *b) Pyrimidinsynthese: 5-Fluoruracil* hemmt den Uracileinbau in die RNA und damit deren Anabolismus. *c) DNA-Synthese: Actinomycine* (Antibiotica von Actinomyceten) bilden mit der DNA Komplexe, so daß die identische Replikation gehemmt wird und auch der DNA-Strang unter Wirkung der RNA-Polymerase unrichtig oder überhaupt nicht mehr abgelesen werden kann. *d) RNA-Synthese: Rifampicin* hemmt spezifisch die DNA-abhängige RNA-Polymerase von Bakterien, aber nicht von Säugetieren. *e) Proteinsynthese: Puromycin* ist Antimetabolit der Aminoacyl-tRNA, indem es anstelle einer Aminosäure an das Carboxylende einer in Verlängerung befindlichen Peptidkette angehängt wird, wonach kein weiterer Aminoacylrest mehr gebunden werden kann.

Bedeutung von Hemmstoffwirkungen

Viele *Antibiotica* sind spezifische Hemmstoffe bakterieller Enzymsysteme, aber nicht der analogen Enzymsysteme tierischer Organismen. – *Muskelrelaxantien* (zum Beispiel Succinylcholin) setzen die motorische Aktivität der Skeletmuskulatur dadurch herab, daß sie die in der motorischen Endplatte lokalisierte Acetylcholin-Esterase kurzzeitig blockieren (wichtig bei chirurgischen Eingriffen).

3.7 Darstellung (Präparation)

▶ Enzyme reichert man aus biologischem Material an und isoliert sie anhand eines Aktivitätstests nach Methoden der schonenden Proteinpräparation. Erster Anreicherungsschritt ist meist eine *fraktionierte Fällung mit Ammoniumsulfat, Äthanol* oder *Aceton* bei verschiedenen Aciditätsgraden, Ionenstärken des Lösungsmilieus und Temperaturen, wobei man die unterschiedlichen Löslichkeitseigenschaften der Proteine ausnützt. Ferner wendet man die *präparative Elektrophorese* an, denn die Enzymproteine zeigen verschiedene Gesamtladungen bei bestimmten pH-Werten des Lösungsmilieus. Schließlich kommen Ionenaustauschchromatographie oder die Verwendung von „*Molekülsieben*" (Sephadex) in Frage, wobei man die Enzymproteine nach Molekülgröße trennt, oder sie in der Ultrazentrifuge separiert, wobei die unterschiedliche Teilchenschwere im Zentrifugalfeld wirkt.

3.7.1 Enzyme in Zellorganellen

▶ Zellmembran, Cytoplasma, Mitochondrien, Zellkern, endoplasmatisches Reticulum haben verschiedene Enzymmuster. Dies ist für die funktionale Metabolorganisation der Zelle von größter Bedeutung. Im einzelnen (s. 10).

3.8 Die Diagnostik und allgemeine klinische Anwendung

▶ Die enzymatische Analyse zur Bestimmung von *Metabolitkonzentrationen* und von *Enzymaktivitäten* ist von größter klinischer Bedeutung, indem ihre Parameter zur Beurteilung von Metabolaberrationen dienen und damit im Rahmen von Diagnostik und Therapiekontrolle nicht wegzudenken sind. Am häufigsten wird *Blutplasma* oder *Blutserum* verwendet.
Plasma-spezifische Enzyme: Prothrombin, Plasminogen, Coeruloplasmin, Lipoproteinlipase, Pseudocholinesterase.
Sekret-Enzyme: Pankreas-, Parotis-α-Amylase, Prostata-Phosphatase, Pepsinogen.
Zell-Enzyme (Enzyme des Gewebsstoffwechsels): a) *Hauptmetabolsequenz-Enzyme:* Lactat(LDH)-, Malat(MDH)-, α-Glycerophosphat-Dehydrogenase, 1,6-Diphosphofructoaldolase, Glutamat-Oxalacetat-Transaminase (GOT), Glutamat-Pyruvat-Transaminase (GPT). b) *Organspezifische Enzyme:* aus der Leber Enzyme für den Harnstoffcyclus, Sorbit-Dehydrogenase (SDH), 1-Phosphofructoaldolase, Glucose-6-Phosphatase; aus den Knochen (Osteoblasten)

alkalische Phosphatase. − Die Unterscheidung der LDH aus Leber oder Herzmuskel geschieht anhand des Isoenzymmusters: aus der Leber (bei Leberschädigung) ist LDH5-Aktivität höher als die anderen LDH-Aktivitäten, bei Herzmuskelschädigung (Herzinfarkt) sind die LDH1- und LDH2-Aktivitäten höher. − Aus dem Auftreten nichtplasmaspezifischer Enzyme lassen sich somit Rückschlüsse auf ihr Herkommen und damit auf die Organerkrankung schließen: Herzinfarkt, Hepatitis, Myositis, Pankreatitis u.a. − Die ins Plasma übergetretenen Organenzyme werden verschieden schnell eliminiert, was bei der Parameterbewertung berücksichtigt werden muß, s. (17.7) *Halbwertszeiten* beim Menschen. Wir erhalten also einen Einblick in dynamische, pathophysiologische Vorgänge durch Enzymanalysen, besonders wenn sie mehrfach hintereinander durchgeführt werden. − Da gleiche Enzymaktivitäten verschiedenen Organen entstammen können, muß man, wie bei der Differenzierung zwischen Leber- und Myocardschädigung, differenzieren können (LDH-Isoenzyme). Andererseits sind die Symptome „Enzymanstieg im Serum" nicht krankheitsspezifisch, oft aber organspezifisch. Ein pathologischer Reiz trifft nicht eine einzelne Zelle, sondern die Reizantwort gibt der gesamte Organismus: *„akutes Syndrom".* − Berücksichtigt man das klinische Gesamtbild, ist das Symptom „Enzymanstieg im Serum" zum Nutzen des Kranken zu verwerten.

4 Stoffwechsel der Aminosäuren

4.1 N-Kreislauf

4.1.1 Allgemein

▶ *1. N-Anabolismus:* Pflanzen und Bodenbakterien besitzen drei Mechanismen zur N-Verwertung.

▶ *a) NH_3-Verwertung:* Als *starkes Zellgift* wird NH_3 schnell in organische Bindung übergeführt. Hauptrolle spielt hierbei die *reduktive Aminierung* (Umkehrung der oxidativen Desaminierung):

α-Ketoglutarat + NH_4^+ + $NADPH_2$ ⇌ Glu + H_2O + $NADP^+$

Daneben bestehen weitere Bindungsmechanismen: Synthese von GluN, Carbamylphosphat, Allantoin, Allantoinsäure und (wenig) Harnstoff. *b) NO_3^--Verwertung:* Reduktion von NO_3^- zu NO_2^- durch *Nitrat-Reduktase* (Mo-haltiger Flavoproteinkomplex, Reduktoren sind $NADH_2$, $NADPH_2$ oder Ferredoxin), danach Reduktion von NO_2^- zu NH_3 bzw. NH_4^+ durch *Nitrit-Reduktase* (gehört zum Photosynthesekomplex, Cu-haltiger Flavoproteinkomplex + Ferredoxin + ATP), dann weiter nach a). *c) N_2-Verwertung:* Bacterium radicicola, aber auch andere Einzeller, zum Beispiel Clostridium pasteurianum, können atmosph. N_2 assimilieren, da sie ein ATP- und Ferredoxin-benötigendes, N_2-aktivierendes Enzymsystem besitzen. Es entsteht NH_3, dann weiter nach a).

2. N-Amphibolismus: Glu ist Pool für α-NH_2. Fast alle anderen Aminosäuren entstehen durch Transaminierung, d. h. Übertragung des α-NH_2 aus Glu auf entsprechende α-Ketosäuren. Sie dienen zur Proteinbiosynthese in Pflanzen. Alimentäre Verwertung derselben durch das Tier. Amphibole Verwendung von Protein (nach Proteolyse) und von Aminosäuren im Tier.

3. N-Katabolismus: Oxidative Desaminierung, Transaminierung, besonders auf α-Ketoglutarsäure, wobei Glu entsteht, deren dehydrierende Desaminierung und Einschleusen des NH_3 in den Harnstoffcyclus. Ausscheidung von Harnstoff u. a. N-haltigen Kataboliten durch Tier und Mensch. Bakterieller Abbau durch Urease, Harnsäure durch Uricase u. a. Aufnahme von NH_3 durch Pflanzen und Bakterien, NH_3-Verwertung (s. 4.1, a) und damit Ringschluß des N-Kreislaufs.

4. Exogener Zuschuß zum N-Kreislauf: Elektrische Entladungen in der Atmosphäre erzeugen aus N_2 und O_2 große Mengen Stickstoffoxide (hohe Aktivierungsenergie). Diese bilden mit Regenwasser Stickstoffwasserstoffsäuren und werden in den Boden eingewaschen. *N-haltige Dünger:* Chilesalpeter, Kalkstickstoff, Harnstoff u. a.

4.2 Synthese und Abbau von Aminosäuren

4.2.1 Gleichung

▶ *Transaminierung,* Prinzip, Glu als Beispiel:

▶ $Glu-\alpha-NH_2 + X-\alpha-C=O \rightleftharpoons Glu-\alpha-C=O + X-\alpha-NH_2$

(X steht für C-Gerüste der α-Keto- bzw. α-Aminosäuren).

4.2.2 Transaminierung Stoffwechsel

▶ Nach dieser Grundgleichung entstehen fast alle α-Aminosäuren aus den korrespondierenden α-Ketosäuren. Durch Transaminasenfunktionen (zellgebunden in allen Zellen, sehr aktiv in Leber und Herzmuskel) bleiben wesentliche Anteile des Aminosäurenpools konzentrationsoptimal verfügbar für Proteinanabolismus und spezielle Ana- und Katabolprozesse. Besonders schnell erfolgt die Gleichgewichtseinstellung durch Transaminasen mit Glu, GluN, Asp, AspN und Ala, weniger mit anderen Aminosäuren, nicht mit Lys und Thr.

4.2.3 Pyridoxal-5-phosphat

▶ *Co-Enzym der Transaminasen.* Obige Formulierung läuft in Wirklichkeit zweistufig ab:

1. $Glu-\alpha-NH_2 + Y-C\genfrac{}{}{0pt}{}{\nearrow H}{\searrow O} \rightleftharpoons Glu-\alpha-C=O$
   $+ Y-CH_2NH_2$

2. $Y-CH_2NH_2 + X-\alpha-C=O \rightleftharpoons Y-C\genfrac{}{}{0pt}{}{\nearrow H}{\searrow O}$
   $+ X-\alpha-NH_2$

$Y-C\genfrac{}{}{0pt}{}{\nearrow H}{\searrow O}$ steht für Pyridoxal-5-phosphat,

$Y-CH_2NH_2$ für Pyridoxamin-5-phosphat.

$Y-CH_2NH_2$ bleibt an Enzym gebunden. Beachten Sie den Wechsel der Oxidationsstufen und die Regeneration des Pyridoxal-5-phosphats. Intermediär entsteht „Schiffsche Base": $Glu-\alpha-N=CH-Y$ bzw. $Y-CH=N-\alpha-X$

4.2.4 Pyridoxal-5-phosphat-abhängige Reaktionen

a) Decarboxylierungen: Tyr-, His-, Try-, 5-Hydroxytry-, Glu-Decarboxylasen u. a. *b) Dehydratisierungen:* Ser-, Thr-, Homoser-Dehydratasen. *c) Desulfurierungen:* Cys-, Homocys-Desulfhydrase. *d) Andere Metabolisierungen:* Kynureninase, Thr-, Ser-Aldolasen, Formyl-Transferasen, δ-Aminolävulinat-Synthetase.

4.2.5 Oxidative Desaminierung

▶ Der erste Reaktionsschritt der *Aminosäuren-Desaminierung* verläuft dehydrierend:

$$\begin{array}{c} COOH \\ | \\ HCNH_2 \\ | \\ R \end{array} \xrightarrow{-2H} \begin{array}{c} COOH \\ | \\ C=NH \\ | \\ R \end{array} + H_2O \longrightarrow \begin{array}{c} COOH \\ | \\ C=O \\ | \\ R \end{array} + NH_3$$

über Iminosäure als Intermediat und dessen Spontanhydrolyse zur α-Ketosäure. Im Spezialfall der Glutamat-Dehydrogenase (GLDH) übernimmt NAD^+ obiges „$-2H$":
$Glu + NAD^+ + H_2O \rightleftharpoons $ α-Ketoglutarat $+ NADH_2 + NH_3$
s. (4.4.4)

4.2.6 Aminosäure-Oxidasen

▶ Echte strukturgebundene Aminosäure-Oxidasen enthalten proteingebundenes FMN und übertragen „-2H" (aus obiger Gleichung 4.2.5) direkt auf O_2 unter Bildung von H_2O_2. Wegen niedriger Wechselzahl (1 Enzymmolekül setzt 6 Aminosäuremoleküle pro min um) ist ihre Bedeutung für den Metabolismus fraglich, sie sind wenig spezifisch (man kennt allerdings L- und D-Aminosäureoxidasen), sie setzen *nicht* Gly, Monoamino-monocarbonsäure, Diaminomonocarbonsäuren und β-Hydroxyaminosäuren um, und die Reaktionen sind nicht reversibel.

4.3 Harnstoffbildung

▶ *Harnstoff ist Endprodukt* des N-Anteils von Aminosäuren. Die tägliche Harnstoffbildung und -ausscheidung mit dem

4.3.1 Bedeutung

Harn reflektiert den Protein(Aminosäuren)-Umsatz: 1 g Harnstoff entspricht 6,25 g Protein. Erwachsene scheiden rund 20 g Harnstoff in 24 h aus.

4.3.2 Harnstoffcyclus

▶ 1. Übertragung der Carbamylgruppe aus Carbamylphosphat auf die δ-Aminogruppe des Ornithins (Ornithin-carbamyl-Transferase) → Citrullin,
2. Kondensation von Citrullin mit Asp (Argininosuccinat-Synthetase), wobei benötigte Energie durch ATP → AMP + ℗ − ℗ geliefert wird, zu Argininosuccinat;
3. Abtrennung von Fumarat aus Argininosuccinat (α,β-Elimination durch Argininosuccinase) unter Bildung von Arginin;

4. hydrolytische Abspaltung von Isoharnstoff ($\rightleftharpoons$ Harnstoff) unter Rückbildung von Ornithin (Arginase, Schrittmacherenzym der Harnstoffsynthese).
Bilanzgleichung: $2\ NH_3 + CO_2 \rightarrow O{=}C\ (NH_2)_2 + H_2O$
$\Delta G° \sim +14\ kcal \cdot Mol^{-1}$.

4.3.3 Gewebslokalisation
▶ Die Harnstoffsynthese erfolgt nur in der Leber.

4.3.4 Intracelluläre Lokalisation
▶ Sie ist in den Mitochondrien lokalisiert, nahe bei der Glutamat-Dehydrogenase, der Fumarase und der Malat-Dehydrogenase, also räumliche und funktionelle Kopplung mit dem Citratcyclus.

4.3.5 Enzymdefekte
▶ *Hyperammonämie Typ I*. Enzymdefekt: Ornithin-carbamyl-Transferase. – *Hyperammonämie Typ II*. Enzymdefekt: Carbamylphosphat-Synthetase. – *Citrullinämie*. Enzymdefekt: Argininosuccinat-Synthetase; erhöhter Citrullin- und Ammoniak-Blutspiegel. – *Arginino-succinaturie*. Enzymdefekt: Argininosuccinase, erhöhter Argininosuccinat- und Ammoniak-Blutspiegel. – Bei normaler Harnstoffausscheidung kann infolge unökonomisch erhöhtem Aminosäurenkatabolismus NH_3-Blutspiegel bis $100\ mg \cdot Liter^{-1}$ (Grenze der NH_3-Vergiftung) erhöht sein. Symptomatische Therapie durch proteinarme Ernährung.

4.4 Stoffwechsel des Ammoniaks

4.4.1 NH_3- u. Aminosäurenmetabolismus
▶ Bei oxidativer irreversibler Desaminierung freiwerdendes NH_3 wird: a) in die durch die GLDH katalysierte Fließgleichgewichtsreaktion eingeschleust, wobei Glu entsteht, b) in die durch Glutamin-Synthetase katalysierte Reaktion eingebracht, die besonders aktiv in Leber und Gehirn ist, und in kovalente Bindung an die γ-Carboxylgruppe von Glu unter Bildung von GluN übergeführt (endergonische, ATP-benötigende Reaktion). – Ist die Harnstoffsynthese oder -ausscheidung gestört, oder wirken bei Erkrankungen der Harnwege und Nieren bakterielle Ureasen stark NH_3 bildend, oder wird aus dem Dickdarm erhöht bakteriell gebildetes NH_3 resorbiert, und können die Reaktionen a-b freies NH_3 nicht mehr abfangen, so entstehen neurotoxische Störungen: Zittern, Sprach- und Sehstörungen, Coma, Exitus. – Bei Transaminierungsreaktionen zur Aminosäurensynthese aus korrespondierenden α-Ketosäuren ist Glu-α-NH_2 Hauptlieferant für die NH_2-Gruppe. Glu einbeziehende Transaminasen sind die aktivsten.

4.4.2 ▶
NH_3 in kovalente organische Bindung

α-Ketoglutarat + NH_3 + $NADH_2$ ⇌ Glu + NAD^+ + H_2O.
GLDH ist Glu-spezifisch, kommt in Mitochondrien aller Gewebe strukturgebunden vor, ist von bes. Bedeutung durch NH_3-Bindung, Bereithaltung von α-NH_2 für Transaminierungen, Lieferung von Hauptmenge NH_3 an den Harnstoffcyclus und Einschleusen der C_5-Kette in den Citratcyclus.

4.4.3 ▶ *a) Carbamylphosphat-Synthese in Säugetieren und Mensch:*
Carbamylphosphat, Bildung

$NH_4^+ + CO_2 + 2\,ATP \rightarrow H_2N-C(=O)-O\sim ℗ + 2\,ADP + ℗$

Ein ATP liefert den Phosphatrest für *Carbamylphosphat*, das andere durch Spaltung in ADP + ℗ die noch notwendige „Syntheseenergie". Die Reaktion ist irreversibel; Enzym: Carbamylphosphat-Synthetase, vor allem in der Leber aktiv; bindet NH_4^+ noch bei 10^{-4}M, benötigt als Co-Faktor N-Acetylglutamat zur Enzymstabilisierung und K^+ als Komplement.
b) in Bakterien: $NH_3 + CO_2 \rightleftharpoons H_2N-COOH$.
Die Carbaminatbildung erfolgt spontan, aber bei höheren NH_3-Konzentrationen, als sie von Zellen höherer Säugetiere und Mensch vertragen werden. Enzym Carbamylphosphat-Kinase überträgt ℗ aus ATP auf Carbaminat unter Bildung von Carbamylphosphat.
Carbamylphosphatabhängige Reaktionen − a) Initialreaktion des Harnstoffcyclus; − b) Ringschlußreaktion des Pyrimidinringes: Carbamylphosphat + Asp → Dihydroorotsäure, Abspaltung von ℗ und H_2O durch Aspartat-Transcarbamylase.

4.4.4 ▶ *Glutamat-Synthese* wurde oben beschrieben.
Glutamat-Synthese

4.4.5 ▶ Glu + NH_4^+ + ATP → GluN + ADP + ℗
Glutamin-Synthese

Intermediär entsteht wahrscheinlich Glutamyl-γ-phosphat (gemischtes Säureanhydrid), dann folgt Austausch von ℗ gegen NH_3. Enzym: Glutamin-Synthetase.

4.4.6 ▶ Die Säureamidgruppe des GluN steht auf hohem Gruppenübertragungspotential und dient zur Synthese von *Purin-*, *Pyrimidin-* und *Aminozucker*-Derivaten. − GluN ist *Transportform für NH_3 im Organismus*. In der Niere Hydrolyse zu Glu + NH_4^+ durch Glutaminase, Neutralisierung harnpflichtiger Säuren und Einsparen von Alkaliionen. Die Ammoniumsalze des Harns entstehen hauptsächlich nach diesem Vorgang.
Glutaminabhängige Reaktionen

4.5 Umwandlung des Kohlenstoffgerüsts

4.5.1 Biogene Amine

Aminosäure-Decarboxylierung ohne vorherige *Desaminierung* gibt *biogene Amine*. Die Aminosäure-Decarboxylasen sind substratspezifisch, benötigen Pyridoxal-5-phosphat als Co-Enzym. Wenn die Umsatzrate auch gering ist, so entstehen doch zum Teil biologisch hochaktive Reaktionsprodukte, andere sind Hormonvorstufen oder Bausteine von Co-Enzymen. Ihre Strukturformeln sind unschwer aus denen der Aminosäuren ableitbar.

Ser → Äthanolamin (Phosphatide)
Cys → Cysteamin (CoA-Bestandteil)
Thr → Propanolamin (Vitamin B_{12}-Bestandteil)
Met → Spermin, Spermidin (Ribosomen, Sperma)
Asp → β-Alanin (CoA-Bestandteil)
Glu → γ-Aminobuttersäure (Ganglien, Transmitter)
Lys → Cadaverin
Orn → Putrescin (Bakterienkatabolite, Darmflora, Ribosomen)
Arg → Agmatin (Bakterienkatabolit, Darmflora)
His → Histamin (Gewebshormon, blutdruckwirksam)
Tyr → Tyramin (Gewebshormon, uteruskontrahierend)
3,4-Dihydroxyphenylalanin → Dopamin (→ Noradrenalin, Adrenalin) (Hormone, Gewebshormone, Blutverteilungsregulator)
Try → Tryptamin (Hormon?)
5-Hydroxytryptophan → Serotonin (→ Melatonin) (Hormone, Gewebshormone)

4.5.2 Verzweigte Aminosäuren

Val, Leu, Ile: Die gemeinsame Initialreaktion ist Desaminierung + oxidative Decarboxylierung. Dann werden die um je 1 C verkürzten Kohlenstoffgerüste individuell abgewandelt.

Val über Isobutyryl-CoA zu Propionat, dieses über Propionyl-CoA zu Succinyl-CoA, damit Anschluß an den Citratcyclus.

Leu über Isovaleryl-CoA zu Acetoacetat + Acetyl-CoA, damit Anschluß an den Fettsäurenmetabolismus.

Ile über α-Methylbutyryl-CoA zu Propionyl-CoA + Acetyl-CoA, damit Anschluß an Citratcyclus und Fettsäurenmetabolismus.

4.5.3 S-Adenosylmethionin

Met geht unter Wirkung des methionin-aktivierenden Enzyms (benötigt ATP, Mg^{2+}, Glutathion) in S-Adenosylmethionin über: Sulfoniumverbindung mit $>S^+-CH_3$. Aktiviertes $-CH_3$ steht auf hohem Gruppenübertragungspotential, ist Methylgruppendonator und wird durch

Methyltransferasen auf Methylgruppenacceptoren übertragen: Äthanolamin → Cholin, Guanidinoacetat → Kreatin, Uracil → Thymin, Noradrenalin → Adrenalin, Catecholamine → O-Methyl-Derivate, Basen der DNA und t-RNA → N-Methyl-Derivate, Carnosin → Anserin, Nicotinamid → Trigonellin. Nach CH_3-Abgabe geht S-Adenosylmethionin in S-Adenosylhomocystein, dieses in AMP und Homocystein über. Letzteres kann entweder durch CH_3-Transfer von anderen CH_3-Donatoren (z. B. Betain) zu Met regeneriert werden oder durch S-Transfer zur Cys-Synthese dienen.

4.5.4 ▸ FolH₄-Derivate

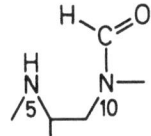

10-Formyl-FolH₄   5,10-Methenyl-FolH₄

5,10-Methylen-FolH₄   5-Methyl-FolH₄

bei His-Abbau entsteht intermediär auch 5-Form-imino-FolH₄

4.5.5 ▸ Glucogene und ketogene Aminosäuren

Je nach Katabolismus der aus den Aminosäuren durch Desaminierung entstandenen α-Ketosäuren:
a) *glucogene Aminosäuren* liefern Pyruvat oder Intermediate des Citratcyclus und speisen dadurch die *Gluconeogenese:* Ala, Arg, Asp, Cys, Glu, Gly, His, Hyp, Met, Pro, Ser, Thr, Try, Val.
b) *ketogene Aminosäuren* liefern Acetyl-CoA oder Acetoacetat: Leu.
c) *glucogen + ketogen:* Ile, Lys, Phe, Tyr. –
Praktische Bedeutung: Im Hunger, bei kohlenhydratarmer Ernährung oder beim Diabetes mellitus erfolgt Gluconeogenese aus Aminosäuren des endogenen Katabolismus oder exogen aus der Nahrung. Durch vermehrt umgesetzte oder angebotene glucogene Aminosäuren wird Glykogenbildung in der Leber gesteigert, aber bei gebremstem Umsatz

Glucose vermehrt im Harn ausgeschieden. Durch vermehrten Katabolismus ketogener Aminosäuren wird die Ketonkörperbildung gesteigert.

4.6 ▸ Stoffwechsel einzelner Aminosäuren

4.6.1 ▸
Ser, Gly
Ser ist Hauptlieferant des „aktiven Formaldehyds". Bei Deformylierung wird zunächst das β-C von Ser auf $FolH_4$ übertragen, es entstehen 10-Formyl-$FolH_4$ und Gly. Die *Formyltransferase* benötigt Pyridoxal-5-phosphat als zweites Co-Enzym. Die Formylgruppe aus 10-Formyl-$FolH_4$ wird auch auf Gly übertragen, wobei Ser entsteht. Das Enzym katalysiert also ein reversibles Gleichgewicht zwischen Ser und Gly.

4.6.2 ▸
Gly-abhängige Reaktionen
Biosynthese von: a) Kreatin: Übertragung der Amidingruppe von Arg auf Gly durch Arginin-Glycin-Transamidinase. Es entsteht Guanidinoacetat. Auf dieses wird $-CH_3$ aus S-Adenosylmethionin durch Methyltransferase übertragen = Kreatin. *b) Porphobilinogen:* Aus α-Ketoglutarsäure entsteht durch oxidative Decarboxylierung Succinyl-CoA, dieses geht in δ-Aminolävulinat über, indem es mit Gly unter Katalyse von δ-Aminolävulinsäure-Synthetase kondensiert wird (Co-Enzym ist Pyridoxal-5-phosphat). Nun kondensieren zwei Moleküle δ-Aminolävulinat zu Porphobilinogen. *c) Purinderivate:* 5-Phosphoribosylamin + Gly ergibt 5-Phosphoribosylglycinamid, wozu ATP benötigt wird. Dann weiter nach 5.3.3. *d) Serin:* Transformylierung nach 4.6.1. *e) Aktives Formiat:* Transaminierung der -NH_2 von Gly liefert Glyoxylat, und durch dessen oxidative Decarboxylierung entsteht „aktives Formiat" in Form von 10-Formyl-$FolH_4$.

4.6.3 ▸
Phe, Tyr
Das essentielle Phe wird in p-Stellung zum aliphatischen Rest durch Phenylalanin-Hydroxylase irreversibel hydroxyliert, das Enzym benötigt hierzu molekularen O_2, H-Donator ist Tetrahydrobiopterin. Tyr wird dann duch Tyrosin-α-Ketoglutamat-Transaminase (die durch Tyr und Cortisol induzierbar ist) zu *p-Hydroxyphenylpyruvat*. Jetzt kommt eine interessante Weiterreaktion durch Hydroxyphenylpyruvat-Hydroxylase. Sie benötigt molekularen O_2. Unter Seitenkettenwanderung an die benachbarte O-Position, Decarboxylierung und Hydroxylierung, entsteht *Homogentisat*, ein O-substituiertes p-Hydrochinon. Dieses wird nun durch die Homogentisat-Oxidase aufgespalten. Sie benötigt O_2, Fe^{2+} und Ascorbat. Primär wird ein O_2 an eine Doppelbindung unter Bildung eines cyclischen Peroxids addiert. Es

entsteht jetzt *Maleylacetoacetat,* das durch eine cistrans-Isomerie in *Fumarylacetoacetat* isomerisiert und endlich durch die Fumarylacetoacetat-Hydrolase in *Fumarat + Acetoacetat* zerlegt wird. Die Coenzym-Regeneration der Phenylalanin-Hydroxylase: Dihydrobiopterin + $NADPH_2$ ⇌ Tetrahydrobiopterin + NAD^+, die Coenzym-Regeneration der Homogentisat-Oxidase s. bei (4.6.4).

4.6.4
Catecholamin-Synthese
▶ Tyr wird noch einmal hydroxyliert, das Enzym ist Tyrosin-Hydroxylase und benötigt molekularen O_2 und Tetrahydrobiopterin als H-Donator. Reaktionsprodukt: *3,4-Dihydroxyphenylalanin = Dopa.* Nun folgt Decarboxylierung durch L-Aminosäure-Decarboxylase, mit Pyridoxal-5-phosphat als Coenzym, zu *Dopamin,* dann nochmalige Hydroxylierung durch Dopamin-β-Hydroxylase, die O_2 und Ascorbat benötigt, zu *Noradrenalin.* Dieses wirkt schon als Hormon, wird aber teilweise durch Noradrenalin-Methyltransferase zu *Adrenalin* methyliert; Methylgruppenlieferant ist S-Adenosylmethionin. – Coenzym-Regeneration der Tyrosin-Hydroxylase: (s. oben), der Dopamin-β-Hydroxylase: Monodehydroascorbat (Radikal) + $NADPH_2$ ⇌ Ascorbat + $NADP^+$.

4.6.5
His, Lys
▶ *a) His* durch α,β-eliminierende Desaminierung (nicht oxidativ!; Histidase) entsteht unter Doppelbindungsbildung (trans-)*Urocaninat.* Unter Urocanase (Doppelbindungsverschiebung) entsteht ein Zwischenprodukt, von dem es in drei Richtungen weitergehen kann. Die erste führt zu *Hydantoin-5-propionat,* das unverändert im Harn erscheint. Die zweite verläuft über enzymatische Ringöffnung zwischen 3 und 4 zu *N-Formiminoglutamat.* Der Formiminorest wird von $FolH_4$ übernommen, Glu wie bekannt metabolisiert. Beim dritten Weg endlich kommt es über nichtenzymatische Ringspaltung zwischen 3 und 4 in Gegenwart von molekularem O_2 zur *Formylgruppe* (an $FolH_4$) und *Glu. b) Lys* nimmt *nicht* an reversibler Transaminierung teil (wie auch Thr) und wird *nicht* durch L-Aminosäure-Oxidase abgebaut, sondern wird über mehrere Zwischenstufen, die Ringschluß- und oxidative Ringöffnungsreaktionen einschliessen, schließlich zu α-*Ketoglutarat.* Dieses wird entweder zu Glu durch Transaminierung oder tritt in den Citratcyclus ein.

4.6.6
Glu, Asp, Arg
▶ *a) Glu:* Anabol- und Katabol-Hauptwege zugleich gehen von der Gleichgewichtsreaktion Glu ⇌ α-Ketoglutarat + [$-NH_2$] in Transaminasereaktionen (GOT, GPT) aus. Die *Hauptmenge* von α-*Ketoglutarat* entsteht, unabhängig von

seiner Bildung bei Transaminierungen, bei der *dehydrierenden Desaminierung* aus *Glu* durch *GLDH*. Weitere direkte Glu-Bildungen: Ornithin ⇌ Glutamatsemialdehyd (beachten Sie auch dessen Gleichgewichtseinstellung mit Pyrrolincarboxylat und dessen Gleichgewichtsreaktion wiederum mit Pro!), aus dem α-Ketoglutarat wird; - His - - - → α-Ketoglutarat - - - → (s. oben 4.6.).

b) Asp: Ebenso wie für Glu ist Ausgangspunkt von Anabol- und Katabolhauptwegen das Gleichgewicht Asp ⇌ Oxalacetat +[-NH$_2$] in Transaminasereaktionen (GOT!). – *Asp* liefert die *zweite NH$_2$-Gruppe* für die *Harnstoffsynthese.* Sein C-Gerüst verbleibt als Fumarat (α,β-Eliminierung der NH$_2$-Gruppe!), das über Malat in Oxalacetat übergeht und das Verbindungsglied zum Citratcyclus (räumliche Nähe von Harnstoff- und Citratcyclus in Mitochondrien) bildet. *Oxalacetat* ist als Acceptor der Acetylgruppe des *Acetyl-CoA* nicht nur *Schrittmacher des Citratcyclus,* sondern auch Startsubstanz der *Gluconeogenese:* Oxalacetat → Phosphoenolpyruvat...

c) Arg wird im *Harnstoffcyclus gebildet* aus Argininosuccinat durch Fumaratabtrennung. Arginase hydrolysiert Arg in Ornithin + Isoharnstoff ⇌ Harnstoff (4.3). – Transfer der Amidingruppe von Arg auf Gly ergibt *Guanidinoacetat,* das durch Methylgruppenübernahme in *Kreatin* übergeht.

4.6.7 ▶ Bei der Transaminierung des δ-NH$_2$ von Ornithin auf α-Ke-
Pro, Hyp toglutarat entsteht der *Glutamat-γ-semialdehyd.* Ringschluß unter H$_2$O-Abspaltung und Hydrierung der hierdurch entstandenen Doppelbindung führen zu *Pro.* - Da diese Reaktionen umkehrbar sind, handelt es sich um eine Gleichgewichtseinstellung, von der Anabol- und Katabolwege ausgehen. Es sind aber nicht die gleichen Enzyme für diese beiden Metabolvektoren. Der Anabolismus verläuft extramitochondrial, der Katabolismus dagegen intramitochondrial. Glutamat-γ-semialdehyd kann auch zu Glu oxidiert werden. Hyp ist Baustein des Kollagens. Pro wird nicht in freier Form, sondern nur im Peptidverband durch eine Hydroxylase hydroxyliert, die Ascorbat als H-Donator benötigt. Der Katabolweg von Hyp erfolgt analog dem des Pro.

4.6.8 ▶ Der Katabol-Hauptweg beginnt mit der oxidativen Öffnung
Try des *Pyrrolringes* durch Tryptophan-Pyrrolase, die molekularen O$_2$ benötigt, entstandenes *Formyl-kynurenin* geht nach Übertragung des Formylrestes auf FolH$_4$ in Kynurenin über. Aus diesem entsteht über eine Zwischenstufe durch Kynureninase *3-Hydroxyanthranilsäure* und *Ala.* Über Zwischenprodukte aus der ersteren entstehen schließlich α-

Ketoadipinat, das entweder über Glutarat α-Ketoglutarat oder über Glutaryl-CoA *zwei Acetyl-CoA* ergibt. Von *3-Hydroxyanthranilat* kann es auch über Chinolinat durch Umsetzung mit 5-Phosphoribosyl-1-pyrophosphat zu *Nicotinsäureribosyl-5-phosphat* und schließlich zu *Nicotinamid-mononucleotid* führen, das zur *Synthese* von *NAD$^+$* bzw. *NADP$^+$* verwendet wird. – Bei Pyridoxalphosphatmangel führt ein Nebenweg von *Kynurenin* über seine 3-Hydroxyverbindung zu *Xanthurensäure,* die im Harn erscheint und sich durch einen intensiv gefärbten Fe-III-Komplex darstellen läßt (Tryptophanbelastung zur Diagnose von Vitamin B$_6$-Mangel). Das oben erwähnte α-Ketoadipinat entsteht auch beim Lysinabbau.

4.6.9 Met, Cys ▸ Met ist essentiell, aber nicht Cys. Wie beschrieben (4.5.3) ist *S-Adenosylmethionin* primärer *CH$_3$-Donator*. Nach CH$_3$-Abspaltung entsteht neben *AMP Homocystein.* Es kann zu Met regeneriert werden. Die Cystathionin-Synthetase kondensiert dieses Intermediat mit Ser zu *Cystathionin.* H$_2$O-Aufnahme, aber an anderer Stelle als bei der vorausgegangenen Abspaltung, ergibt nun Cys + Homoserin (durch Cystathionase, Reaktion benötigt Pyridoxal-5-phosphat; γ-Eliminierung). Auf den CH$_3$-Transfer folgt nun in dem beschriebenen Zuge ein S-Transfer. Aus *Homoserin* entsteht durch OH-Gruppenwanderung *Thr,* aus dessen Katabolismus über α-*Ketobutyrat* schließlich *Propionat.*

Der Cystein-Katabolismus folgt oxidativ mehreren Stufen der S-Oxidation und mündet in die S^{6+}-Form ein, es entsteht *Cysteinat.* In freier wie in peptidisch gebundener Form entsteht aus *Cystein* oxidativ *Cystin.* – *Cys* wird in anderem Katabolgang durch eine Desulfhydrase zu *Pyruvat* + H$_2$S + NH$_3$, das H$_2$S zu SO$_4^{2-}$ oxidiert.

4.6.10 Taurin ▸ Cysteinsäure-Decarboxylase bildet aus Cysteinat *Taurin.* Gallensäuren werden durch Umsatz mit ATP und CoA aktiviert und mit der NH$_2$-Gruppe des Taurins säureamidartig verknüpft. Es entstehen *konjugierte Gallensäuren* (neben Taurin ist auch Gly Konjugationspartner).

4.6.11 Aktives Sulfat ▸ Die Biosynthese von „*aktivem Sulfat*" = 3'-Phosphoadenosin-5'-phosphosulfat, *„PAPS":* ATP reagiert unter Sulfotransferase mit anorganischem Sulfat zu *Adenosin-5'-phosphosulfat (APS)* + *Pyrophosphat,* doch liegt das Gleichgewicht stark auf Seiten der Ausgangsprodukte. Erst nach Pyrophosphathydrolyse durch Pyrophosphatase entstehen in größerer Menge Reaktionsprodukte, da Pyrophosphat dem Gleichgewicht entzogen und gleichzeitig Energie bereitgestellt wird. Energetisch ausgeglichen wird dieser Prozeß erst durch Reaktion von APS mit einem weiteren ATP: Transfer des terminalen ℗ auf die 3'-Position von APS und Bildung von PAPS. Beachten Sie hierbei die energetische Kopplung mehrerer Reaktionen.

Der *Sulfatrest* steht auf hohem *Gruppenübertragungspotential* (gemischtes Säureanhydrid) und kann in exergonischer Reaktion auf aliphatische und aromatische OH-Gruppen übertragen werden: a) Heteroglykane: *Chondroitinsulfat, Heparin.* b) Desaktivierungs-, Entgiftungs- und Exkretionsprodukte: *Östronsulfat, Phenolsulfat, Indoxylsulfat* (Harnindikan), *Sulfatester* von *Fremdstoffen* oder deren Metaboliten.

4.7 Angeborene Stoffwechselstörungen

4.7.1 Ursachen

▶ Die Biosynthese von Enzymen wird durch *Gene* kontrolliert. Ist eine Geneinheit (ein Cistron) durch *Mutation* funktionsuntauglich geworden, dann werden das adäquate Enzym oder die eine Metabolsequenz katalysierenden Enzyme nicht mehr gebildet. Der Vorgang fällt aus: *erbbedingte Stoffwechselanomalien* (falls das Genom der Zygote diesen Genausfall bereits aufweist). Besonders aus dem Bereich des Aminosäurenmetabolismus kennt man solche angeborenen Metaboldefekte. Entweder ist die Resorption von Aminosäuren aus dem extracellulären Raum in die Zelle (aktiver diamembranöser Vorgang) gestört oder einzelne Metabolschritte einzelner oder mehrerer Aminosäuren. Die Gendefekte werden meist rezessiv, einige aber auch dominant vererbt.

4.7.2 Häufigkeit

▶ Rückmutationen sind kaum zu erwarten, wohl aber „Vorwärtsmutationen", d.h. Häufigkeitszunahme von Gendefekten infolge permanenter oder periodischer mutagener Belastungen, durch energiereiche Strahlungen und chemische Stoffe.

4.7.3 Diagnose und Therapie

▶ *Glycinurie* (dominant): bei normalem Glycinplasmapegel Ausscheidung bis 1 g Gly in 24 h; Ursache ist selektiver, nur Gly betreffender Rückresorptionsdefekt aus Nierentubuli.
Primäre Hyperoxalurie: Ausscheidung großer Mengen von Oxalat im Harn, Ablagerung von Ca-Oxalat im Nierenparenchym, Konkrement- und Steinbildung in Harnwegen. Blockiert ist Glyoxylat → Gly durch Aktivitätsminderung der Glutaminsäure-Glyoxylat-Transaminase.
Cystinurie, verbunden mit *Metabolstörung* von *Lys, Arg. Ornithin:* Ausscheidungserhöhung dieser Aminosäuren im Harn infolge Rückresorptionsdefekt im Nierentubulus, Resorptionsdefekt der Darmmucosa.

Cystinosis (Fanconi-Syndrom): Cystinspeicherkrankheit unbekannter Ursache; Ablagerung von Cystinkristallen in allen Geweben, verbunden mit genereller Aminoacidurie und Phosphaturie.

Phenylketonurie (Fölling-Syndrom, autosomal recessiver Erbgang): Erkrankungsfrequenz 1:10 000, Zahl der Heterozygoten 1:50. Fehlen der Phenylalanin-Hydroxylase: Phe ↛ Tyr. Anhäufung von Phe im Blutplasma, ferner Auftreten atypischer Metabolite: Phenylpyruvat, Phenyllactat, Phenylacetat, Phenylacetylglutamin. Verläuft mit geistiger Entwicklungshemmung und schließlich Schwachsinn.

Alkaptonurie: Es fehlt die Homogentisat-Oxidase: Homogentisat ↛ Maleylacetoacetat; ersteres erscheint im Harn, der sich infolge Autoxidation braun bis schwarz färbt; Ablagerung solcher Oxidationsprodukte auch im Knorpel.

Albinismus: Es fehlt die Phenoloxidase in Melanocyten, die normalerweise an Melaninbiosynthese beteiligt ist.

Tyrosinosis: Es fehlt die p-Hydroxyphenylpyruvat-Oxidase: p-Hydroxyphenylpyruvat ↛ Homogentisat.

Hartnup-Krankheit: Störung der Tryptophanresorption im Duodenum, dadurch Tryptophanmangel mit verminderter Nicotinsäureamid-Biosynthese, dadurch zuweilen Pellagrasymptome.

Imidazolaminoacidurie: Resorptions- und Metabolstörungen des His; Ausscheidung großer Mengen von Carnosin, Anserin, His und 1-Methyl-His im Harn, wahrscheinlich infolge Transportdefektes für Imidazolderivate.

Histidinämie: Es fehlt Histidin-Desaminase: His ↛ Urocaninat; als Ausgleich entstehen Imidazol-pyruvat, -acetat, -lactat.

Folgen für den erkrankten Organismus sind meist Schwachsinn, verzögerte Sprachentwicklung, Cerebral- und Maculadegeneration, Blindheit, cerebellare Ataxie u.a. - *Therapieansätze* können nur symptomatisch, aber nicht kausal sein: Diäten, die die betreffenden Aminosäuren möglichst ausschließen.

5 Nucleinsäuren und Molekularbiologie

5.1 Allgemeines

5.1.1 Einteilung, Funktion

▶ Nucleinsäuren sind makromolekulare Bestandteile aller lebenden Zellen und Viren. Sie bestehen aus drei chemisch verschiedenen Bausteinen im äquimolaren Verhältnis: a) N-haltige, heterocyclische, basische *Verbindung der Purin- oder Pyrimidingruppe.* b) D-*Ribose* oder D-*2-Desoxyribose.* c) *Phosphat.* Enthält die Nucleinsäure D-*Ribose,* nennt man sie *Ribonucleinsäure = RNA*, enthält sie D-*2-Desoxyribose,* bezeichnet man sie als *Desoxyribonucleinsäure = DNA.* RNA und DNA unterscheiden sich qualitativ und quantitativ in ihren basischen Bestandteilen, ihren Molekulargewichten, den Raumstrukturen, den Vorkommen in Zellorganellen und molekularbiologischen Funktionen. Allgemein: *DNA* ist *Informationsträger* der Erbanlagen, *RNA*-Typen sind *Schlüsselsubstanzen* der Proteinbiosynthese.

5.1.2 Lokalisation

▶ *Hauptvorkommen der DNA* ist der Zellkern. Eine geringe Menge DNA kommt auch in Mitochondrien vor.

Die *Chromosomen* bestehen aus verschiedenen Proteinspecies und DNA. Morphologisch beobachtet man (bestes Objekt: Riesenchromosomen in den Speicheldrüsenruhekernen einiger Mücken) starke Feulgenfärbung ergebende Querscheiden (DNA) und weniger stark anfärbbare Zwischenscheiben. In den DNA-dichten Scheiben ist noch stark basisches Protein (Histon) neben nichtbasischem Protein vorhanden, in den Zwischenscheiben nur nichtbasisches Protein. Die DNA-Dichte beruht auf starker Knäuelung der Doppelstränge. Bei Wirbeltieren werden Aktivitätsstrukturen beobachtet. Die DNA ist stellenweise entfaltet, bildet schleifenförmige Ausstülpungen, an denen lebhafte RNA-Synthese stattfindet = *Lampenbürstenchromosomen* (bei der Oocytenentwicklung). Im Interphasenkern erkennt man keine Feinstruktur, sondern nur „Feulgen-positives" *Chromatin.* Es zeigt aber Farbunterschiede, die zur Unterscheidung zwischen *Euchromatin* (gelockerte DNA-Spiralisierung, höherer Aktivitätszustand) und *Heterochromation* (hyperspiralisierte DNA) veranlassen. Die Gesamt-DNA eines Zellkerns dürfte größenordnungsmäßig 10^9 Mononucleotide enthalten.

5.1.3 Genetische Information

Die Molekularbiologie definiert das Gen als eine *biologische Einheit* mit der *Fähigkeit der Merkmalsauslösung*, der *Mutation*. Das materielle Substrat der Gene ist die DNA. Ein „Gen" ist ein bestimmter Abschnitt auf einer DNA-Molekel. Ein Gen codiert zum Beispiel die Biosynthese eines Enzymproteins (bzw. einer Polypeptidkette): *Ein-Gen-ein-Enzym-Relation*. Dieser Abschnitt wird auch ein Cistron genannt: *ein Gen = ein Cistron*. Besteht ein Enzymprotein aus mehreren Polypeptidketten, so gibt es für jede derselben ein Cistron. Ein Gen kann also auch aus mehreren Cistrons bestehen.

5.1.4 Übertragung von Nucleinsäuren

1. Transformation: Übertragung einer genetischen Information in Form von DNA von einem auf einen anderen Organismus, d.h. „Transplantation eines Gens". *Beispiel:* Die Information für die Biosynthese der Kapselsubstanz des Pneumokokkenstammes Typ II (Polysaccharid) kann in Form der aus diesen Pneumokokken präparativ gewonnenen DNA durch Zusatz zu Kulturen des Pneumokokkenstammes Typ III, der keine Kapselsubstanz bildet, in dessen Zellen eingeführt werden. Sie rekombiniert mit der zelleigenen DNA, und nun wird Kapselsubstanz gebildet. Diese *Befähigung bleibt genetisch verankert* und wird bei der Zellteilung weitergegeben: *Merkmalsauslösung + identische Replikation*.

2. Transduktion: Ein Teil der DNA einer Bakterienzelle wird durch einen sich darin vermehrenden Bakteriophagen in seine Proteinhülle mit eingepackt und so bei einer Reinfektion auf eine andere Bakterienzelle übertragen. Hier wird diese transduzierte DNA durch Rekombination in die zelleigene DNA eingebaut („Adoption"). Auch zwischen Bakterienzellen und menschlichen Zellen wurde in der Zellkultur eine Transduktion experimentell erzeugt.

3. Konjugation (Rekombination): Einzeller können sich zusammenlagern und einzelne DNA-Stränge austauschen.

5.2 Chemie der Nucleinsäuren
5.2.1 Bausteine
5.2.2 Basen

1. Pyrimidinbasen: Heterocyclische Sechsringe mit zwei N-Atomen im Ring, in 4-Position eine H_2N- oder HO-Gruppe, in 2-Position stets eine O-Funktion (Tautomerie: entweder HO- oder O=). *Cytosin* (Cyt): 2-Oxo-4-amino-pyrimidin; *Uracil:* (Ura): 2,4-Dioxo-pyrimidin bzw. 2,4-Dihydroxy-pyrimidin bzw. 2-Oxo-4-hydroxy-pyrimidin (tautomere Formen); *Thymin* (Thy): 2,4-Dioxo-5-methyl-pyrimidin. *2. Purinbasen:* Konjugierte Zweiringheterocyclen (Sechsring + Fünfring) mit je zwei N-Atomen in jedem Ring, mit H_2N- oder HO- (bzw. O=) -Positionen; *Adenin* (Ade): 6-Aminopurin; *Guanin* (Gua): 2-Amino-6-oxopurin; *Hypoxanthin*

(Hyp): 6-Oxopurin. *3.* D-*Ribose:* Aldopentose mit übereinstimmenden Raumstellungen der HO-Gruppen an den asymmetrischen C-Atomen, in der ringgeschlossenen Halbacetalform (freie Ribose als Pyranose, gebundene als Furanose). *4.* D-*2-Desoxyribose:* Es fehlt die HO-Gruppe in 2-Position. (Freie Verbindung steht im Gleichgewicht zwischen Halbacetal- und Aldehydform, letztere ist nachweisbar mit fuchsinschwefliger Säure, Grundlage der Feulgenschen Kernfärbung). *5. o-Phosphorsäure:* Stets sind ein oder zwei HO-Gruppen in Esterbindung, das dritte Hydroxyl ist frei und unterliegt der Protolyse (Nucleinsäuren). *6. DNA* enthält an Pyrimidinbasen Cyt und (fast ausschließlich) Thy, an Purinbasen Ade und Gua. – *RNA* enthält an Pyrimidinbasen Cyt und (fast ausschließlich) Ura.

5.2.3
Seltene Basen

▶ *1. Derivate von Cyt:* 5-Methyl-Cyt (in Transfer-Nucleinsäuren), 5-Hydroxymethyl-Cyt (in Nucleinsäuren einiger Bakterienviren = Bakteriophagen), Acetyl-Cyt. *2. Derivate aus Ura:* 4,5-Dihydro-Ura (in Transfer-Nucleinsäuren), 5-Hydroxymethyl-Ura (Bakterienviren). *3. Derivate von Thy:* Bis jetzt keine bekannt. *4. Derivate von Ade:* 1-Methyl-Ade, 2-Methyl-Ade, N-6-Methyl-Ade, N-6-Dimethyl-Ade, N-6-Isopentenyl-Ade (in Transfer-Nucleinsäuren). *5. Derivate von Gua:* 7-Methyl-Gua, N-2-Methyl-Gua, N-2-Dimethyl-Gua, 6-Hydroxymethyl-Gua.

5.2.4
Nucleoside

▶ N-Glykosidische Verbindungen von Pyrimidin- bzw. Purinbasen mit D-Ribose bzw. D-2-Desoxyribose: Cytidin (C) = Cytosinribosid; Uridin (U) = Uracilribosid; Thymidin (dT) = Thymindesoxyribosid; Adenosin (A) = Adeninribosid; Guanosin (G) = Guaninribosid; Inosin (I) = Hypoxanthinribosid.

5.2.5
Nucleotide

▶ Die biologisch wichtigsten Nucleotide leiten sich von den Nucleosiden (5.2.4) dadurch ab, daß sie in 5'-Stellung der D-Ribose bzw. D-2-Desoxyribose einen Phosphorsäurerest esterartig gebunden enthalten: *5'-Phosphonucleoside = Nucleosidmonophosphat.* Ist dieser Phosphorsäurerest säureanhydridartig mit einem *weiteren Phosphorsäurerest* verknüpft (Pyrophosphat) = *Nucleosiddiphosphat;* ist ein *dritter Phosphorsäurerest* verknüpft = *Nucleosidtriphosphat.* – *Cytidylsäure* = Cytidinmonophosphat; *Uridylsäure* = Uridinmonophosphat; *Thymidylsäure* = Thymidinmonophosphat; *Adenylsäure* = Adenosinmonophosphat; *Guanylsäure* = Guanosinmonophosphat. – Abkürzungen: CMP, UMP, dTMP, AMP, GMP. – Entsprechend bezeichnet man die Di- und Triphosphate: CDP, CTP; UDP, UTP; dTDP, dTTP; ADP, ATP; GDP, GTP usw. – Die Desoxyribonucleotide kennzeichnet man, wie bereits bei dTMP etc. geschehen, durch das Präfix d: dA = Desoxyadenosin, dATP = Desoxyadenosintriphosphat usw. – Bei den *Cyclonucleotiden* ist ein Phosphorsäurerest sowohl mit dem 5'- als auch dem 3'-Hydroxyl der Pentose verestert. Beispiel: 3',5'-Cyclo-AMP oder besser AM-3:5-P. *Cyclonucleotide* sind aber *keine Nucleinsäurebausteine*, sondern üben spezielle Funktionen bei Metabolregulationen aus.

5.2.6
Charakterisierung

▶ Pyrimidin- und Purinbasen sowie ihre Nucleoside und Nucleotide extingieren stark zwischen 250 und 280 nm. Sie selbst sowie ihre Derivate sind säulenchromatographisch trennbar und mit Hilfe eines Durchflußphotometers, das ein optisches Fenster im genannten Bereich hat, zu quantifizieren.

5.3
Biosynthese der Nucleinsäurebausteine
5.3.1
Pyrimidinnucleotide

▶ *Carbamylphosphat* und *Aspartat* werden durch die Aspartat-Transcarbamylase kondensiert zu *Dihydroorotat,* dieses dann zu *Orotat* dehydriert. Über *Orotidin-5-phosphat* (Umsatz mit 5-Phosphoribosyl-1-pyrophosphat durch Orotidin-5-phosphat-Pyrophosphorylase) geht es durch Decarboxylierung zu *UMP*. – Wird die Oxogruppe in 4-Position des Ringes durch $-NH_2$ ersetzt, welches durch NH_3 oder Glutamin bereitgestellt werden kann, entsteht *CMP*.

5.3.2
Thymidin

▶ Sind wir auf der Stufe von *UMP* angelangt (5.3.1), erfolgt zunächst Überführung in *UDP* unter Belieferung mit dem terminalen ⓟ aus ATP. Die OH-Gruppe in 2'-Position des Riboseanteils wird nun reduktiv entfernt, H-Lieferant ist reduziertes Thioredoxin (5.3.4). Das dehydrierte Thioredoxin wird durch $NADPH_2$ rehydriert. *dTDP* wird nun nochmals phosphoryliert zu *dTTP*.

5.3.3
Purinnucleotide

▶ Ausgangsprodukt ist *5-Phosphoribosyl-1-pyrophosphat*. Durch eine Amidotransferase wird die NH_2-Gruppe des Glutamins übertragen und gleichzeitig Pyrophosphat abgespalten, wobei *5-Phosphoribosyl-1-amin* entsteht. An die H_2N-Gruppe wird nun Glycin angehängt, es resultiert *Glycinamidribonucleotid*. Nun folgen Formylierung aus Formyl-FolH$_4$ zu *Formylglycinamid-ribonucleotid,* Amidierung aus Glutamin zu *Formylglycinamidinribonucleotid* und Fünfringschluß zu *5-Aminoimidazolribonucleotid,* darauf Carboxylierung zu 5-Aminoimidazol-4-carbonsäure-ribonucleotid (Beginn der Anlage des Sechsringes), Amidierung durch H_2N- aus Aspartat (α, β-Eliminierung zu Fumarat) zu *5-Aminoimidazol-4-carboxamid-ribonucleotid*, und schließlich Anlieferung der letzten C-Einheit zum Ringschluß durch Formyl-FolH$_4$, nun ist *IMP* gebildet. – Das Ganze ist also ein schrittweise erfolgender Aufbau, zunächst des Fünf-, dann des Sechsringsystems, wobei die Baueinheiten aus dem Aminosäurenmetabolismus stammen. Die endergonische Synthese benötigt 11 ATP. – *IMP* ist Muttersubstanz von *AMP* und *GMP*, ebenfalls von *Urat* (Harnsäure). – *Regulation:* Feed-back-Mechanismus; Erhöhung der stationären IMP-Konzentration hemmt die Startreaktion durch Allosterie der Glutaminphosphoribosyl-pyrophosphat-Amidotransferase.

5.3.4
Desoxyribonucleotide

▶ Der Übergang von *Ribonucleotiden* zu *Desoxyribonucleotiden* erfolgt auf der Stufe der Nucleosiddiphosphate (D-2-Desoxyribose entsteht nicht metabol in freier Form). Unter der Wirkung von Ribonucleosiddiphosphat-Reductase, die sowohl Pyrimidin- als auch Purin-dinucleotide umsetzt, wird das HO- in 2-Position durch H- ersetzt. *Cofaktoren* dieses Enzyms sind *5'-Desoxyadenosyl-Cobalamin* (Coenzymform des Cobalamins) und *Thioredoxin* (ein niedermolekulares Flavoprotein), das zwei HS-Gruppen enthält. Es geht hierbei in das Thioredoxindisulfid über und wird anschließend durch die Thioredoxin-Reductase mit NADPH$_2$ wieder zu „HS-Thioredoxin" reduziert.

5.4
Struktur und Charakteristik von Nucleinsäuren
5.4.1
Polynucleotide

▶ Position 1' von Ribose oder Desoxyribose ist durch N-Glykosidbindung mit der Base, Position 4' durch den furanoiden Ringschluß besetzt. Zwischen den Positionen 3' des einen und 5' des folgenden Nucleosids besteht eine Phosphodiesterbrücke. Vereinbarungsgemäß schreibt man die *Primärstrukturen von Polynucleotiden* so, daß das 5'-OH-Ende links und das 3'-OH-Ende rechts steht.

5.4.2
DNA

▶ Ein DNA-Molekül (Nucleotid-Sequenz = Primärstruktur) ist ein Doppelstrang (Sekundärstruktur); beide Stränge sind um eine gemeinsame Achse angeordnet: Doppelwendel von Polynucleotiden mit konstanten Raumdimensionen = *Doppelhelix* (Tertiärstruktur). Die Reihenfolge der Basen ist aperiodisch, sie sind nach innen gerichtet und in besonderer räumlicher Nähe einer Base des Stranges A zu einer Base des Stranges B. Die Desoxyribosephosphatketten bilden die äußere Schraubenlinie.

Die Laufrichtung von A und B ist entgegengesetzt, es besteht Antiparallelität, d. h. die Richtung der p → 5'Rib3' → p → 5'Rib3'-Bindung (Phosphodiesterbrücken zwischen den Desoxyriboseeinheiten) verläuft im Strang A entgegengesetzt dem Strang B. Das Molekulargewicht liegt zwischen 10^6 und 10^9, die Länge beträgt 0,01 bis 1 mm, der Gesamtdurchmesser $\sim$ 2 nm.

5.4.3 ▶ Diese „besondere räumliche Nähe" ist dadurch möglich,
Basenpaarung daß sich zwischen Gua und Cyt drei Wasserstoffbrückenbindungen und zwischen Ade und Thy zwei Wasserstoffbrückenbindungen ausbilden können. Die Raumlage dieser Molekeln, sowie diejenige der zu diesen Bindungen befähigten Molekelpositionen erlauben nur diese *Basenpaarungen*. Gua und Cyt, sowie Ade und Thy „erkennen sich", somit legt Polynucleotidstrang A genau die Sequenz von Polynucleotidstrang B fest und umgekehrt.

5.4.4 ▶ Die *Konformation* (Raumanordnung) der DNA wird durch
Denaturierung Erwärmen ihrer wässrigen Lösungen ebenso wie die von Proteinen irreversibel verändert = *Denaturierung*. Sie „schmilzt": Die Doppelhelix bricht in Einzelstränge auf, wobei sich alle physikalischen Eigenschaften ändern und die Einzelstränge sich willkürlich knäueln. Kühlt man eine erwärmte DNA-Lösung langsam ab, bildet sich ein Teil der Doppelhelix zurück, bei schnellem Abkühlen bleibt es beim „random coiling".

5.4.5 ▶ Es gibt drei RNA-Typen: 1. *messenger-RNA = mRNA*. Sie
RNA überträgt die genetische Information als „Blaupause" (Negativkopie) für die Synthese eines Polypeptids vom *DNA-Referenzstrang* (Zellkern) als *mRNA-Transskriptionsstrang* zu den Syntheseorten der Polypeptide (Ribosomen). Man nennt sie auch *Matrizen-RNA* und das sie synthetisierende Enzym heißt RNA-Nucleotidyl-Transferase oder *Transskriptase*. 2. *Transfer-RNA = tRNA*. Sie transportiert „ihre" Aminosäuren zu den Syntheseorten der Polypeptide, hat „Kleeblattstruktur", indem abschnittweise durch Basenpaarung Doppelstrangcharakter vorherrscht, der durch Umkehrschleifen mehrmals unterbrochen wird. Von vielen tRNA sind die Basensequenzen bekannt. In einigen Schleifen kommen seltene Nucleoside vor: Ribothymidin, Dihydrouridin, und in anderen Sequenzen Pseudouridin, Methylguanosin, Isopentenyladenosin, Inosin u. a. 3. *Ribosomale RNA = rRNA*. Sie ist ein- oder zweisträngig und fest mit der Ribosomenmatrix verbunden, ihre Funktion ist noch unbekannt.

5.4.6 ▶ *1. rRNA:* Aus der 50S-Untereinheit der Ribosomen ist
Molekular- nach völliger Strukturzerstörung eine 23S-rRNA mit
gewicht 16 x 10^9 MG, aus der 30S-Untereinheit eine 16S-rRNA mit 0,6 x 10^6 MG isolierbar. *2. tRNA:* Sie besteht aus 75 - 85 Nucleotideinheiten mit 0,25 - 0,30 x 10^3 MG. *3. mRNA:* MG von mehreren 10^5 bis einigen 10^6.

5.5 ▶ Die sogenannte semikonservative Replikation der DNA
Biosynthese beginnt mit einer Entspiralisierung bestimmter Teile oder
der Nuclein- des Ganzen vom einen Ende zum anderen fortschreitend.
säuren An jedem Einzelstrangteil setzt folgender Vorgang ein:
5.5.1 die in der intakten Doppelhelix nach innen gerichteten
Replikation Basen sind nun frei zugänglich. An sie setzen sich die komplementären *Desoxyribonucleosidtriphosphate* infolge des auswählenden Prinzips der Basenpaarung durch Wasserstoffbrückenbindung an. Werden die aufgereihten Nucleosidtriphosphate nun durch die 3',5'-Phosphodiesterbrücken querverbunden, dann hat der Elternstrang A einen Tochterstrang B und der Elternstrang B einen Tochterstrang A determiniert. Verdrillen sich dann jeweils A und B miteinander, so liegen am Ende zwei komplette DNA-Doppelhelices vor. *Jede Doppelhelix* enthält also *einen Elternstrang: semikonservative Replikation.*

5.5.2 ▶ 1 DNA-Doppelhelix + x Desoxyribonucleosidtriphosphat-
Bruttogleichung molekeln = 2 DNA-Doppelhelices + x Pyrophosphat. Das Enzym heißt *DNA-Polymerase,* man kennt mehrere Typen. Typ I ist wahrscheinlich für die DNA-Replikation nicht allein verantwortlich. Typ II (aus E.coli) verbindet pro Sekunde über 1000 Nucleosidtriphosphate zu DNA. Typ II und III sind membrangebunden. Werden mehrere Tochterstrangteile separat gebildet, so erfolgt die Vereinigung derselben zum ganzen Strang durch *Polynucleotid-Ligasen.* Manche Ligasen benötigen NAD^+, andere ATP als Substrat. Sie knüpfen die Phosphodiesterbindung auf Energiekosten der Diphosphatbindung in diesen Substraten.

5.5.3 ▶ Die DNA-Polymerase I (Kornberg-Enzym) wirkt gleich-
Reparatur zeitig als *Exonuclease,* d. h. sie vermag eine DNA-Kette vom 5'-OH-Ende her von Nucleotid zu Nucleotid abzuspalten. Sind bestimmte DNA-Abschnitte gestört, d. h. entspricht ein Strangabschnitt nicht genau dem komplementären Muster, dann wird dieser Teil abgebaut und

anschließend durch die komplementär genau determinierten Nucleotidsequenzen ersetzt.

5.5.4 ▶ Reparaturdefekte
Eine solche Störung im Verlauf der Nucleotidsequenz kann auch bei der intakten DNA durch äußere Einwirkungen, insbesondere durch UV-Bestrahlung oder alkylierende Agentien eintreten. Einzelheiten über den Mechanismus der enzymatischen DNA-Reparatur sind noch nicht bekannt. Sicher müssen Störstellen von einem Enzymsystem „erkannt" werden. Die lädierten Teile eines Stranges werden „herausgeschnitten" und anhand der Information durch den Komplementärstrang das fehlende DNA-Stück ersetzt. Hierbei wirkt eine DNA-Ligase mit, die ATP benötigt.

Diese Reparaturfähigkeit ist jedoch nur begrenzt. Kommt es nicht zur restitutio ad integrum, dann verbleibt es beim partiellen DNA-Ausfall mit allen somatischen Konsequenzen = *Molekularkrankheiten,* d. h. es werden bestimmte Proteine insuffizient oder gar nicht synthetisiert. Aber auch das enzymatische Reparatursystem selbst kann mutativ ausfallen. Die Folge ist eine häufiger auftretende, auf Enzymdefekt zurückzuführende Anomalie.

5.5.5 ▶ Transkription
Die in der Zellkern-DNA archivierte genetische Information wird in eine Funktionsform umgeschrieben. Hierzu lagern sich an entspiralisierte DNA-Referenzstrangteile des *einen* Stranges, der *codogen* ist, die basenkomplementären *Ribonucleosidtriphosphate* durch Wasserstoffbrückenbindung an. Meist beginnt diese Auflagerung an einem besonderen DNA-Abschnitt, dem *Promotor*. Eine *DNA-abhängige RNA-Polymerase* sorgt dann für die Querverbindung durch Herstellung der 3′,5′-Phosphodiesterbindung unter Abspaltung von Pyrophosphat, indem sie sich entlang des abgelesenen DNA-Stranges bewegt. Die mRNA-Transkriptionsstränge übertragen dann die Informationen für die Aminosäurensequenzen von Polypeptiden vom Zellkern auf die Ribosomen im Cytoplasma oder auf das granulierte endoplasmatische Reticulum.

5.5.6 ▶ Basenpaarung
Bei dem primären Auswahlprozeß steht einem A des transskribierenden DNA-Stranges ein UTP, dem C ein GTP, dem T ein ATP und dem G ein CTP gegenüber.

5.5.7 ▶ RNA-Polymerase
An der RNA-Polymerasereaktion sind beteiligt: der eine der beiden DNA-Stränge, der *codierende DNA-Einzelstrang,* die *benötigten Ribonucleotidtriphosphate,* die *DNA-abhängige RNA-Polymerase.*

5.5.8 ▶ Man kennt zwei Typen von RNA-Polymerasen in Säuge-
Hemmstoffe tierzellen. Die eine ist durch *Amanitin* (Giftstoff des
Knollenblätterpilzes) hemmbar, die andere nicht hemmbar. Auch Antibiotica, wie zum Beispiel *Actinomycine*
(aus Actinomyceten) und *Mitomycine* (aus Streptomyces
caespitosus) sowie *Rifampicin* hemmen die DNA-abhängigen RNA-Polymerasen.

5.5.9 ▶ Die mRNA wird im Zellkern gebildet, die rRNA in
Lokalisation höheren Säugetierzellen im Nucleolus.

5.5.10 ▶ Haben ein DNA-Strang und ein RNA-Strang über längere
Komplemen- Strecken komplementäre Basensequenzen, dann kann
tarität sich eine DNA-RNA-Doppelhelix ausbilden, wenn man
eine DNA-Lösung über ihre „Schmelztemperatur" erwärmt, RNA zusetzt und sehr langsam abkühlt = *Hybridbildung*.

5.6 ▶ Diese in allen Zellen vorkommenden Enzyme gehören zu
Abbau von den Hydrolasen, präziser zu den Phosphodiesterasen.
Nucleinsäuren *Endonucleasen,* seien es *Desoxyribonucleasen* oder *Ribonucleasen,* depolymerisieren DNA oder RNA zu Oligonucleotiden, Oligonucleotid-Phosphodiesterasen, dann zu
5.6.1
Enzyme Mononucleotiden. In Mitochondrien kommt eine Mg^{2+}-benötigende Desoxyribonuclease mit pH-Optimum 7,0 – 8,0 vor, eine „saure" Desoxyribonuclease in Lysosomen; ein Enzym im Pankreassaft (MG $0,6 \times 10^6$) bildet hauptsächlich Oligonucleosid-5'-phosphate und spaltet bevorzugt Desoxypurin- und Desoxypyrimidin-nucleotide. Es spaltet also die 3'-Phosphoesterbindung. In Milz u. a. Geweben kommt ein Enzym vor, das die 5'-Phosphoesterbindung spaltet. − Die Ribonuclease aus Pankreas (MG 13×10^3, 124 Aminosäurereste, bis 80°C hitzestabil) ist bereits synthetisiert worden, ist sehr spezifisch, indem sie nur 5'-Phosphoesterbindungen zwischen einem Pyrimidinnucleotidrest zur benachbarten Ribose angreift. Zunächst erfolgt Transphosphorylierung mit Übertragung der 5'-Phosphoesterbindung des benachbarten Nucleotids auf die 2'-OH-Gruppe des Pyrimidinnucleotids, so daß ein Pyrimidinnucleosid-2',3'-monophosphatdiester entsteht. Dann wird der intramolekulare Diester zum Nucleosid-3'-monophosphat aufgespalten. Purinnucleosid-3'-phosphate werden nicht in die cyclischen Ester überführt, sie sind gegen Ribonuclease resistent. − *Exonucleasen* vermögen an Polynucleotidketten nur schrittweise von einem Ende her Mononucleotide abzuspalten.

5.6.2 ▶ Produkte Im allgemeinen entstehen Mononucleotide mit Phosphoesterbindung an 3'-Position: Uridin-3'-phosphat, Cytidin-3'-phosphat neben Oligonucleotiden mit einer Pyrimidinnucleosid-3'-phosphat-Endgruppe sowie die analogen anderen Ribo- und Desoxyribonucleosidmonophosphate. Die 5'-OH-Positionen sind dann frei. Eine Schlangengift-Diesterase bildet im Gegensatz zu den erwähnten Enzymen aus tierischem Material Nucleosid-5'-monophosphate. – *Mononucleotidasen (Phosphomonoesterasen)* hydrolysieren dann in Nucleoside und Phosphat und zwar sowohl 3'- als auch 5'-Ester. Man kennt mehrere *alkalische Phosphatasen* (pH-Optimum 7,0 - 8,0) und *saure Phosphatasen* (pH-Optimum 4,5 - 6,0). – Nucleoside werden durch *N-Glykosidasen* in Ribose bzw. Desoxyribose und Purin- bzw. Pyrimidinbasen gespalten, doch scheint nicht eine Hydrolyse sondern eine *Phosphorolyse* im Vordergrund zu stehen, wobei nicht freie Pentosen sondern *Pentose-1-phosphate* entstehen. – Die *Pyrimidinbasen* können *wiederverwendet* oder *vollständig abgebaut*, die *Purinbasen* ebenfalls *wiederverwendet* bzw. durch oxidative Überführung in *Harnsäure* mit dem Harn *ausgeschieden* werden.

Katabolismus der Pyrimidinbasen. Cyt wird durch Cytosindesaminase zunächst in Ura übergeführt, dieses zu Dihydrouracil hydriert ($NADH_2$), und nun erfolgt hydrolytische Ringöffnung zu einem Zwischenprodukt, das nach Entfernen der H_2N-Gruppe und Decarboxylierung β-*Alanin* hinterläßt. – *Thy* wird gleich hydriert, Dihydrothymin ergibt nach Ringöffnung und H_2N-Abspaltung sowie Decarboxylierung β-*Aminoisobuttersäure*. β-Alanin und β-Aminoisobuttersäure werden dann weiter zu Acetat bzw. Propionat abgebaut. – *Amphibolismus der Purinbasen* (vorzugsweise in der Leber). – *Adenosin* geht durch eine Desaminase in Inosin über, unter Verbrauch von Ⓟ entsteht unter Nucleosidphosphorylase Hyp + Ribose-1-phosphat (Phosphorylase). – *Hyp* unterliegt unter Verbrauch von molekularem O_2 + H_2O durch Xanthinoxidase (Flavinenzym) unter H_2O_2-Bildung der Oxidation zu *Xanthin*, und sogleich zu *Harnsäure*. – *Guanosin* unterliegt direkt dem Angriff durch Nucleosid-Phosphorylase, das entstandene Gua geht darauf unter Guanin-Desaminase in *Xanthin* und *Harnsäure* über. – *Urat* ist Endprodukt des Purinkatabolismus bei Menschen und anthropoiden Affen, alle andere Säugetiere besitzen *Uricase*, die *Urat* hydrolytisch zu *Allantoin* umwandelt.

5.6.3 ▶ Wiederverwertung Ein Teil der freien Purine (auch solche alimentärer Herkunft) werden wieder zu den entsprechenden Nucleotiden

51

resynthetisiert: Hyp → IMP; Ade → AMP; Gua → GMP; und werden dann erneut zur Nucleinsäuresynthese (über ihre Triphosphate) verwendet bzw. zur Synthese von Coenzymen, oder sie erfüllen andere Metabolaufgaben. Die Enzymreaktionen im einzelnen: Ade + 5'-Phosphoribosyl-1'-pyrophosphat → AMP unter Adeninphosphoribosyl-Transferase; Hyp bzw. Gua + 5'-Phosphoribosyl-1'-pyrophosphat → IMP bzw. GMP. IMP ist auch allosterischer Inhibitor der Purinsynthese und somit sein Regulator. – Ribosephosphate verschwinden im Kohlenhydratpool; Desoxyribose wird zu Acetaldehyd (→ Acetat) und Glycerinaldehyd-3-phosphat (Kohlenhydratmetabolismus) gespalten.

5.6.4
Enzymdefekte
▶ Pathologisch erhöhte Purinbiosynthese (Normalpool des Menschen ~ 1 g, erhöht: 15 - 20 g) oder verminderte Uratexkretion im Tubulusapparat der Niere verursacht erhöht Uratblutpegel und -ausscheidung im Harn, Uratablagerung in Gelenken und als Nierensteine = *Gicht*. – Erhöhten Uratblutpegel beobachtet man auch bei konsumierenden Krankheiten mit hohem Nucleinsäureumsatz: *Polycythämie, Leukämie*. – Bei angeborenem Defekt des Purinkatabolismus infolge Unterfunktion der Xanthinoxidase wird anstelle von Urat Hyp ausgeschieden = *Xanthinurie*. – Auch die Biosynthese von Hyp-Gua-Phosphoribosyl-Transferase kann genetisch gestört sein; dies führt zu starker Senkung der intracellulären IMP-Konzentration und damit zur Regulationsstörung der Purinsynthese, sie ist etwa 20fach übernormal, Uratblutpegel und Uratablagerung in Geweben sind erhöht (Gicht). Dieses *Lesch-Nyan-Syndrom* ist recessiv vererbbar und geschlechtsgebunden. Klinisch beobachtet man geistige Entwicklungsretardierung, aggressives Verhalten und Tendenz zur Selbstverstümmelung. – Die Biosynthese der Orotidin-5-phosphat-Pyrophosphorylase kann ebenfalls genetisch gestört sein. UMP wird nicht oder nicht ausreichend synthetisiert, so daß es zur Anhäufung im Harn kommt = *Orotacidurie* mit Störung von Wachstum und geistiger Entwicklung und Entstehen von hyperchromer Megaloblastenanämie.

5.7
Proteinbiosynthese
5.7.1
Lokalisation
▶ Die Proteinbiosynthese vollzieht sich an den *Ribosomen:* submikroskopische Partikel von 15 - 20 nm Durchmesser, die entweder am granulierten endoplasmatischen Reticulum („Ergastoplasma") sitzen oder frei im Cytoplasma. Mehrere Ribosomen können an der mRNA zu *Polysomen* perlkettenartig aufgereiht sein, stehen aber dann nicht mit der Reticularmembran in Verbindung.

5.7.2 Ribosomen

Unsere Kenntnisse über den *Ribosomen-Aufbau* stammen hauptsächlich von Ribosomen aus E.coli. Ihr Partikelgewicht beträgt 3×10^6, die Sedimentationskonstante 70 S. Sie bestehen aus zwei Teilen mit 30 S und 50 S, die reversibel bei Anwesenheit von Mg^{2+} aggregieren. In der 30 S-Untereinheit lassen sich 21 verschiedene Proteine nachweisen, sowie ein Molekül RNA mit Mol.-Gew. $0,55 \times 10^6$ und 16 S, die 50 S-Untereinheit weist 30 verschiedene Proteine und zwei Moleküle RNA mit $1,1 \times 10^6$ und 23 S sowie 40×10^3 und 5 S auf. Die Ribosomen der eucaryotischen Zellen sind ähnlich aufgebaut, nur etwas größer, mit 80 S und Untereinheiten von 60 S und 40 S.

5.7.3 Aminosäuren-„aktivierung"

Die freie Aminosäure kann nicht mit einer anderen unter Wasseraustritt reagieren, d. h. das Hydrolysengleichgewicht von Peptiden liegt weit auf der Seite der Hydrolysenprodukte. So müssen die freien Aminosäuren zunächst auf ein höheres Gruppenübertragungspotential gehoben, „aktiviert", werden. Dies geschieht (im Cytoplasma, Mitochondrien und wahrscheinlich auch im Zellkern) durch Umsetzung mit ATP. Unter Abspaltung von Pyrophosphat entsteht ein gemischtes Säureanhydrid: *Aminoacyladenylyl-anhydrid (Aminoacyl-AMP)*. Diese Reaktion ist reversibel. Die Aminoacylgruppe ist nun transferierbar.

5.7.4 Aminoacyltransfer

Für jede Eiweißbaustein-Aminosäure (mit Ausnahme von Hydroxyprolin und Hydroxylysin) gibt es mindestens eine, meist mehrere, *streng spezifische tRNA* (5.4.5). Sie alle haben am „Aminosäurearm" ein 5'OH-Ende und ein 3'-OH-Ende. Die drei letzten Nucleotidylreste des 3'-OH-Endes sind frei, also nicht in Basenpaarung. Sie haben die Sequenz CCA. Vorwiegend auf das 3'-OH des endständigen Adenosin-Restes wird nun die *Aminoacylgruppe transferiert*, sie sitzt hier jetzt in Esterbindung, aber auf *hohem Gruppenübertragungspotential*.

5.7.5 Spezifität

Das den Aminoacyltransfer aus der Aminoacyl-AMP auf die streng spezifische tRNA katalysierende Enzym *Aminoacyl-tRNA-Synthetase* ist ebenso streng spezifisch auf *diesen Aminoacylrest* als auch auf *diese tRNA* eingestellt. Gibt es für einen Aminoacylrest mehrere tRNA, dann gehört zu jeder tRNA auch eine eigene Synthetase.

5.7.6 Translation

Wir lernten (5.4.5), daß die mRNA Informationsträger für die Aminosäurensequenz eines Polypeptids ist. Da sie basenkomplementär zur DNA-Strecke ist, von der sie kopiert wurde, bezeichnen wir sie als *Codon*. Nun enthält das

Mittelblatt des tRNA-Kleeblatts, das dem Aminosäurenarm gegenübersteht, eine Erkennungsregion, deren Basensequenz komplementär zur analogen Codonregion der mRNA ist. Die Basensequenz dieser tRNA-Region nennen wir *Anticodon;* sie entspricht also der Basensequenz der DNA-Strecke, von der die *Matrize* als mRNA stammt. Da sich auf dieser Matrize die Informationen für die Aminosäurensequenz eines Polypeptids perlschnurartig aneinanderreihen, lagern sich an diese *Codonmatrize* die Moleküle der *Anticodon-Aminoacyl-tRNA* an. Somit sind die Aminoacylreste nebeneinander aufgereiht, wie es die genetische Codierung vorschreibt, aber noch nicht zum Polypeptid verbunden.

5.7.7 ▸ Die Translation spielt sich auf dem *Ribosom* ab. In der *Initiation* wird, wie beim Computerprogramm, zunächst „BEGIN" codiert: auf der mRNA heißt dieser Befehl *AUG*. An dieses Codon lagert sich das Anticodon *N-Formylmethionyl-tRNA* an einer *30-S-rRNA* an = *Initiatorkomplex* (wozu noch Mg^{2+}, GTP und drei Proteinfaktoren (F_1 bis F_3) benötigt werden. Nun assoziiert das Ganze mit einer 50-S-rRNA-Einheit zum vollfunktionstüchtigen *70-S-Initiationskomplex*. Er hat zwei Bindestellen: *Acceptorbezirk* und *Donorbezirk*. An diese werden die Aminoacyl-tRNA und die Peptidyl-tRNA so gebunden, daß sie mit den Codons der mRNA korrespondieren. Der Gesamtvorgang ist stark endergonisch. Die Energie für das Synthese„fließband" wird durch GTP bereitgestellt (GTP → GDP + ℗ −ΔG).
Initiation

5.7.8 ▸ Im Computerprogramm heißt der Befehl für die folgende Rechenoperation „CONTINUE". Bei dem auf die Initiation der Polypeptidsynthese folgenden Schritt der Elongation gibt die N-Formylmethionin-tRNA(1) der nächsten Aminoacyl-tRNA(2) den Befehl zur Besetzung eines Codon. Hierbei wirken zwei Proteine (T_s und T_n, Bindungsenzyme) sowie GTP mit. Eine *Peptidyl-Transferase* überträgt nun den N-Formylmethionylrest auf den Aminoacylrest der nächstgelegenen Aminoacyl-tRNA(2) unter Herstellung einer Peptidbindung. Jetzt ist eine Dipeptidyl-tRNA (2) entstanden, sie ist bei diesem Vorgang vom Donorbezirk auf den Acceptorbezirk gerutscht, und die frei gewordene tRNA(1) wird ausgeworfen. Mittlerweile hat eine weitere Aminoacyl-tRNA(3) den Befehl „CONTINUE" empfangen und ihr Codon besetzt. Der Dipeptidylrest von Dipeptidyl-tRNA(2) wird nun auf Aminoacyl-tRNA (3) übertragen, wobei Tripeptidyl-tRNA(3) entsteht und
Elongation

die Einheit wieder weiterrutscht. So wird bei jedem Übertragungsschritt ein um eine Aminoacyleinheit längeres Oligo-, bzw. Polypeptid gebildet, das jeweils auf der zuletzt angekommenen tRNA(x) sitzt. Bei der Weiterbeförderung dieser Einheiten vom Acceptor- zum Donorbezirk wirkt ein weiteres Protein sowie GTP mit. Jede ausgeworfene tRNA kann wieder mit „ihrer" Aminosäure beladen werden. Stets wird die benötigte Energie durch GTP → GDP + ΔG bereitgestellt.

5.7.9 ▸
mRNA-Bewegung
Die mRNA läuft synchron mit der Peptidsynthesegeschwindigkeit durch den 70-S-Ribosomenkomplex in Richtung Acceptorbezirk → Donorbezirk, und zwar mit 5'-Position am Anfang und 3'-Position am Ende, so wie ja auch das Syntheseprodukt vom Donorbezirk austritt. Der mRNA-Anfang kann nun in ein neues 70-S-Ribosom eintreten und dieselbe Polypeptidsynthese erneut initiieren (Polysom).

5.7.10 ▸
Termination
Im Computerprogramm heißt der Befehl zur Beendigung eines Rechenprogramms „END". Die Polypeptidsynthese verläuft solange weiter, bis der Befehl „END" kommt = Termination. Eines der Stopcodons ist zum Beispiel UAA. Erscheint dieses auf der mRNA, wird die Polypeptidkette von der terminalen tRNA(z) abgelöst, wobei zwei Terminationsproteine (R_1 und R_2) mitwirken. Einzelheiten kennen wir noch nicht. Nun dissoziiert auch das Polysom in die mRNA und die Ribosomen, sowie die letzteren in ihre 50-S- und 30-S-Untereinheiten. Gleichzeitig mit der Termination der Polypeptidsynthese wird auch die „Initiationsplombe" N-Formylmethionin durch ein besonderes Enzym abgespalten. Das Polypeptid nimmt die durch die Aminosäureseitenketten-Bindekräfte inhärent determinierte Raumstruktur ein (2.3.1). – Die mRNA codiert gewöhnlich nicht nur ein Polypeptid, sondern mehrere, die zu einem Protein gehören, und auch meist nicht nur ein Enzymprotein, sondern mehrere, die zu einer Metabolsequenz gehören und genetisch auch gemeinsam reguliert werden: eine solche mRNA ist *polycistronisch,* diese Gen-Funktionseinheit nennt man *Operon.* – Die Polypeptidsynthesegeschwindigkeit beträgt etwa 5-6 × 10^3 Peptidbindungen pro Minute. In dieser Zeit können also mehrere Proteinmoleküle fabriziert werden. – Die Lebensdauer der mRNA ist verschieden, in tierischen Zellen beträgt sie mehrere Stunden bis Tage, in Bakterien wird sie abgebaut, nachdem sie 10-20 Synthesevorgänge codiert hat.

5.8 Genetischer Code
5.8.1 Allgemeines (s.a.5.7)

▶ Es wurde mehrfach erwähnt, daß die Reihenfolge der Aminoacylreste eines Polypeptids durch die mRNA von „BEGIN" bis „END" codiert ist. Die Codonsequenz der mRNA und die Aminoacylreste des Polypeptids sind also *colinear*.

5.8.2 Universalität, Degeneration

▶ Das Aminosäuren-Coderegister gilt für alle bis jetzt untersuchten Lebewesen, ist also *universell*. Dies ist der exakteste Beweis für den Kontinuationsprozeß der Evolution. – Für viele Aminosäuren gibt es nicht nur einen Codon, sondern mehrere. Man nennt die Codierung deshalb *degeneriert,* so wie man eine mathematische Gleichung nennt, die nicht nur eine, sondern mehrere gleichberechtigte Lösungen hat.

5.8.3 Codons

▶ Das Computeralphabet der mRNA enthält nur vier Schriftzeichen: A, U, G und C. Es müssen 20 Aminosäuren codiert werden. Wenn eine Kombination von drei Schriftzeichen eine Aminosäure codiert, bestehen 4^3 = 64 Permutationen. Somit können für mehrere Aminosäuren zwei und mehr Codons bestehen = degenerierter Code. Die Degeneration hat System: mit zwei Ausnahmen wird nur in der dritten Basenposition zwischen „Pyrimidin" und „Purin" unterschieden, und auch alle vier Basen können die gleiche Codierung haben. So wird zum Beispiel Phe durch UUU und auch durch UUC codiert, Ser durch UCU, UCC, UCA und UCG, aber auch durch AGU und AGC, Val durch GUU, GUC, GUA und GUG, Ala durch GCU, GCC, GCA und GCG. Zu den Codierungen durch 4 und 6 Dreierkombinationen gibt es auch Einerkombinationen, zum Beispiel AUG für Met und UGG für Try. Außer dem schon erwähnten „END" durch UAA gibt es auch zwei weitere: UAG und UGA. Die Dreiercodes folgen unmittelbar aufeinander und sind nicht überlappend.

5.9 Hemmstoffe der Proteinbiosynthese
5.9.1 Allgemeines

▶ Die Proteinbiosynthese ist *indirekt* durch Hemmung der mRNA-Synthese an der DNA durch Aktivitätsverminderung der DNA-abhängigen RNA-Polymerase zu beeinflussen, oder *direkt* durch Störung der Polypeptidsynthese. Letzteres zum Beispiel durch *Puromycin*.

5.9.2 Spezifische Hemmstoffe

▶ s. auch (3.6). *Rifampicin:* Hemmstoffe der DNA-abhängigen RNA-Polymerase mit hoher Spezifität; 0,3 x 10^9 M vermindert die Enzymaktivität um 50%. Es wirkt nur auf das Enzym aus Bakterien, aber nicht auf Rattenleber. – *Actinomycin:* wird *in vivo* im Zellkern angereichert und bildet mit der DNA Intercalationskomplexe derart, daß sich eine Actinomycinmolekel über oder unter ein Gua-Cyt-Basenpaar flach anlegt. Dadurch wird es der DNA-abhängigen RNA-Polymerase unmöglich, am DNA-Codogenstrang die Codierung für die mRNA abzugreifen. − *Puromycin:* es ist ein Pseudonucleotid, tritt in Konkurrenz mit der Aminoacyl-tRNA und wird anstelle einer Aminosäure an das Carboxylende eines bereits in Verlängerung befindlichen Peptids (Peptidyl-tRNA) gebunden. Dann kann die nachfolgende Aminoacyl-tRNA nicht in Funktion treten und die Polypeptidsynthese sistiert. − *Chloramphenicol:* Dieses Antibiotikum komplexiert mit der 50S-Ribosomenuntereinheit und hemmt die Peptidyl-Transferase. − *Streptomycin:* Es komplexiert mit der 30S-Ribosomenuntereinheit und verursacht Ablesefehler bei der Translation, wodurch es zu Fehlbildungen bei der Polypeptidbiosynthese kommt.

5.10 DNA als genetisches Material

5.10.1 Nachweis

Die unter (5.1.4) behandelten Vorgänge Transformation, Transduktion und Konjugation sind Beweise für die Funktion der DNA als materiellem Träger von Genen. − *Grundversuch von Avery:* Ein Extrakt aus einem Pneumokokkenstamm, der Mannit vergären kann und gleichzeitig gegen Streptomycin resistent ist, wird zum Kulturmedium eines Pneumokokkenstammes zugesetzt, der Mannit nicht vergären kann und gegen Streptomycin empfindlich ist. Isoliert man nach einer bestimmten Inkubationszeit Einzelzellen und züchtet diese zu Kulturen weiter, dann erhält man Kulturen, die a) Mannit vergären können und gegen Streptomycin resistent sind, b) Mannit vergären können und gegen Streptomycin empfindlich bleiben, c) Mannit nicht vergären können und gegen Streptomycin resistent sind. Nach chemisch-präparativer Aufarbeitung der für diese *Transformation* verantwortlichen Substanz fand man DNA. − Oocyt und Spermatozoen des Menschen enthalten je etwa 3×10^{-12}g DNA, die diploide Zygote, aus der sich ein Mensch entwickelt, also rund 6×10^{-12}g DNA. Alle Erbmerkmale eines Menschen sind also in dieser kleinen Menge DNA codiert. Sie reicht aus für die Strukturdeterminierung von rund 1000 Protein(Enzym)-Species. Multipliziert man die Zahl 6×10^{-12} mit der Anzahl von Menschen auf unserer Erde zu rund $3,8 \times 10^9$, so erhält man rund 23×10^{-3}g, d. h. alle Erbmerkmale aller derzeit lebenden Menschen sind in 23 mg DNA niedergelegt.

5.10.2 Virusinfektion

Dieses Problem ist von allgemein-biologischer Bedeutung, denn die Virusvermehrung ist ein molekulares Modell für

Replikationsmechanismen. *1. Zusammensetzung und Struktur:* Viren sind *Nucleoproteide.* Es gibt *DNA-Viren* und *RNA-Viren,* sie enthalten jeweils nur *eine* der Nucleinsäuretypen. Die einfachsten Viren bestehen nur aus *DNA* bzw. *RNA* und *Protein,* die komplizierteren enthalten noch DNA- oder RNA-Polymerasen, sowie Lipide und Kohlenhydrate, aber keine Enzyme zur Synthese ihrer Bausteine, zur Energiegewinnung und zur identischen Replikation. Die Teilchengewichte liegen zwischen $1-100 \times 10^6$, die Teilchenformen gleichen oft geometrischen Körpern, zum Beispiel Adenovirus einem Ikosaeder, Tabakmosaikvirus (MG 40×10^6) sind Stäbchen von 280 nm Länge und 15 nm Dicke, Bakteriophagen T_2 von E.coli (Viren von Bakterien = Bakteriophagen) bestehen aus Kopf, Schwanzstift, Abschlußplatte und Schwanzfibern.

5.10.3
RNA als genetisches Material
▶ Bei *RNA-Viren* enthält *ein* RNA-Strang (MG $1-2 \times 10^6$) den *gesamten* primären *genetischen Code:* Myxoviren (Mumps, Masern), Reoviren (Hals-Rachen-Erkrankungen), Arboviren (Encephalitiden, Gelbfieber), Picornoviren, Enteroviren, Rhinoviren (Poliomyelitis, Meningitis, Myocarditis, Schnupfen).

5.10.4
Reverse Transkriptase
▶ Es gibt RNA-Viren, deren RNA-Strang in der invadierten Zelle mit Hilfe einer *reversen Transskriptase* die Synthese eines komplementären DNA-Stranges veranlaßt, der dann wieder Ursache für die Bildung weiterer codogener Virus-RNA-Stränge ist.

5.11
Mutation
5.11.1
Mutagene Agentien
▶ *Mutation* ist eine chemische Modifikation der informationstragenden DNA, besonders deren Basen. Sie kann einzelne Basen oder mehrere betreffen (Punktmutation), oder auch ganze DNA-Strecken (Streckenmutation). Ein *Punktmutagen* ist Hydroxylamin. Es desaminiert Cytosin zu Uracil. Nitrit desaminiert außer Cytosin noch Adenin zu Hypoxanthin und Guanin zu Xanthin. Epoxide, Äthylenimine, N-Loste wirken alkylierend auf alkylierungsaffine Basenatome (insbesondere N9 des Guanins), sind *Streckenmutagene* und verursachen Chromosomenbrüche. *Einbaumutagene* sind zum Beispiel Cytosinarabinosid, 5-Brom- oder 5-Fluordesoxyuridin. Sie werden über ihre Triphosphate in die DNA-Kette eingebaut, die beiden letzteren anstelle von Thymin, und sie verfälschen dadurch die genetische Information.

5.11.2
UV-Mutation
▶ *UV-Bestrahlung* verursacht große Chromosomenbrüche und dadurch DNA-Kettenrupturen, Vernetzung oder Dimerisierung von Basen.

5.11.3 Veränderte Primärstruktur

▶ Der Austausch schon einer einzigen Base gegen eine andere bringt beim fortlaufenden Ablesen der Tripletts bei der Transskription die ganze Aminosäurensequenz bei der Polypeptidsynthese durcheinander, ebenso wie wenn eine oder zwei Basen ganz ausfallen. Geht ein Basentriplett verloren, fehlt nur eine Aminosäure in der sonst intakten Polypeptidkette. Meist wird durch Mutationen eine Aminosäure gegen eine andere ausgetauscht. *Beispiel:* Beim Sichelzellenhämoglobin ist an der 6. Stelle der β-Kette das normalerweise vorhandene Glu gegen Val ausgetauscht, wodurch sich die physikalisch-chemischen Eigenschaften des Hb grundlegend ändern. – Die intakten Zellen können in gewissem Ausmaß etwaige Fehlfabrikate von DNA-Ketten reparieren, indem sie die schadhaften Stücke herausschneiden und durch intakte ersetzen. – Im allgemeinen erhöhen physikalische Mutagene die spontan vorhandene Mutationsrate, wobei besondere „hot spots" stärker betroffen werden als „cold spots". – *Mutierte Erbinformationen* werden in der Regel *vererbt = erbbedingte Stoffwechselanomalien* (inborn metabolic errors). Sie vermehren sich eher, als sie sich vermindern. Rückmutationen, d. h. Spontanreparatur durch Mutation sind „so selten aufzufinden wie eine Stecknadel im Heuhaufen".

6 Kohlenhydrate

6.1 Allgemeines
6.1.1 Vorkommen biologisch wichtiger Kohlenhydrate

▶ *Monosaccharide:* D-*Glycerinaldehyd* (Aldotriose) und *Dihydroxyaceton* (Ketotriose) kommen kaum in freier Form, sondern als Phosphorsäureester vor und sind Intermediate des Kohlenhydratmetabolismus. Das gleiche gilt für die D-*Erythrose* (Aldotetrose), neben der man noch die D-*Threose* (ebenfalls Aldotetrose, aber mit anderer Asymmetrie der HO-Substitution am C1) und die D-Erythrulose (Ketotriose) kennt. – Die *wichtigsten* Aldopentosen sind D-*Ribose,* D-*Desoxyribose* und D-*Xylose.* Man trifft sie auch schon in freier Form an, doch über die *Halbacetalform* ringgeschlossen, zwischen C1 und C5 = *Pyranoidform;* der Ringschluß, jetzt zwischen C1 und C4 = *Furanoidform,* besteht auch bei den Phosphorsäureestern. Die D-*Desoxyribose* steht in freier Form mit der Aldehydmodifikation im Gleichgewicht, und diese gibt mit fuchsinschwefliger Säure eine Aldehydreaktion (Kernfärbung nach *Feulgen,* nach Hydrolyse der Phosphodiesterbindungen in der DNA). Die Phosphorsäureester von D-*Ribose* und D-*Xylulose* (beides Ketopentosen) sind Intermediate des *Pentosephosphatcyclus.* – Die wichtigsten, auch frei vorkommenden, Aldohexosen sind D-*Glucose* (Traubenzucker), D-*Galaktose* und D-*Mannose,* alle vorwiegend in der Pyranoidform = *Halbacetalbindung.* Beim Ringschluß wird das doppeltgebundene Aldehyd-O zum einfachgebundenen Hydroxyl-O. Es kann nun zwei *Raumstellungen* einnehmen: die *anomeren* α- *und* β-*Formen der* D-*Glucose* sind am wichtigsten. Aus *Wasser* umkristallisierte D-Glucose ist die α-*Form* ($[\alpha]_D$ + 122°), aus *Pyridin* umkristallisierte die β-*Form* ($[\alpha]_D$ + 19°). Löst man eine der beiden Glucoseanomere in Wasser, so geht sie langsam über die Aldehydform in das andere Anomere über = *Mutarotation,* bis sich ein Gleichgewichtszustand einstellt = *Gleichgewichtsglucose* ($[\alpha]_D$ + 55°). Es gibt ein Enzym, das die Mutarotation katalysiert = *Mutarotase.* Der Pyranosering ist nicht planar, sondern kann in zwei Raumformen vorliegen: die energetisch *stabilere Sesselform* und die *flexiblere Bootform.* Bei der ersteren dieser beiden *Konformationen*

können die Substituenten an den C-Atomen in *axialer* oder *äquatorialer* Position stehen: *C1- und 1C-Form.* Sie gehen zwar ineinander über, doch nicht in die β-D-Glucopyranose-C1, bei der alle OH-Gruppen äquatorial stehen.
– Die wichtigsten funktionellen Derivate der Aldohexosen sind: D-*Glucosamin, N-Acetyl-*D-*glucosamin,* D-*Galaktosamin, N-Acetyl-*D-*galaktosamin,* D-*Glucuronsäure,* L-*Fucose* und L-*Ascorbinsäure.* – Die wichtigste *Ketohexose* ist D-*Fructose.* Sie kommt in freier oder gebundener Form vor: in Honig und Früchten neben freier D-Glucose (Invertzucker) oder als Bindungspartner der Saccharose.
– Unter den Heptosen interessiert nur die *Sedoheptulose* (Ketoheptose), in Form des Diphosphats, als *Intermediat* des *Pentosephosphatcyclus.*

Oligosaccharide sind Kondensationsprodukte mehrerer Monosaccharide unter Bildung von *Glykosidbindungen.* Stets ist das Acetalhydroxyl des einen Monosaccharids mit dem Acetalhydroxyl oder einer anderen HO-Gruppe des folgenden Monosaccharids in Reaktion getreten.

Disaccharide. Die beiden Typen: *Maltosetyp* liegt dann vor, wenn vom Stammkohlenhydrat das Acetalhydroxyl frei und ein anderes OH in Glykosidbindung ist, *Trehalosetyp* dann, wenn beide Acetalhydroxyle zur Glykosidbindung reagiert haben. Die ersteren reduzieren, die letzteren nicht.
– *Beispiele für Maltosetyp: Maltose* (Malzzucker) = α-D-Glucopyranosyl (1-4)-D-glucose, entsteht beim Abbau von Stärke oder Glykogen durch α-Amylase, ebenso *Isomaltose* =D-Glucopyranosyl (1-6)-D-glucose. – *Cellobiose* (Cellulosezucker) = β-D-Glucopyranosyl (1-4)-D-glucose, entsteht beim Abbau von Cellulose durch Cellulase. – *Lactose* (Milchzucker) = β-D-Galaktosyl (1-4) α-D-glucose, wichtigstes Kohlenhydrat der Milch aller Säugetiere. – *Beispiele für Trehalosetyp: Trehalose* (Pflanzenzucker, Blutzucker der Insekten) =α-D-Glucosyl (1-1) α-D-glucosid. – *Saccharose* (Rohrzucker) = β-D-Fructofuranosyl (2-1) α-D-glucopyranosid. – *Trisaccharid: Raffinose,* ist Galaktosid der Saccharose = α-D-Galaktosyl (1-6) α-D-glucosyl (1-2) α-D-fructofuranosid. – In der Frauenmilch kommen mehrere Oligosaccharide vor, zum Beispiel N-Acetylneuraminosyl(2-3)-lactose. Weitere 3-10 Monosaccharide enthaltende Oligosaccharide sind gebunden in der prosthetischen Gruppe der Glykoproteine und Glykolipide.

Polysaccharide. In ihnen sind mehr als zehn Monosaccharide glykosidisch verbunden. *Homoglykane* (lineare oder verzweigte) bestehen nur aus *gleichen Monosacchariden, Heteroglykane* dagegen aus *mehreren,* strukturell verschiedenen. – *Beispiele für Homoglykane: Glykogen,* MG 5-10×

10^6, besteht nur aus D-Glucose-Einheiten in α(1-4)- und α(1-6)-Bindungen; Reservekohlenhydrat der Vertebraten. – *Amylopectin,* MG ~ 10^6 besteht ebenfalls nur aus D-Glucose-Einheiten in α(1-4)- und α(1-6)-Bindungen; Bestandteil der Stärke, Reservekohlenhydrat der Pflanzen. – *Amylose,* MG 50×10^3, nur D-Glucose-Einheiten in α(1-4)-Bindungen, sonst wie Amylopectin. – *Inulin* ist ein Polyfructosan mit (1-2)-Bindungen der Fructofuranoseeinheiten. – *Agar-Agar,* ein Glykan, das D- und L-Galaktose vorzugsweise in (1-3)-Bindung mit wenigen Schwefelsäureresten enthält. – *Cellulose,* bis MG $1,5 \times 10^6$, ebenfalls nur D-Glucose-Einheiten, jedoch in β(1-4)-Bindung, pflanzliche Struktursubstanz der Zellmembranen. – *Beispiele für Heteroglykane: Hyaluronsäure,* besteht aus Glucuronsäure und N-Acetylglucosamin, s. (6.8), dort auch *Heparin* u.a. Mucopolysaccharide und Proteoglykane.

6.1.2 ▶ Die Hauptmenge der *Nahrungskohlenhydrate* ist *Glykogen.*
Enzymatischer Die α-*Amylase* von Speichel und Pankreas spaltet als
Abbau *Endoglykosidase* α(1-4)-glucosidische Bindungen von Amylose, Amylopektin (und Glykogen aus tierischen Nahrungsmitteln, wenn nach Zubereitung noch darin vorhanden). Die entstehenden höhermolekularen Polysaccharidbruchstücke = *Dextrine* (je nach Färbbarkeit mit Jod: Amylo-, Erythro-, Achroodextrine) werden durch α-Amylase weiter hydrolysiert zu *Maltose* und *Isomaltose.* Diese werden, wie auch andere Nahrungsdisaccharide *Saccharose, Lactose,* durch fest in den Mucosazellen des Duodenums gebundene *Glykosidasen* (Disaccharidasen) in Monosaccharide gespalten (Gleichlauf von Resorption und Monomerisierung). Von α-Maltose sind fünf Isoenzyme bekannt, drei von ihnen spalten zusätzlich zur Maltose auch Saccharose, eine weitere hydrolysiert Isomaltose, also α(1-6)-glykosidische Bindungen. Verzweigte Dextrine werden ferner durch Oligo-α(1-6)-Glucosidase in unverzweigte Dextrine übergeführt. Von einer Lactase (β-Galaktosidase) gibt es zwei multiple Formen, die zusätzlich auch Cellulose hydrolysieren. Schließlich existiert hier auch eine β-Glucuronidase; sie führt β-Glucuronide in Glucuronsäure und ihren Bindungspartner über. – Durch das *Multienzymsystem* im Intestinaltrakt werden somit alle *Homo-* und *Heteroglykane* sowie die Nahrungs-*Disaccharide* in ihre *Monomereinheiten* übergeführt.

6.1.3 ▶ Übersteigt der *Blutglucosepegel 900 mg · l^{-1},* so tritt Gluco-
Ausscheidung se im Endharn auf, weil der tubuläre Rückresorptionsmechanismus überfordert ist = *Glucosurie.* Ursachen können

sein: *alimentär,* durch übermäßige Zufuhr leicht resorbierbarer Kohlenhydrate (Glucose, Invertzucker in Form von Honig, Rohrzucker); *Metaboldefekt:* Diabetes mellitus; Nebennierenrinden-Hypertrophie, Nierenerkrankungen mit Schädigung der Tubuli. – *Fructosurie* beobachtet man bei übermäßigem Fructoseverzehr (Honig, neben Glucose) und bei „essentieller Fructosurie". – *Lactosurie* besteht in den letzten Schwangerschaftsmonaten und während der Lactation. – *Xylulosurie:* bei essentieller Pentosurie, unabhängig von der Diät.

6.1.4 ▶ *Glykosidasen* (beachten Sie: Oberbegriff) wirken a) streng
Enzymhydrolyse gruppenspezifisch auf die anomeren α- oder β-, O- oder
glykosidischer N-glykosidischen Bindungen zwischen Pentosen, Hexo-
Bindungen sen, N-Acetylaminozuckern, Glucuronsäure, Neuraminsäure u.a. Maltase ist eine α-Glucosidase, Lactase eine β-Galaktosidase. b) auf (1-4)- oder (1-6)-glykosidische Bindungen: Oligo-α-(1-6)-glucosidase führt verzweigte in unverzweigte Dextrine über. – Es gibt also α- und β-Glucosidasen, α- und β-Galaktosidasen und β-Fructofuranosidasen usw. Daraus folgt, daß Saccharose (β-D-Fructofuranosyl-α-D-glucopyranosid) von zwei anomerspezifischen Glykosidasen hydrolytisch gespalten werden kann. – Schließlich kennt man im Tier- und Pflanzenreich weit verbreitete β-Glucuronidasen, die Glucuronide, darunter auch *Mucoide,* hydrolysieren. – Die meisten Glykosidasen sind gleichzeitig *Transglykosidasen,* die den glykosidisch gebundenen Kohlenhydratrest auf andere *Aglykone* mit HO-Gruppen übertragen, anstelle auf H_2O, was einer Hydrolyse gleichkäme. Die Transglykosidierung ist bedeutungsvoll für den Aufbau von Polysacchariden oder pharmakologisch wirksamen Glykosiden mit mehreren Kohlenhydratresten im Pflanzenreich.

6.1.5 ▶ Zur halbquantitativen Bestimmung von *Blutzucker* ver-
Nachweis wendet man Dextrostix, ein Schnellreagens von Ames. Die Teststäbchen enthalten am unteren Ende eine gepufferte Mischung aus Glucosidase, Peroxidase und einem Chromogen, die mit einer semipermeablen Membran überzogen ist. Man verteilt einen großen Bluttropfen auf die ganze Reaktionszone. Glucose wird in Gegenwart von Luftsauerstoff durch Glucoseoxidase und H_2O_2 oxidiert, das letztere verwendet die Peroxidase zur Umsetzung des Chromogens zu einem blauen Farbstoff. Anhand einer den Verpackungen beigegebenen Farbskala wird dann der Glucosegehalt annäherungsweise bestimmt. – Die *enzymatische* Bestimmung der Blutglucose nach Enteiweißen des

Blutes beruht auf dem gleichen Prinzip, nur befinden sich die Reagenzien in wäßrig-gepufferter Lösung, das entstandene H_2O_2 oxidiert in Gegenwart von Jodid- oder Vanadationen o-Dianisidin zu einem rotbraunen Farbstoff, dessen Farbintensität dem Glucosegehalt parallel geht und photometriert wird. − Der Schnellnachweis von *Harnglucose* erfolgt ebenfalls mit Stäbchen = *Clinistix*. Ihm liegt das gleiche Verfahren zugrunde, doch wird mit H_2O_2 durch Peroxidase o-Toluidin zu einem blauen Farbstoff oxidiert. − Kombinierte Schnellreagenzien ermöglichen die gleichzeitige Untersuchung des Harns auf mehrere pathologische Inhaltsstoffe: *Uristix* auf Glucose und Eiweiß, *Combistix* auf Glucose, Eiweiß, Blut und pH-Wert, *Labstix* auf Glucose, Eiweiß, Blut, Ketonkörper und pH-Wert. − *Fructose* im Harn bestimmt man nach Seliwanoff: beim Erhitzen mit konz. HCl entsteht Oximethylfurfurol, das mit Resorcin eine Rotfärbung gibt. − *Lactose* reagiert nach Wöhlk beim Erwärmen des Harns auf 60°C in Gegenwart von NH_3 und KOH unter Rotfärbung. − *Galaktose, Pentosen* und *Glucuronsäure* reagieren beim Erwärmen mit HCl und Phloroglucin unter Rotfärbung.

6.1.6 Biofunktionen

Beim *Totalkatabolismus* $C_6H_{12}O_6 + 6\ O_2 \rightarrow 6\ CO_2 + 6\ H_2O\ -720\ kcal\cdot Mol^{-1}$ ist das metabol wichtigste Kohlenhydrat D-Glucose der ideale Energielieferant. Freilich beziehen nur wenige Organe ihre Energie ausschließlich aus dem Glucosekatabolismus: Retina, Knorpelgewebe, Erythrocyten, die meisten anderen Zellen setzen neben Glucose noch Fettsäuren und Aminosäuren um. − Die *Depotformen* der Kohlenhydrate in Pflanzen sind *Glykane*, insbesondere *Stärke* (Amylose + Amylopektin, s. 6.1), und *Inulin;* in *Vertebraten* das *Glykogen,* Hauptreservestoff der Kohlenhydrate in Leber und Muskulatur. − Die wichtigsten *Gerüststoffe* aus Kohlenhydraten in den *Pflanzen* sind vor allem *Cellulose,* in Tieren das der Cellulose chemisch nahestehende *Chitin,* ein lineares Molekül mit β(1-4)-Verbindung von N-Acetylglucosamineinheiten. − Im *Stütz-* und *Bindegewebe* trifft man *Glykosaminoglykane* an, die aus sich wiederholenden Disaccharideinheiten aufgebaut sind. Sie werden später ausführlich behandelt, s. (6.8). Hier sind zu nennen: *Hyaluronat, Chondroitinsulfat, Keratansulfat.* − Auch in *Bakterienzellwänden* gibt es eine Reihe von *Peptidoglykankomplexen* = *Murein* (Oberbegriff). Seine Grundstruktur besteht aus einem Disaccharid, gebildet aus *N-Acetyl-glucosamin* und *N-Acetylmuraminsäure* (3-O-D-Lactatäther des N-Acetylglucosamins in β(1-4)-glykosidischer Bindung). Genauer untersucht ist

Murein aus Staphylococcus aureus: jede Muraminyleinheit ist über die Carboxylgruppe mit der terminalen Aminogruppe eines Tetrapeptids über Carbaminsäurebindung verknüpft, und die Tetrapeptide sind alle durch Pentaglycylketten miteinander verbunden. In den Tetrapeptidylketten kommen übrigens die „unnatürlichen" Aminosäuren D-Glutamin und D-Alanin vor; anstelle des Lysylrestes steht bei manchen Bakterienarten α,ε-Diaminopimelinsäure. – Murein ist gemäß diesem Molekelaufbau ein netzartiges Riesenmolekül, das die Bakterienzelle ganz umschließt.

6.1.7 ▶ Beim *Glucosekatabolismus* = *Glykolyse* wird ein Teil des Finalmetabolits *Pyruvat* durch *oxidative Decarboxylierung* zur an CoA gebundenen „aktivierten Essigsäure" = *Acetyl-CoA*. – Acetyl-CoA ist *Startmetabolit* des *Fettsäurenanabolismus*.- Acetyl-CoA ist aber auch *Finalmetabolit* des *Fettsäurenkatabolismus*. – Im *pflanzlichen*, aber *nicht* im *tierischen* Organismus gibt es Enzymmechanismen zur *Resynthese* von Pyruvat aus Acetyl-CoA. *Pyruvat* ist in beiden Organismen *Startmetabolit* des *Glucoseanabolismus* = *Gluconeogense* (6.5). *Pyruvat, Oxalacetat, α-Ketoglutarat* und *Succinyl-CoA* sind Amphibolite aus Aminosäurenmetabolismus via Transaminierungsgleichgewichten (Ala, Asp, Glu) bzw. Citratcyclus.

Kohlenhydrate ⇌ Fettsäuren, Aminosäuren

Aus diesem Gleichgewichtspool laufen Metabolwege in Richtung Glucose-, Fettsäuren- und Aminosäurenanabolismus.

6.2 ▶ *1. Der Glucosekatabolismus* = *Glykolyse* in der Zelle beginnt mit Phosphorylierung an C6 zu *Glucose-6-℗* durch *Hexokinase* oder *Glucokinase* und *ATP* als ℗-Donator. Da das Ester-℗ auf niedrigerem Gruppenübertragungspotential steht als das Säureanhydrid-℗, ist die treibende Kraft der Energieabfall dieses *irreversiblen* Reaktionssystems. Hexokinase ist nicht spezifisch und phosphoryliert außer Glucose noch Fructose und Mannose, im Gehirn auch Galaktose; die Glucokinase der Leber ist spezifischer, wird aber erst bei höherer Glucosekonzentration im Blut, d.h. stärkerem Einstrom aus dem Blut in die Leberparenchymzelle, wirksam (doppelte Sicherung dieser Funktionsanlage).

Stoffwechsel
6.2.1
Glykolyse

2. *In reversibler Reaktion* entsteht jetzt unter *Glucose-6-℗-Isomerase* aus Glucose-6-℗ *Fructose-6-℗* (Aldehyd-Keto-Umwandlung).

3. Die jetzt anschließende *irreversible* Reaktion führt unter *Phosphofructokinase* (und Mg^{2+}) und Verbrauch eines zweiten ATP Fructose-6-℗ in *Fructose-1,6-di℗* über (ebenfalls endergonische Reaktion). Dies ist die *geschwindigkeitsbestimmende Reaktion* des *Glucosekatabolismus*.

4. Unter Diphosphofructoaldolase geht Fructose-1,6-di-Ⓟ reversibel in die beiden Triosephosphate D-*Glycerinaldehyd-3-Ⓟ* und *Dihydroxyaceton-Ⓟ* über. Reaktionsbegünstigt ist das C6-di-Ⓟ und nicht die beiden C3-Ⓟ. Diese Triosephosphate stehen überdies unter Triosephosphatisomerase miteinander im *reversiblen* Gleichgewicht. Reaktionsbegünstigt ist das Ketotriose-Ⓟ.

5. Hydratisiertes Glycerinaldehyd-3-Ⓟ wird nun unter H_2O-Abspaltung an die reagierenden (von den 32 vorhandenen) HS-Gruppen des Enzyms *Glycerinaldehyd-3-phosphat-Dehydrogenase* covalent gebunden (Enzym-Substrat-Komplex), hierauf folgt unmittelbar Dehydrierung durch H-Übertragung auf NAD^+ ($\rightarrow$ $NADH_2$). Jetzt ist die Substratkomponente auf ein *höheres Gruppenübertragungspotential* gehoben (Thioester). So vermag nun ein anorganisches Phosphat die Substratkomponente vom Reaktionsbezirk des Enzyms unter Bildung von *1,3-Diphosphoglycerat* abzulösen (eine Ester-Ⓟ-Bindung auf *niedrigem* + eine Säureanhydrid-Ⓟ-Bindung auf *hohem* Gruppenübertragungspotential).

6. Das „energiereiche" Säureanhydrid-Ⓟ wird nun in *reversibler* Reaktion unter *Phosphoglycerat-Kinase* auf ADP übertragen, es entstehen *3-Phosphoglycerat* und *ATP*.

7. Das 3-Ester-Ⓟ des 3-Phosphoglycerats wird darauf in *reversiblem* Gleichgewicht unter *Phosphoglycerat-Mutase* auf die 2-Position transferiert, es resultiert *2-Phosphoglycerat*.

8. Durch Abspaltung von H_2O (Dehydratisierung, OH von C3, H von C2) entsteht jetzt unter *Enolase* in *reversiblem* Ablauf *2-Phosphoenolpyruvat*. Dadurch ist aus dem *C2-Ester-Ⓟ* auf *niedrigem* Gruppenübertragungspotential ein *C2-Enol-Ⓟ* auf *hohem* Gruppenübertragungspotential geworden.

9. Das „energiereiche" Enol-Ⓟ wird nun in *irreversibler* Reaktion unter *Pyruvatkinase* auf ADP übertragen, wobei *Pyruvat* und *ATP* entstehen.

10. Pyruvat steht unter *Lactat-Dehydrogenase* (LDH) mit $NADH_2$ (aus Reaktion 5) im Gleichgewicht mit *Lactat* und *NAD^+*.

In der Muskulatur wird bei O_2-Gegenwart das Hydridion von $NADH_2$ via Atmungskette weiter utilisiert, und nur ein Teil desselben regeneriert sich über das oben erwähnte LDH-Gleichgewicht zu NAD^+. Lactat verläßt die Muskelzelle und wird in der Leber über Pyruvat weiter metabolisiert (Cori-Cyclus). – Im reifen Erythrocyten (ohne Kern, Ribosomen und Mitochondrien) wird nur wenig O_2 verwertet, hier endet die Glykolyse mit Lactat. Im Nebenschluß der Phosphoglyceratkinasereaktion entsteht *2,3-Diphosphoglycerat* (als Erythrocytenbesonderheit) und staut sich an = *Energiereserve*. Es wird bei Bedarf in den Glykolysegang eingeschleust und daraus ATP in der Pyruvatkinasereaktion gewonnen.

6.2.2 ▶ Sie erfolgt aus den Reaktionsschritten 6 und 9 und ist oben beschrieben.
Energielieferung

6.2.3 ▶ Säureanhydrid-Ⓟ (Reaktionsschritt 6) und Enol-Ⓟ (Reaktionsschritt 9) stehen auf solch hohem Gruppenübertragungspotential ($\Delta G°_6$ = -16 kcal·Mol^{-1} bzw. $\Delta G°_9$ = -6,8 kcal·Mol^{-1}), daß die Regeneration von ADP durch die genannten Substrat-Ⓟ zu ATP ($\Delta G°$ = +7 kcal·Mol^{-1}) möglich wird = *Substratphosphorylierung* alternativ zu *Atmungskettenphosphorylierung*. Die ersterwähnte ATP-Regeneration erfolgt ohne Mitreaktion von O_2, bei der zweiterwähnten ATP-Regeneration ist die Mitreaktion von O_2 (Terminalreaktion der Atmungskette) obligat. Die Bilanzgleichung:
Substrat-phosphorylierung

Glucose + 2 ADP + 2 Ⓟ → 2 Lactat + 2 ATP, bzw.
Glucose + 2 ADP + 2 Ⓟ + 2 NAD$^+$ → 2 Pyruvat + 2 ATP + 2 NADH$_2$.

Eigentlich wurden pro C6-Einheit (Glucose) 4 ATP gebildet (2 x Reaktionsschritte 6 und 9 pro eine C3-Einheit), bei den Reaktionsschritten 1 und 3 waren aber bereits 2 ATP pro C6-Einheit verbraucht. – Beim *Citratcyclus* lernen wir eine weitere *Substratphosphorylierungsreaktion* kennen: Succinyl-CoA + anorganisches Ⓟ (formal intermediäre Bildung von Succinyl-Ⓟ) + GDP → Succinat + CoA + GTP (dann ADP + GTP ⇌ ATP + GDP). – *Substratphosphorylierung ist also die Regeneration von ATP aus ADP + substratgebundenem Ⓟ auf ausreichend hohem Gruppenübertragungspotential.*

6.2.4 ▶ Mehrere Regelkreise kooperieren sinnvoll untereinander. Die Hauptregulationen setzen an der *Phosphoglucomutase* und an der *Phosphofructokinase* an, wenn wir die Enzym*aktivitäten* als Ausdruck der Enzym*konzentration* zunächst als konstant annehmen (vgl. Induktion oder Reprimierung der Enzymprotein-Neosynthese, s. 10.3):
Regulation

1. In Perioden von starkem Glucoseinflux in die Leberparenchymzellen (Verdauungshöhe) wird Glucose unter Beteiligung aller phosphorylierenden Enzymsysteme

(Hexokinasen, Glucokinasen) zu Glucose-6-$\circledP$; von diesem läuft nur ein Teil zur Katabolsequenz, die weitaus größte Menge unterliegt der Überführung in Glucose-1-$\circledP$. Ein *hoher Glucose-6-$\circledP$-Zellgehalt* aktiviert die *Glykogensynthetase* und damit die Anabolsequenz zum *Reservestoff Glykogen*.

2. In Perioden starker Nachfrage nach Glucose durch die Peripherie wird umgekehrt die Glykogenkatabolsequenz aktiviert. An diesen Regulationen sind exogene hormonale Mechanismen beteiligt, die wir später besprechen.

3. Für die Glucosekatabolsequenz (Glykolyse) ist *Phosphofructo-Kinase Schlüsselenzym*. Das Enzym wird durch ATP-Anstau gehemmt, dagegen durch ADP und AMP-Anstau aktiviert = *allosterischer Mechanismus,* Rückkopplungs- (feed back)Prinzip. Da bei Gegenwart von genügend O_2 („aerob") pro Mol Glucose 38 Mol ATP entstehen (Citratcyclus + Atmungskette eingeschlossen), bei Nichteinbezug von O_2 aber nur 2 ATP („anaerob"), so wird über diesen Mechanismus der Glucosekatabolismus unter dem Aspekt ökonomisiert, daß stets ein optimaler ATP-Gehalt in den Zellen zur Gewährleistung aller ATP-verbrauchenden vitalen Vorgänge aufrechterhalten wird (aber nicht mehr) = *Pasteur-Effekt*. Als weitere *allosterische Aktivatoren* der Phosphofructokinase kennt man Fructose-1,6-diphosphat und neben AMP auch AM-3:5-P; als *allosterische Inhibitoren* neben ATP noch Citrat (bei Anstau infolge Bremsung des Citratcyclus), Ketonkörper (bei Anstau von Fettsäuren infolge Katabolhemmung oder übermäßigem Influx) und Fettsäuren selbst.

4. Bei prononciertem Pentosephosphatcyclus wird der Glucosekatabolismus dadurch gebremst, daß seine Intermediate 6-Phosphogluconat, Sedoheptulose-7-$\circledP$ und Erythrose-4-$\circledP$ die *Phosphohexose-Isomerase* allosterisch hemmen. Prononcierter Pentosephosphatcyclus liefert aber vermehrt $NADPH_2$ an, das zum Fettsäurenanabolismus verwendet wird, wenn gleichzeitig ausreichend ADP vorhanden ist. Stauen sich bei prononciertem Fettsäurenanabolismus längerkettige Acyl-CoA-Derivate an, wird durch diese die Glucose-6-$\circledP$-Dehydrogenase wieder gebremst, und damit auch der Pentosephosphatcyclus, wodurch indirekt (über $NADPH_2$-Bildung) wieder der Acylkettenanabolismus gehemmt wird. − Bei diesen Regelmechanismen handelt es sich um allosterische Wirkungen von Substratmolekülen auf Makromolekülstrukturen von Enzymen und um Rückkopplungs-Regelkreise, s. 10 ff., nach dem feed-back-Prinzip.

6.2.5 Schrittmacherenzyme

▶ Wie oben unter Punkt 3 ausgeführt, ist die *Phosphofructo-Kinase* Schlüssel- oder *Schrittmacherenzym* für den Glucosekatabolismus, indem sie allosterischen Substratwirkungen zugänglich ist, wenn Substratkonzentrationen über einen bestimmten Schwellenwert anstauen. Neben diesen zell*endogenen* Regulationsprinzipien kennt man auch *exogene,* zum Beispiel durch Insulin, welches allerdings über Induktorwirkung auf den Enzymsyntheseablauf wirkt. – Ein weiteres den Glucosekatabolismus quantitativ regulierendes Enzym ist *Pyruvatkinase*. Sie wird durch ATP gehemmt = *Produkthemmung* (anstauendes Reaktionsprodukt hemmt die Enzymreaktion, durch die es entsteht). – Zwei Regelprinzipien sind also wirksam: *Rückkopplungsregulation* und *Produktregulation*.

6.2.6 Lactat-Dehydrogenase (LDH)

▶ Das Endprodukt des Glucosekatabolismus ist Lactat. LDH stellt das Gleichgewicht ein:

Pyruvat + $NADH_2$ ⇌ Lactat + NAD^+.

LDH der Säugetierleber wirkt absolut stereochemisch spezifisch: es entsteht L-*Lactat*. *LDH der Mikroorganismen* bildet dagegen D-*Lactat*. Lactat liegt sozusagen im Metabol-Nebenweg. Der Hauptweg führt vom Pyruvat weiter. Es kann nur entstehen, wenn die Reduktionsäquivalente von $NADH_2$ (s. obige Gleichung) anderweitig weitergeführt werden.

6.2.7 Lactat-Utilisierung

▶ Bei Muskelarbeit wird auf dem Blutweg nicht genügend O_2 angeliefert, um via Atmungskette die Reduktionsäquivalente von $NADH_2$ zu verbrauchen und NAD^+ zu regenerieren. So wird Lactat von der Muskelzelle ans Blut abgegeben, der Lactatpegel des Blutes steigt merkbar an, Lactat wird von den mit O_2 besser versorgten Organen abgefangen und dort via Pyruvat entweder katabol letztlich zu CO_2 + H_2O (Herzmuskel) verwertet oder anabol zum Glucoseanabolismus (Gluconeogenese) = *Cori-Cyclus* (Leber). Diese endergonisch resynthetisierte Glucose wird unter zwischenzeitlicher Lagerung in Form von Glykogen auf Abruf wieder an die Peripherie abgegeben.

6.2.8 Oxidoreduktionsvorgänge bei der Glykolyse

▶ Das beim Reaktionsschritt 6 des Glucosekatabolismus entstandene $NADH_2$ staut sich bei O_2-Mangel in der Zelle an, NAD^+ fällt entsprechend ab. Hierdurch vermindert sich die Geschwindigkeit dieses Reaktionsschritts. – Zur Regeneration von NAD^+ läuft Reaktionsschritt 10 ab. $NADH_2$ tritt aber auch als Startsubstrat in die als Atmungskette bezeichnete Metabolsequenz ein, indem es seine Reduktionsäquivalente ($H^- + H^+$) abgibt. Regeneriertes NAD^+ fördert wieder Reaktionsschritt 6.

6.3 Pyruvat-Dehydrogenase

6.3.1 Reaktionsmechanismus

▶ Der *Pyruvat-Dehydrogenase-Komplex* ist ein Multienzymsystem. Co-Enzyme dieses Komplexes sind Thiaminpyrophosphat (TPP), Liponsäureamid und Coenzym A.
– Zunächst wird Pyruvat decarboxyliert und der Rest als $CH_3CH(OH)TPP$ fixiert. Dieser Rest wird dann unter Dehydrierung zum Acetylrest auf Liponsäureamid übertragen. Die S–S-Brücke des Ringes dieser Molekel öffnet sich, das eine S-Atom liegt dann als HS- vor, das andere in Form von CH_3CO-S, = S-Acetyl-dihydroliponsäure (Thioester; hohes Gruppenübertragungspotential!). In dritter Stufe wird der Acetylrest auf CoA transferiert = Acetyl-CoA. Beide S-Atome des Liponsäureamids liegen nun als HS- vor. Die Ringform wird durch eine Dihydroliponsäureamid-Dehydrogenase („Diaphorase") regeneriert:
1. Dihydroliponsäureamid + FAD $\rightleftharpoons$ Liponsäureamid + $FADH_2$
2. $FADH_2 + NAD^+ \rightleftharpoons FAD + NADH_2$
Endprodukte dieses mehrstufigen Vorganges sind also Acetyl-CoA, CO_2 und $NADH_2$.

6.3.2 Regulation

▶ Der *Pyruvat-Dehydrogenase-Komplex* liegt in einer inaktiven Form (PDHb) und in einer aktiven Form (PDHa) vor. Unter der Wirkung von Insulin, Agmatin oder Nicotinsäure wird PDHb → PDHa begünstigt, durch O_2-Mangel jedoch PDHa → PDHb. Somit besteht ein weiteres Regelprinzip für den Glucosekatabolismus: bei O_2-Mangel neben Anstau von $NADH_2$ auch Anstau von Pyruvat, → Lactat, Cori-Cyclus.

6.4 Citrat-Cyclus

6.4.1 Bilanz

▶ *Acetyl-CoA* + 3 NAD^+ + FAD + GDP + ℗ + 3 H_2O → $2 CO_2$ + $\overline{CoA}$-SH + 3 $NADH_2$ + $FADH_2$ + GTP + $\overline{CoA}SH$
Aus einer C2-Einheit (Acetylrest) werden 2 C1-Einheiten (CO_2), aus 3 x H (Acetylrest) + 3 H_2O werden 4 x gebundene „2H", außerdem 1 H im freigewordenen $\overline{CoA}SH$. Sie bemerken, daß *kein O_2* in diesen Katabolcyclus eingeht, obgleich CO_2 gebildet wird.

6.4.2 Metabolite des Citratcyclus

▶ *1. Initialreaktion* des *Citratcyclus* ist:
Acetyl-CoA + Oxalacetat + H_2O → *Citrat* + $\overline{CoA}SH$
Knüpfung einer covalenten C-C-Bindung (Aldolkondensationstyp) durch *Citratsynthetase* (C4 + C2 → C6), in *irreversibler* Reaktion.

2. Isomerisierung des Citrats zum *Isocitrat:*

$$\text{Citrat} \underset{-OH^-}{\overset{+OH^-}{\rightleftharpoons}} \left[\text{Zwischen-produkt}\right] \begin{array}{c} \overset{+H^+}{\underset{-H^+}{\rightleftharpoons}} \text{cis-Aconitat} \\ \overset{+OH^-}{\underset{-OH^-}{\rightleftharpoons}} \underline{\text{Isocitrat}} \end{array}$$

unter *Aconitase*, wobei cis-Aconitat im Nebenschluß entsteht, in *reversibler* Gleichgewichtsreaktion. Stark begünstigt ist Citrat, viel weniger Isocitrat und am wenigsten cis-Aconitat.

3. Dehydrierung des *Isocitrats* unter gleichzeitiger Decarboxylierung zu α-*Ketoglutarat* unter *Isocitrat-Dehydrogenase* (benötigt Mg^{2+} oder Mn^{2+}):
Isocitrat + NAD^+ ⇌ α-Ketoglutarat + CO_2 + $NADH_2$ (C6 → C5 + C1) in *reversibler* Reaktion.

4. Mehrstufige Weiterreaktion von α-Ketoglutarat zu *Succinyl-CoA* durch Dehydrierung, Decarboxylierung und Übertragung des Succinylrestes auf $\overline{\text{CoASH}}$:
α-Ketoglutarat + NAD^+ + $\overline{\text{CoASH}}$ → Succinyl-CoA + CO_2 + $NADH_2$ (C5 → C4 + C1), in *irreversibler* Reaktion („oxidative Decarboxylierung"), unter α-*Ketoglutarat-Dehydrogenase*, d. i. ein *Multienzymkomplex*, bestehend aus a) α-Ketoglutarat-Decarboxylase mit Thiaminpyrophosphat als prosthetischer Gruppe (decarboxyliert α-Ketoglutarat zum Thiamin-gebundenen Succinosemialdehyd); b) Lipoylreductase-Transsuccinylase mit Liponsäure als prosthetischer Gruppe (überträgt den Succinylrest auf Liponsäure unter Öffnung der S-S-Brücke des Ringes dieser Molekel, und dann den Succinylrest auf $\overline{\text{CoASH}}$); c) Dihydrolipoyl-Dehydrogenase (führt die Dihydrolipoylform wieder in die Disulfidform über = Diaphorase mit FAD als covalent gebundener Wirkgruppe, s. Pyruvat-Dehydrogenase-Komplex 6.3).

5. Komplexe Weiterreaktion des Succinyl-CoA zu Succinat unter *Succinat-Thiokinase:* Succinyl-CoA + GDP + ⓟ → Succinat + GTP + $\overline{\text{CoASH}}$ in *irreversibler* Reaktion. Der *Succinylrest* steht *CoA-gebunden* auf *hohem Gruppenübertragungspotential*. Die Energie bleibt als chemische Energie erhalten, indem aus GDP und anorganischem ⓟ GTP mit auf hohem Gruppenübertragungspotential stehendem terminalem ⓟ gebildet wird (dann wie bei (6.2) bereits beschrieben: GTP + ADP ⇌ ATP + GDP: Substratphosphorylierung).

6. *Dehydrierung* des *Succinats* zu *Fumarat* (Transstellung der beiden Carboxylgruppen): Succinat + FAD ⇌ Fumarat + $FADH_2$ unter *Succinat-Dehydrogenase,* ein Flavoprotein, das auch in die Atmungskette eingebaut ist, in *reversibler* Reaktion.

7. *Addition* von H_2O an die Doppelbindung des *Fumarats* zu L-*Malat:* Fumarat + H_2O ⇌ L-Malat in schwach reversibler Reaktion unter *Fumarat-Hydrase* (Fumarase).

8. *Dehydrierung* von L-*Malat* zu *Oxalacetat:*
L-Malat + NAD^+ ⇌ Oxalacetat + $NADH_2$ unter *Malat-Dehydrogenase* in *reversibler* Gleichgewichtseinstellung. Damit ist der *Initialmetabolit* des *Citratcyclus regeneriert.*
Die erwähnten Enzyme sind feste Bestandteile der Mitochondrien, einige davon können jedoch präparativ herausgelöst werden. Malat-Dehydrogenase und Isocitrat-Dehydrogenase kommen auch im Cytoplasma vor, letztere benötigt Mn^{2+} sowie $NADP^+$, liefert also $NADPH_2$, dessen Reduktionsäquivalente zu Anabolreaktionen dienen (z. B. Fettsäurenanabolismus aus Acetyl-CoA).

6.4.3 Beziehungen zum Energiestoffwechsel

► Nur beim Reaktionsschritt 5 entsteht unmittelbar *„energiereiches"* Phosphat. Bei den Reaktionsschritten 3, 4 und 8 entstehen insgesamt 3 $NADH_2$, beim Reaktionsschritt 6 1 $FADH_2$, deren Reduktionsäquivalente erst über die Atmungskette Energie liefern, und zwar

3 $NADH_2$ je 3, insgesamt	9 ATP
1 $FADH_2$	2 ATP
GTP →	1 ATP
	12 ATP

Bei der *Energiebilanz* über alle acht Reaktionsschritte nimmt die Freie Enthalpie des Systems etwas ab: $\Delta G° = -25$ kcal·Mol^{-1}, herkommend aus der Spaltung der energiereichen CoA-Verbindung (Reaktionsschritt 1: $\Delta G° = -8$ kcal·Mol^{-1}) sowie den beiden Decarboxylierungen (Reaktionsschritte 3 und 4).
Da der Citratcyclus nur in funktionaler Verbindung mit der Atmungskette abläuft – unter ständiger Regeneration von NAD^+ und FAD – muß die Energiebilanz, wie oben geschehen, beide Funktionseinheiten zugleich berücksichtigen. Insgesamt werden 216 kcal pro Mol Acetylrestumsatz verfügbar, davon 191 über die Atmungskette. *Die Hauptmenge der Energie resultiert also nicht aus der CO_2-Bildung, sondern aus der Wasserbildung!* Die oben verzeichneten 12 ATP beinhalten 12 x 7 = 84 kcal pro Mol Acetylrestumsatz (bezogen auf das Terminal-Ⓟ des ATP),

das entspricht etwa 40% der verfügbar gewordenen Energie. Die *Differenz* dient zur *Aufrechterhaltung* der *Körperwärme*.

6.4.4 Regulation ▶ *Regulation* heißt *Konstanthaltung* der *Metabolit-Umsatzgeschwindigkeit* (Mol pro Zeiteinheit; „Pegelstand" $\sim 10^{-4}$ Mol) oder Anpassung an zeitweilig erhöhten oder verminderten Bedarf an „ATP-Energie". Hauptregulans des Citratcyclus (wie der Atmungskette) ist sinnvollerweise die mitochondriale ATP-Konzentration: *Citrat-Synthetase* wird bei ATP-Anstau allosterisch gehemmt, weil die Michaeliskonstante für Acetyl-CoA stark erhöht wird, bei ATP-Abfall aber wieder aktiviert. *Isocitrat-Dehydrogenase* wird sowohl durch ATP- als auch durch $NADH_2$-Anstau allosterisch gehemmt, durch ADP-Anstau (denn ATP → ADP + ⓟ – 7 kcal · Mol^{-1}) aktiviert. *Der ATP-Pegel ist ein klassisches Beispiel für Rückkopplungskontrolle von Metabolsequenzen.* – Hilfsregulantien: Citrat-Synthetase wird auch noch durch Anstau langkettiger Acyl-CoA-Verbindungen gehemmt, Succinat-Dehydrogenase und Malat-Dehydrogenase durch Anstau von Oxalacetat. *Außer „ATP-Pegelsystem" und „Coenzym NAD^+-Pegelsystem" wirken also auch „Metabolit-Pegelsysteme" autoregulativ.*

6.4.5 Citratcyclus und Gesamtmetabolismus ▶ Die folgenden Beziehungen sollen memorierend weiter verfolgt werden:
1. *Oxalacetat* + Glu ⇌ Asp + α-Ketoglutarat (Glutamat-Oxalacetat-Transaminase, GOT; Beziehung zum Aminosäurenmetabolismus, über Asp zum Purin- und Pyrimidinmetabolismus).
2. *Oxalacetat* + GTP ⇌ Phosphoenolpyruvat + GDP + CO_2 (Phosphoenolpyruvat-Carboxykinase; Initialreaktion der Gluconeogenese; Beziehung zum Glucosemetabolismus).
3. *Pyruvat* + CO_2 (als Carboxy-Biotin) + ATP → *Oxalacetat* + ADP + ⓟ (Pyruvat-Carboxylase; Vorstufe zur Gluconeogenese-Initialreaktion; Beziehung zwischen Glucosekatabolismus und Citratcyclus).
4. *Pyruvat* + CO_2 + $NADPH_2$ → Malat + $NADP^+$ (Malat-Enzym; zweite Möglichkeit des Einschleusens von Pyruvat in den Citratcyclus).
5. *Acetyl-CoA* als Bindungspartner des Oxalacetats entsteht aus Katabolsequenzen von Fettsäuren, Phe, Tyr, Lys, Try, Äthanol.
6. *Aus Asp* entsteht (außer Reaktion 1) durch β-Eliminierung der Aminogruppe Fumarat: über diese Reaktion sind *Citratcyclus* und *Harnstoffcyclus* miteinander verknüpft.

Die gleiche β-NH_2-Eliminierung läuft auch bei der Purinringsynthese ab (5.3.3).

7. α-*Ketoglutarat* steht in Metabolbeziehung zu Glu (Reaktion 1, GluN, Pro, Arg, Lys, Ornithin, Citrullin).

8. *Succinyl-CoA* entsteht aus Methylmalonyl-CoA, dieses aus Propionyl-CoA, dieses aus Ile, Val, Thr, Try, Homoserin, Thymin und ungeradzahligen Fettsäuren; also weitere Metabolbeziehungen zum Aminosäuremetabolismus – hier: Katabolismus essentieller Aminosäuren!

9. *Succinyl-CoA* + Gly → α-Amino-β-ketoadipinsäure + CoA (Pyridoxal-abhängige δ-Aminolävulinsäure-Synthetase) → δ-Aminolävulinsäure (spontane Decarboxylierung) → Porphobilinogen (Initialreaktion der Porphinbiosynthese).

Es werden also nicht nur *Intermediate* in den *Citratcyclus eingeschleust,* sondern auch aus ihm zum Bestreiten von *Anabolprozessen entnommen.* Die Reaktionen 1-4 dienen in der Hauptsache zum *Auffüllen* des Citrat-Cyclus = *anaplerotische Metabolreaktionen.*

Nebenwege zum Citratcyclus: a) γ-*Aminobutyratbildung* nur im zentralen Nervensystem (Regulator bei Transmission nervaler Impulse): Aus Glu unter Glutamat-Decarboxylase entsteht γ-Aminobutyrat. Eine Monaminoxidase führt diesen Wirkstoff unter NH_3-Bildung in Succinosemialdehyd über, der zu Succinat oxidiert wird. b) *Succinatglycincyclus:* Kondensation von *Gly* mit *Succinyl-CoA* →δ-*Aminolävulinat* (wie zur Porphyrinsynthese, Reaktion a), dieses wird zu γ,δ-Dioxovalerianat und dann zu γ-Ketoglutaraldehyd desaminiert, der dann in Succinat + 1 C1-Fragment übergeht = *spezielle Katabolsequenz des Gly in Erythrocyten.* c) *Glyoxylatcyclus:* Pflanzenteile (Samen) und Mikroorganismen, die Lipide als Energiespeicher verwenden, enthalten zusätzlich zu den Enzymen des Citratcyclus noch zwei weitere, die folgende Reaktionen katalysieren: a)Spaltung von *Isocitrat* in Succinat + Glyoxylat; b) Kondensation von Glyoxylat + *Acetyl-CoA* zu *Malat.* Hierdurch wird also *Acetyl-CoA* nicht *nur katabolisiert,* sondern *auch Oxalacetat* über *Malat anabolisiert* und damit der *Metabolweg* von *Lipiden* (Fettsäuren) *zu Kohlenhydraten* (Glucoseanabolismus aus Oxalacetat) begangen.

6.5 Gluconeogenese

6.5.1 Glykolyse und Gluconeogenese

▶ Drei von den zehn Reaktionsschritten des Glucosekatabolismus sind nicht reversibel, sondern zum Glucoseanabolismus werden drei spezielle Wege beschritten, die durch drei spezielle Enzyme katalysiert werden: a) *Oxalacetat* ist *Initialmetabolit* der *Anabolsequenz,* es geht in *Phosphoenolpyruvat* über, s. Reaktionsschritt 2 in (6.4). Vom *Phos-*

phoenolpyruvat läuft es reversibel rückwärts (s. 6.2) bis zum *Fructose-1,6-diphosphat.* b) *Fructose-1,6-diphosphat* geht unter *Fructose-1,6-diphosphat-Phosphatase* durch hydrolytische Abspaltung von Ⓟ in *Fructose-6-phosphat* über, welches der Gleichgewichtseinstellung mit *Glucose-6-phosphat* durch *Glucose-6-phosphat-Isomerase* unterliegt. c) *Glucose-6-phosphat-Phosphatase* hydrolysiert Ⓟ *ab*, wobei *Glucose* entsteht.

6.5.2 Energiebilanz ▶ Für die *Initialreaktion* des *Glucoseanabolismus* werden benötigt: a) zu Bildung von Carboxy-biotin aus HCO_3^- und Biotin *1 ATP*-Ⓟ. Die Carboxylierung von Pyruvat (bzw. Lactat, s. Cori-Cyclus) zu Oxalacetat braucht dann keine Energie mehr. b) Zur Überführung von *Oxalacetat* in *Phosphoenolpyruvat* (decarboxylierende Phosphorylierung) *1 GTP*-Ⓟ. c) Zur Reduktion des 3-Phosphoglycerat *1ATP*-Ⓟ. Beim Reaktionsschritt Pyruvat → Phosphoenolpyruvat: + 11,8 kcal · Mol^{-1} (ATP-Ⓟ + GTP-Ⓟ) beim Reaktionsschritt 3-Phosphoglycerat → 3-Phosphoglycerin-aldehyd: + 7 kcal · Mol^{-1}. − Der Glucoseanabolismus ist also endergonisch, 20-30 % des zur Leber gelangenden Lactats müssen bis zu CO_2 + H_2O katabolisiert werden, um die Energie für den Glucoseanabolismus der 70-80 % bereitzustellen.

6.5.3 Lokalisation ▶ Hauptsächlich in *Leber* und *Niere, in geringem Maße auch in Skelettmuskulatur.* Entscheidend ist die Gegenwart von Fructose-1,6-diphosphat-Phosphatase, die in anderen Organen fehlt. − Glucose-6-phosphat-Phosphatase, wichtig für die Abgabe freier Glucose ans Blut, ist in Leber, Niere und Intestinum vorhanden, fehlt aber in Muskulatur und Fettgewebe. Somit kann die Muskulatur sinnvollerweise resynthetisiertes (oder aus ihrem Glykogenvorrat gebildetes) Glucose-6-phosphat als Glucose nicht an das Blut abgeben.

6.5.4 Aminosäurenmetabolismus ▶ Folgende Aminosäuren sind unmittelbare oder mittelbare (über Metabolsequenzen) Vorstufen von Pyruvat oder Intermediate des Citratcyclus und veranlassen somit Glucoseanabolismus = *glucoplastische Aminosäuren:* Ala, Glu, Cys, Asp, Arg, Gly, His, Hyp, Met, Pro, Ser, Thr, Try, Val. − *Glucoplastische + ketoplastische Aminosäuren:* Ile, Lys, Phe, Tyr.

6.6 Pentose-Phosphatweg ▶ *1. Glucose*-6-Ⓟ + $NADP^+$ ⇌ Gluconsäurelacton-6-Ⓟ + $NADPH_2$ unter Glucose-6-phosphat-Dehydrogenase (benötigt Mg^{2+}, Mn^{2+} oder Ca^{2+});

6.6.1 Reaktionsfolge

2. Gluconsäurelacton-6-Ⓟ + H_2O ⇌ Gluconsäure-6-Ⓟ unter Glucono-6-phosphat-Lactonase; aber auch spontan, doch langsamer;

3. Gluconsäure-6-Ⓟ + $NADP^+$ ⇌ 3-Ketogluconsäure-6-Ⓟ + $NADPH_2$ unter Gluconsäure-6-phosphat-Dehydrogenase;

4. 3-Ketogluconsäure-6-Ⓟ → Ribulose-5-Ⓟ + CO_2, erfolgt spontan;

5a. Ribulose-5-Ⓟ ⇌ Xylulose-5-Ⓟ unter Ribulose-5-phosphat-Epimerase;

5b. Ribulose-5-Ⓟ ⇌ Ribose-5-Ⓟ unter Ribulose-5-phosphat-Ketoisomerase (analog der Isomerisierung von Glucose-6-Ⓟ zu Fructose-6-Ⓟ);

6. Erste Transketolasereaktion: aus Xylulose-5-Ⓟ wird das epimere C2-Bruchstück (C-Atome 1–2, „aktiver Glykolaldehyd", gebunden an Thiaminpyrophosphat) auf Ribose-5-Ⓟ übertragen. Es verbleibt Glycerinaldehyd-3-Ⓟ, und es entsteht Sedoheptulose-7-Ⓟ. Reaktion ist reversibel.

7. Transaldolasereaktion: aus Sedoheptulose-7-Ⓟ wird ein C3-Bruchstück (C-Atome 1–3) auf Glycerinaldehyd-3-Ⓟ übertragen. Es verbleibt Erythrose-4-Ⓟ, und es entsteht Fructose-6-Ⓟ. Reaktion ist reversibel.

8. Zweite Transketolasereaktion: aus Xylulose-5-Ⓟ wird wiederum ein C2-Bruchstück („aktiver Glykolaldehyd") entnommen und auf Erythrose-4-Ⓟ übertragen. Es verbleibt wiederum Glycerinaldehyd-3-Ⓟ, und es entsteht wiederum Fructose-6-Ⓟ. Reaktion ist reversibel.

Der Pentosephosphatweg ist auch als *Cyclus* anzusehen, da einerseits *Hexosen in Pentosen,* andererseits auch *Pentosen in Hexosen* überführt werden können. Nur die Decarboxylierung nach Reaktionsschritt 4 ist irreversibel, alle anderen Reaktionsschritte sind reversibel. Die Hexosenbildung ergibt sich nach den Reaktionsschritten 7 und 8. – *Bilanz a:* aus 1 Glucose-6-Ⓟ entsteht durch zweistufige direkte Dehydrierung 1 Pentosephosphat, 1 CO_2 und 2 $NADPH_2$. – *Bilanz b:* Fructose-6-Ⓟ (nach Isomerisierung zu Glucose-6-Ⓟ) wie Glycerinaldehyd-3-Ⓟ (nach Kondensation zu Fructose-6-Ⓟ) können wiederholt nach Pentosephosphatweg dehydriert werden, somit lautet die Bilanzierung bei vollständigem Katabolismus eines Moleküls Glucose-6-Ⓟ: Glucose-6-Ⓟ + 12 $NADP^+$ + 6 H_2O → 6 CO_2 + 12 $NADPH_2$ + Ⓟ. – Die beiden Dehydrierungs-(Oxidations)-Schritte sind 1 und 3. – Die *Bedeutung* des *Pentosephosphatwegs* liegt aber nicht im Terminalkatabolismus der Glucose, sondern in der *Bereitstellung* von *$NADPH_2$* und *Ribose*-5-Ⓟ für *Anabolsequenzen*.

6.6.2 ▶ *Hohe Aktivität* an Glucose-6-Ⓟ-Dehydrogenase trifft man
Organ- in *Organen* mit *hohem Bedarf* an *NADPH$_2$* an: im *Fettgewebe*
lokalisation und in *lactierenden Milchdrüsen* zum Fettsäurenanabolismus; in *Nebennieren* und *Testes* zum Steroidhormonanabolismus; in *Erythrocyten* zu anderweitigen Metabolprozessen. Bei lactierenden Milchdrüsen beträgt der Glucoseumsatz via Pentosephosphatweg bis zu 60% des Gesamtglucoseumsatzes. – Der Pentosephosphatweg ist im Cytoplasma lokalisiert.

6.6.3 ▶ Die *cytoplasmatische Fettsäurensynthese* schließt *zwei*
Fettsäuren- *Reduktionsschritte* ein (7.2, 6.4), zu denen *NADPH$_2$ obligat*
anabolismus benötigt wird. Dessen Zulieferung erfolgt durch die Reaktionsschritte 1 und 3 des Pentosephosphatweges.

6.6.4 ▶ *Hauptregulatoren* des *Pentosephosphatweges* sind *Glucose-*
Regulation *6-phosphat-Dehydrogenase* und *Gluconsäure-6-phosphat-Dehydrogenase* (Schrittmacherenzyme). Ihre Aktivitätskontrolle erfolgt a) über den Pegel von NADP$^+$, b) über den Pegel von Acyl-CoA-Verbindungen, c) über den Abruf von Ribose-5-Ⓟ, d) über Nebenreaktionen. Zu a): Anstau von NADPH$_2$ bewirkt Rückkopplungsbremse der Reaktionsschritte 1 und 3. In der Leber wird auch der Pegel an NAD$^+$ gegenüber NADP$^+$ reguliert. Erhöhung des NADP$^+$-Pegels fördert den Pentosephosphatweg. Zu b): Acyl-CoA-Verbindungen wirken allosterisch auf die beiden Dehydrogenasen; ihr Anstau infolge gebremsten Weiterverbrauchs zu Lipidanabolprozessen bremst diese Enzyme. Zu c): Die Regulation via Pentosephosphatverbrauch bremst nicht den Gesamtvorgang, sondern schaltet nur über die Reaktionsschritte innerhalb des Gesamtvorgangs um. Mehrverbrauch an Ribose-5-Ⓟ zu Nucleotidsynthesen gegenüber NADPH$_2$-Verbrauch schaltet automatisch zur unmittelbaren Zubringerreaktion um: ketolatischer Umsatz von Sedoheptulose-7-Ⓟ + Glycerinaldehyd-3-Ⓟ zu Xylulose-5-Ⓟ + Ribose-5-Ⓟ. Zu d): Außer zur *cytoplasmatischen Fettsäurensynthese* wird NADPH$_2$ auch zur *reduktiven Aminierung von α-Ketoglutarat* zu Glu sowie zur reduktiven Carboxylierung von Pyruvat zu Malat und vielen Hydroxylasereaktionen benötigt. Über die reduktive Carboxylierung Pyruvat-Malat werden Reduktionsäquivalente aus dem cytoplasmatischen in den mitochondrialen Reaktionsraum eingeschleust: *extramitochondrial* gebildetes *Malat* vermag durch die *Mitochondrienmembran einzuwandern* und wird *intramitochondrial* durch die Malat-Dehydrogenase zu Oxalacetat dehydriert, dabei wird NAD$^+$ zu NADH$_2$, welches seine Reduktions-

äquivalente an die Atmungskette weitergibt. Auf diesem Umweg über Substratoxidoreduktion wird perimitochondriale Beziehung $NADPH_2 \rightleftharpoons NADH_2$ möglich, da $NADPH_2$ die Mitochondrienmembran nicht zu penetrieren vermag.

6.7 Glykogenstoffwechsel
6.7.1 Auf- und Abbau

▶ *a) Anabolismus.* 1. Glucose-6-Ⓟ $\rightleftharpoons$ Glucose-1-Ⓟ durch Phosphoglucomutase (Cofaktor ist Glucose-1,6-diⓅ). 2. Glucose-1-Ⓟ + UTP (Uridintriphosphat) → UDPG (Uridindiphosphoglucose) + Pyrophosphat. Enzym: Uridindiphosphoglucose-Pyrophosphorylase. Glucose steht nun auf höherem Gruppenübertragungspotential zur Herstellung einer glucosidischen Bindung. Zur UDPG-Bildung aus Glucose wurden zwei ATP verbraucht. 3. Acceptor ist entweder ein bereits vorhandenes Glykogenmolekül oder ein Dextrin, im einfachsten Fall Maltose = „Startermoleküle". *Glykogen-Synthetase* (UDPG-Glykogen-Glucosidtransferase) überträgt den Glucosylrest auf das nichtreduzierende Ende einer Haupt- oder Seitenkette in (1–4)-glykosidische Bindung. Das hierbei freiwerdende UDP wird durch Umsatz mit ATP zu UTP regeneriert. 4. Erreicht eine Oligoglucosylkette die Gliedzahl 8–12, überträgt die *Amylo(1–4)* → *(1–6)-Transglykosidase* die letzten 6 – 7 Glucosylreste als Kettenteil auf eine benachbarte Kette, aber nun in (1–6)-Bindung. Hierdurch erfolgt starke Verzweigung und kompakter Aufbau der Glykogenpartikel.

b) Katabolismus. 1. *Phosphorylase a* spaltet *phosphorolytisch* jeweils ein endständiges Glucosemolekül aus (1–4)-glykosidischer Bindung ab, das nun als Glucose-1-Ⓟ vorliegt. 2. In der Leber ist auch eine *Amylo-α(1–4)-Glucosidase*, die Glykogen in Dextrin *hydrolytisch* zerlegt. 3. *Amylo-(1–6)-Glucosidase* spaltet *hydrolytisch* die (1–6)-glykosidisch gebundenen Glucosemoleküle ab. Sie ist ein notwendiges Hilfsenzym, da Phosphorylase die Hauptketten nur bis auf sechs, die Seitenketten nur bis auf einen Glucosylrest vor einer Verzweigung abtrennen kann. 4. Die durch Amylo(1–4) → (1–6)-Transglucosidase katalysierte Transferreaktion ist reversibel, somit ist dieses Enzym auch am Glykogenkatabolismus beteiligt. 5. Gleichgewichtseinstellung Glucose-1-Ⓟ $\rightleftharpoons$ Glucose-6-Ⓟ. 6. Glucose-6-Ⓟ → Glucose + Ⓟ durch *Glucose-6-Phosphatase,* Abgabe von Glucose aus der Leberparenchymzelle über das Blut an die Peripherie. 7. Alternativ: Glucose-6-Ⓟ → Glucosekatabolismus.

6.7.2 Regulation

▶ *Glykogenanabolismus* und *-katabolismus* unterliegen *zellexogenen* sowie *zellendogenen Regulationen.* Der Sensor für exogene Signale ist die in der Zellmembran lokalisierte *Adenyl-Cyclase*. Sie bildet aus ATP AM-3:5-P. Das Enzym besitzt einen *Hormonreceptor*. Die rasch wirkenden Hormone *Glukagon* und *Adrenalin* aktivieren allosterisch das Leberzellenenzym, Adrenalin allein nur das Muskelzellenzym. Vermehrt gebildetes AM-3:5-P wirkt dann in der Zelle als „second messenger", wird aber durch eine Phosphodiesterase zum inaktiven AMP aufgespalten. Der Cyclo-AMP-Pegel ist also die Reaktionsgeschwindigkeitskonstante von Bildung und Spaltung.

AM-3:5-P aktiviert allosterisch *Protein-Kinase* (Phosphorylasekinase-Kinase), ein übergeordnetes *Kontrollenzym*. Dieses kontrolliert einerseits den Aktivitätsgrad der Glykogen-Synthetase direkt, andererseits den Aktivitätsgrad der Glykogen-Phosphorylase indirekt. Ist der eine hoch, muß der andere niedrig sein.

Glykogenanabolismus. Die Glykogen-Synthetase kommt in einer aktiven Form vor, in der sie einen nur niedrigen Pegel an Glucose-6-℗ zur Aktivierung benötigt = *Glykogen-Synthetase I* (von *in*dependent), und in einer nur wenig aktiven Form, in der sie einen hohen Pegel an Glucose-6-℗ als allosterischen Aktivator braucht = *Glykogen-Synthetase D* (von *de*pendent). Die aktive Form vollzieht den Anbau von Glucosylresten aus UDPGlucose an Glykogen„primer" optimal wie beschrieben. − Durch steigenden AM-3:5-P-Pegel aktivierte Proteinkinase führt nun die *hochaktive Glykogen-Synthetase I* in die *wenig aktive Glykogen-Synthetase D* über, indem sie das Terminal-℗ aus ATP auf einen Serylrest des Enzyms *überträgt* (Kinase!) = *Protein-Phosphorylierung*. Umgekehrt wird die wenig aktive Glykogen-Synthetase D in die hochaktive Glykogen-Synthetase I dadurch umgewandelt, daß eine *aktive Proteinphosphatase* dieses *Ester-℗* hydrolytisch *abspaltet*. Diese aktive Proteinphosphatase kommt aber auch in einer inaktiven Form vor (die die Glykogen-Synthetase D nicht verändert), die wieder allosterisch in die aktive Form überführbar ist = *direkt wirkendes Kontrollenzym*.

Glykogenkatabolismus. Die *Glykogen-Phosphorylase* kommt in einer *aktiven Form* vor = *Phosphorylase a,* in der sie an einem Serylrest ein X trägt. Im Muskel liegt sie als Tetramereinheit vor, in der Leber als Dimereinheit. Die *inaktive Form = Phosphorylase b,* entsteht aus der *aktiven Form,* indem die bereits erwähnte *aktive Proteinphosphatase* dieses *Ester-℗* hydrolytisch *abspaltet* (also umgekehrt wie bei der Glykogen-Synthetase). Im Muskel wie in der Leber liegt die inaktive Form als Dimer vor. Die Umwandlung der inaktiven in die aktive Form erfolgt durch

Übertragung des Terminal-℗ aus ATP auf den Serylrest durch eine *aktive Phosphorylase-Kinase a*. Dieses Enzym wird in die *inaktive Form* so überführt, daß durch Proteinphosphatase ein Ester-℗, das auch sie enthält, hydrolytisch abgespalten wird = *Phosphorylase-Kinase b*. Sie wird in die aktive Form umgewandelt, indem sie durch AM-3:5-P aktivierte Proteinkinase = Phosphorylase-Kinase des Terminal-℗ aus ATP auf einen Serylrest überträgt.

Wir haben es also bei diesem kompliziert erscheinenden, aber so sinnvoll-einfachen Kontrollmechanismus des Glykogen-Stoffwechsels mit einem mehrstufigen Wirken von interkonvertierbaren *Kontrollenzymen* und *Arbeitsenzymen* zu tun, wodurch auch ein Verstärkereffekt wie bei der Blutgerinnung erzielt wird. Er erlaubt, je nach Stoffwechsellage, ein schnelles Umschalten des Metabolvektors zwischen Glykogenanabolismus und -katabolismus.

6.7.3 Cori-Cyclus

▶ Als *Cori-Cyclus* wird ein zwischen Leber- und Muskelglykogen ablaufender Kreisprozeß bezeichnet. In der Skeletmuskulatur bei intensiver mechanischer Arbeit entstehendes Lactat wird hier nur zum geringen Teil – je nach O_2-Partialdruck – weiter katabolisiert, die Hauptmenge wird ans Blut abgegeben und von der Leber abgefangen. Hier wird, wie beschrieben (6.2), ein Teil endoxidiert und die hierbei verfügbar gewordene ATP-Energie zum Glucoseanabolismus (Gluconeogenese) verwendet. Via Leberglykogen wird dieser „Brennstoff" dann für die Peripherie wieder bereitgestellt.

6.8 Umwandlung der Zucker untereinander
6.8.1 Nucleotidaktivierte
6.8.2 Wichtige Monosaccharide
6.8.3 Galaktose/ Fructose

▶ UDPGlucose ist nicht nur Ausgangsmetabolit für den Glykogenanabolismus (6.7), sondern auch für den Amphibolismus weiterer nucleotidaktivierter Monosaccharide:

1. UDPGalaktose. Zwischen *UDPGlucose* und *UDPGalaktose* kommt es unter *UDPGlucose-4-Epimerase* zu einer Gleichgewichtseinstellung, das Gleichgewicht des unbeeinflußten Systems liegt bei 1 Glu : 3 Gal. Das Enzym enthält als Cofaktor fest gebundene NAD^+.

2. Austausch Glu ⇌ Gal. UDPGalaktose + Glucose-1-℗ ⇌ UDPGlucose + Galaktose-1-℗,
unter *UDPGlucose:α-D-Galaktose-1-℗-Uridyl-Transferase* (oder *Hexose-1-℗-Uridyl-Transferase*). Nach den Reaktionen 1 und 2 wird Galaktose-1-℗ in Glucose-1-℗ *umgewandelt und umgekehrt. Aus Lactose (Milchzucker)* alimentär stammende *Galaktose* wird durch eine *Galaktokinase* in der Leber zu *Galaktose-1-℗*, das über die rückläufigen Reaktionen 2 und 1 in den *Glucosekatabolismus* eingebracht wird.

3. *Lactosebildung in lactierenden Milchdrüsen.* UDPGalaktose + Glucose → UDP + Lactose unter Lactose-Synthetase.

6.8.4 ▶
Glucuronsäure

4. *UDPGlucuronsäure.* UDPGlucose + 2 NAD$^+$ → UDPGlucuronsäure + 2 NADH$_2$ unter *UDPGlucose-Dehydrogenase.* Die „aktivierte Glucuronsäure" dient zur Synthese von a) Ascorbinsäure, b) konjugierten Glucuronniden, c) UDP-Iduronsäure, d) Mucopolysacchariden, sowie zum Abbau zu Xylulose-5-Ⓟ. Zu a): *Ascorbinsäuresynthese:* Hydrolytisch freigesetzte D-Glucuronsäure wird durch eine Glucuronsäurereductase, die NADPH$_2$ verbraucht, zu L-*Gulonsäure* reduziert. Diese steht unter L-*Gulonsäurelacton-Lactonase* im Gleichgewicht mit L-*Gulonsäurelacton,* aus dem durch L-*Gulonolacton-Oxidase* die *Enolform des 2-Ketogulonsäurelactons* wird = *Ascorbinsäure*. Beim Menschen, den Primaten und den Meerschweinchen fehlt die L-Gulonolacton-Oxidase. Eine alternative Metabolsequenz leitet von der L-*Gulonsäure* zu *3-Keto-*L-*gulonsäure,* deren Decarboxylierung L-*Xylulose* ergibt. Sie wird zu *Xylit* reduziert, dieses in D-*Xylulose* umgewandelt, in ATP-abhängiger Reaktion in D-Xylulose-5-Ⓟ übergeführt, und damit in den Pentosephosphatweg eingebracht (in die Gleichgewichtsstellung D-Xylulose-5-Ⓟ ⇌ Ribulose-5-Ⓟ ⇌ Ribose-5-Ⓟ). Zu b): *Konjugierte Glucuronsäuren:* darunter versteht man O-Glykoside oder N-Glykoside körpervertrauter (Steroidhormone, Bilirubin, Katecholamine) oder körperfremder (Arzneimittel, Darmfäulnisprodukte) Substanzen, die die bindungsfähigen Gruppen bereits aufweisen oder metabol erst erhalten (Hydroxylierung, N-Demethylierung). Sie werden dadurch unwirksam oder wasserlöslicher und damit schneller ausscheidbar. Die Glucuronidierung erfolgt in der Leber. Zu c): UDP Iduronsäure: Sie entsteht aus UDPGlucuronsäure durch Epimersierung am C5 unter *UDPGlucuronsäure-5-Epimerase* und dient zur Synthese von Dermatansulfat. Zu d): *Mucopolysaccharide:* Sie werden ausführlich in (6.8.5) behandelt.

5. *GDP-*D*-Mannose und GDP-*L*-Fucose.* Beide sind regelmäßige Bestandteile von Glykoproteinen bzw. Oligosacchariden der Milch des Menschen und Blutgruppensubstanzen. Sie entstehen in gemeinsamer Metabolsequenz: Fructose-6-Ⓟ (aus dem Glucosekatabolismus) wird unter Phosphomannose-Isomerase zu Mannose-6-Ⓟ (an C2 epimer zu Glucose), die Phosphomannose-Mutase bildet daraus Mannose-1-Ⓟ, das dann mit GTP unter Pyrophosphatabspaltung (analog der UDPGlucose-Bildung) zu GDPMannose („aktivierter Mannose") aufgebaut wird.

Nun erfolgt ein mehrgliedriger Umbau: Reduktion der primären alkoholischen Gruppe am C6 (eine $NADH_2$-abhängige Reaktion) – Epimerisierung der OH-Gruppen an C3 und C5.

6. Fructosekatabolismus. Alimentäre Fructose (aus Honig, Saccharose) wird in mehrfacher Weise metabolisiert: katabol wird *Fructose* unter *Fructokinase* und ATP-Verbrauch zu *Fructose-1-℗*, das unter *1-Phosphofructo-Aldolase* der Spaltung zwischen C3 und C4 unterliegt (analog der aldolatischen Spaltung von Fructose-1,6-di℗), zu *Dihydroxyaceton-℗* und *Glycerinaldehyd*. Dieses wird entweder unter *Alkohol-Dehydrogenase* zu *Glycerin* oder unter *Aldehyd-Dehydrogenase* zu *Glycerinsäure*. Eine *Glycerinsäurekinase* sorgt dann unter ATP-Verbrauch für die Überführung in *3-Phosphoglycerat*. – Andererseits kann Fructose auch durch *Hexokinase* direkt zu Fructose-6-℗ phosphoryliert werden. – Schließlich wird Fructose unter der $NADH_2$-abhängigen *Sorbit-Dehydrogenase* zu Sorbit, das dann unter der $NADP^+$-abhängigen *Aldose-Reductase* in Glucose übergeht. – Die Umsetzung von Fructose über die zuerst behandelte Sequenz ist, wie die des Sorbits, beim Diabetes mellitus wichtig, da die vom Insulin abhängige Glucokinase-Umsetzung nicht beansprucht wird.

7. Glucosamin, Galaktosamin und ihre nucleotid-aktivierten N-substituierten Derivate.
a) Fructose-6-℗ + GluN ⇌ Glucosamin-6-℗ + Glu; Enzym: L-Glutamin-D-Fructose-6-phosphat-Transaminase. – (Freies Glucosamin wird unter einer Kinase zum Glucosamin-6-℗).
b) Glucosamin-6-℗ + Acetyl-CoA → N-Acetylglucosamin-6-℗ + CoA; Enzym: Glucosamin-6-℗-Acetylase. – (Freies N-Acetylglucosamin wird unter einer Kinase zu N-Acetylglucosamin-6-℗).
c) N-Acetylglucosamin-6-℗ ⇌ N-Acetylglucosamin-1-℗; Enzym: N-Acetylglucosamin-phosphat-Mutase.
d) N-Acetylglucosamin-1-℗ + UTP → *UDP-N-Acetylglucosamin* + ℗-℗; Enzym: UDP-N-Acetylglucosamin-Pyrophosphorylase.
e) UDP-N-Acetylglucosamin ⇌ *UDP-N-Acetylgalaktosamin;* Enzym: UDP-N-Acetylglucosamin-4-Epimerase.
f) *Neuraminsäure.* N- und O-substituierte Neuraminsäuren = *Sialinsäuren*. N-Acetylneuraminsäure ist *Kondensationsprodukt von Pyruvat und N-Acetylmannosamin*. Letzteres entsteht entweder aus N-Acetylmannosamin-6-℗ oder N-Acetylglucosamin-6-℗ (intermediär: UDP-N-Acetylglucosamin → UDP-N-Acetylmannosamin → N-Acetylmannosamin). – *„Aktivierung" der N-Acetylneuraminsäure:*

Umsetzung mit CTP zu *CMP-N-Acetylneuraminsäure*. – Neben dem N-Acetylderivat ist auch das N-Glykolylderivat bekannt; die N-Glykolylgruppe entsteht durch Oxidation der N-Acetylgruppe.

6.8.5 Glykoproteine Mucopolysaccharide ▶ Der Oberbegriff ist: *Heteroglykane. 1. Glykosaminoglykane* sind stark anionisch, hoch hydratisierte lineare Makromoleküle. Sie erfüllen die Funktionen von *Gerüstsubstanzen des Bindegewebes* oder von *Schleimstoffen*. Die Baueinheiten sind nicht, wie bei den Homoglykanen, identische Monosaccharide, sondern *identische Disaccharide*. Diese Disaccharid-Baueinheiten sind nach speciesspezifischem Bauprinzip aus Monosaccharidderivaten zusammengesetzt: eine *Uronsäure* ist an die 3-Position einer *Aminohexose* glykosidisch gebunden. An Uronsäuren kommen D-*Glucuronsäure* und L-*Iduronsäure* vor (stereoisomer an C5 gegenüber Glucuronsäure), an Aminohexosen D-*Glucosamin* und D-*Galaktosamin*. Die H_2N-Gruppen sind acetyliert oder sulfatiert. Sulfatestergruppen sind zusätzlich vorhanden, doch schwankt ihre Zahl von Species zu Species. Die Disaccharideinheiten sind über (1–4) miteinander verknüpft, die Baueinheit-Anzahl beträgt 10^2 bis 10^3. Wir kennen mehrere Typen von Glykosaminoglykanen: *a) Hyaluronat* ist die einfachste Substanz dieser Stoffgruppe: Grundsubstanz des Bindegewebes, im Augenglaskörper, in Synovialflüssigkeit und Nabelschnur, auch in Mikroorganismen. Die Disaccharideinheiten bestehen aus β(1–3)-verbundenen Glucuronsäure- und N-Acetylglucosaminmonomeren. Das Teilchengewicht beträgt mehrere 10^6. *b) Chondroitinsulfat A*: rund 40% der Trockensubstanz des Bindegewebes, besonders des Knorpels, bestehen aus den Chondroitinsulfaten. Die Disaccharideinheit: *Glucuronsäure* und *N-Acetylgalaktosamin-4-sulfat*. *c) Chondroitinsulfat B* oder *Dermatansulfat* enthält neben *N-Acetylgalaktosamin-4-sulfat* L-*Iduronsäure*. *d) Chondroitinsulfat C*: die Disaccharideinheit besteht aus *Glucuronsäure* und *N-Acetylgalaktosamin-6-sulfat*. – Die Chondroitinsulfate sind meist mit Kollagen und anderen Proteinen symplexiert. *e) Heparin*: enthält *N-Sulfatylglucosamin* und meist *doppelt mit H_2SO_4 veresterte Glucuronsäure,* und zwar im Gegensatz zu den anderen Glykosaminoglykanen in (1–4)-Bindung. Teilchengewicht: zwischen 17×10^3 und 20×10^3. *f) Heparansulfat:* enthält im Mittel nur an jeder zweiten Glucosamineinheit einen Sulfatrest, die restlichen H_2N-Gruppen sind acetyliert. *g) Keratansulfat:* in Knorpelgewebe und Cornea. – Biologische Funktionen und Metabolismus s. (22.1).

2. Glykoproteine sind in Pflanzen- und Tierreich weit verbreitet; hierzu zählen viele Enzyme, Hormone, Serumproteine, darunter Blutgruppensubstanzen, Blutgerinnungsfaktoren, Immunoglobuline, Schleimstoffe, Membranbausteine. Ihr Bauprinzip ist grundsätzlich anders als das der Glykosaminglykane. Zunächst zählt man hierzu Proteine mit mehr als 4% Kohlenhydratanteil. Basisgerüst ist eine Polypeptidkette, die in bestimmten Abständen Ser-, Thr- oder AspN-Reste enthält. An diese sind O-glykosidisch oder N-glykosidisch (Säureamid-N des AspN) Oligosaccharidketten gebunden. Die Kohlenhydratketten sind von Heterooligo- oder Heteropoly-Struktur. Als Bausteine: D-Galaktose, D-Mannose, L-Fucose, N-Acetylhexosamin und Sialinsäuren. Sie sind meist verzweigt und nicht periodisch aufgebaut. – *Glykoproteine des Blutplasmas:* enthalten 10–25% Kohlenhydrate, das saure α_1-Glykoprotein (Orosomucoid) über 40%. Die Oligosaccharid-Seitenketten enthalten 10–15 Monomereinheiten. – *Mucoide* sind Bestandteile der Körperschleime und enthalten meist über 40% Kohlenhydrat in vielen, nur wenige Monomere zählenden Oligosaccharidketten. Das Submaxillarismucin enthält an einer Polypeptidkette viele Disaccharideinheiten: N-Acetylneuraminyl-(2-6)-N-Acetyl-galaktosamin. Im *Ovalbumin* des Eiklars sitzt ein Octasaccharidrest am N-Acetylneuraminyl-Zwischenglied, dieses wieder am AspN der Polypeptidkette. – Im *Kollagen* ist ein aus Galaktose und Glucose bestehendes Disaccharid an die HO-Gruppe des Hydroxylysins gebunden. – *Blutgruppenspezifische Substanzen* kommen in der Erythrocytenmembran als Glykosphingolipide vor, aber auch in Speichel, Magensaft, Ovarialcysten in Form von makromolekularen Glykoproteinen. Ihr Kohlenhydratanteil beträgt bis 85 %. Ihre Spezifität als Antigen-determinierende Stoffe beruht auf Oligosaccharid-Endgruppen. *3. Proteoglykane.* Hierunter versteht man Polymere, ähnlich den Glykoproteinen, nur enthalten sie in O-β-glykosidischer Bindung ein Trisaccharid Xylose-Galaktose-Galaktose, und an dessen terminaler Galaktose Chondroitinsulfat, Dermatansulfat, Keratansulfat, Heparin und Heparansulfat. Die Ketten sind unverzweigt und streng periodisch, wie beschrieben, konstruiert.

7 Lipide

7.1 Allgemeines
7.1.1 Definition

▶ Lipide sind Stoffe verschiedener chemischer Konstitution, doch von einer gemeinsamen physikalischen Eigenschaft: der *Löslichkeit* in schwach polaren oder apolaren, sogenannten *lipophilen organischen Solventien,* wie Chloroform, Benzol, Petroläther, Äther, sowie der *Unlöslichkeit* in *Wasser.* Sie kommen in allen tierischen und pflanzlichen Lebewesen vor. In den Zellen befinden sich hydrophile und lipophile „Phasen".

7.1.2 und 7.1.3 Klassifikation und Struktur

▶ *a) Neutralfette:* Acylglycerine (Fettsäureester des Glycerins, Mono-, Di- und Triacylglycerin). *b) Glycerinphosphatide:* Derivate der Acylglycerinphosphate (anstelle eines Acyls steht ein Phosphorsäurerest, an diesem meist noch ein N-haltiger Substituent). *c) Sphingolipide:* Derivate der Sphingosinphosphate (anstelle des dreiwertigen Alkohols Glycerin enthalten sie den Aminoalkohol Sphingosin, als Substituenten sind ein Fettsäurerest, ein Phosphorsäurerest, eine N-haltige Base sowie ein Mono- oder Oligosaccharid vorhanden. *d) Steroide:* Derivate des Cyclopentanoperhydrophenanthrens (Steran). *e) Carotinoide:* Isoprenpolymere. – Steroiden und Carotinoiden gab man entsprechend ihrer *Biogenese* den *Oberbegriff Polyisoprenoide* oder *Isoprenoidlipide.*

7.1.4 Funktion

▶ Neutralfette sind kalorienreiche Nähr- und Reservestoffe (Adipocyten, „Depotfett" in Bauchhöhle und Unterhautzellgewebe), sowie auch Strukturstoffe.
Lipoproteine sind Transportvehikel für Lipide im Blut und Bestandteile aller lebenden Zellen: im Cytosol, in Zellorganellen und Strukturelementen der Membranen. Sie enthalten Glycerinphosphatide, freie Fettsäuren und Triacylglycerine. Sie separieren die erwähnten hydrophilen und lipophilen Phasen, dadurch auch Separierung von Stoffwechsel-Komplexprozessen in den Zellen.
„Organfett" darf im Gegensatz zum Depotfett nicht flüssig sein, denn seine Aufgabe besteht in der Fixierung von Organen in die funktionsgerechte anatomische Position: z. B. *Nierenlager.*

Unterhautfett dient dem Schutz gegen mechanische Beschädigungen und Wärmeverluste.

Lipide des Zentralnervensystems und Gehirns. Hier trifft man hohe Lipidkonzentrationen und charakteristische Verteilungsmuster von verschiedenen Lipiden an, die auf wichtige, oft noch unbekannte, biochemische und physikalische Funktionen schließen lassen.

Steroide haben strukturelle und funktionelle Aufgaben: *Zoosterine:* Cholesterin, Gallensäuren, Steroidhormone, Vitamine, Krötengifte. − *Phytosterine:* pharmakologisch sehr wirksame Verbindungen.

Carotinoide: Vorstufen von Vitamin A, Retinol.

Oligoisoprenoidketten enthalten die Vitamine E (Tokopherol) und K (Phyllochinon).

7.2 Stoffwechsel der Fettsäuren

7.2.1 Coenzym A:

▶ Coenzym A ist gruppenübertragendes Coenzym für Acetyl- und Acylgruppentransfer, und es ist am Anabolismus und Katabolismus von Fettsäureresten (längerkettigen Acylresten) beteiligt.

7.2.2 Aktivierung

Die Überführung der chemisch *inerten freien Fettsäuren* in auf hohem Gruppenübertragungspotential stehende, reaktive *Thioesterverbindungen* − Acyl-CoA-Verbindungen − erfolgt in einer Zweischrittreaktion unter Katalyse der *Thiokinase* in den Mitochondrien.

1. $CH_3(CH_2)_n COOH$
   $+ ATP \rightarrow CH_3(CH_2)_n C(O) - AMP + ℗-℗$

2. $CH_3(CH_2)_n C(O) - AMP$
   $+ HS\overline{CoA} \rightarrow CH_3(CH_2)_n C(O) - S \sim \overline{CoA} + AMP$

Somit wird *pro Molekül Fettsäure ein ATP* verbraucht.

7.2.3 Acyl-CoA-Synthetasen

▶ Die *de-novo-Synthese* von Acyl-CoA ist im *Cytoplasma* lokalisiert, dagegen die *Kettenverlängerung* bereits vorhandener kürzerkettiger Acyl-CoA-Verbindungen in den *Mitochondrieen*.

7.2.4 Intracellulärer Acyltransport

▶ Acetyl-CoA und Acyl-CoA können im Cytoplasma ins Gleichgewicht gesetzt werden mit *Carnitin* (Trimethyl-γ-amino-β-hydroxybuttersäure). Unter Acetyl-*CoA-carnitin-Transferase* bzw. *Acyl-CoA-carnitin-Transferase* entstehen *Acetyl-carnitin* bzw. *Acyl-carnitin*. Der Acetylrest kann auch gegen den Acylrest ausgetauscht werden. Die Carnitinverbindungen penetrieren die Mitochondrienmembran. Jenseits derselben wird Carnitin wieder gegen CoA ausgetauscht. Carnitin ist also ein diamembranöses Transportvehikel für Acetyl- bzw. Acylreste.

7.2.5 β-Oxidation

7.2.5.1 Lokalisation

▶ Der Fettsäurenkatabolismus („*β-Oxidation*") vollzieht sich *intramitochondrial* an einem aus vier Einzelenzymen bestehenden Enzymkomplex.

7.2.5.2 Reaktionsschritte

1. Eine Acyl-CoA-Verbindung wird durch ein Flavinenzym, die *Acyl-CoA-Dehydrogenase,* dehydriert, wobei eine α,β-ungesättigte Acyl-CoA-Verbindung entsteht.
2. Die α,β-Doppelbindung wird durch *Enoylhydratase* hydratisiert, es entsteht eine β-Hydroxyacyl-CoA-Verbindung.
3. Die sekundäre β-HCOH-Gruppe wird nun durch *β-Hydroxyacyl-CoA-Dehydrogenase* zur β−C(=O)-Gruppe, die Reduktionsäquivalente werden von NAD^+ übernommen.
4. Aus der so entstandenen β-Ketoacyl-CoA-Verbindung wird durch die *β-Keto-Thiolase* in „thioklastischer" Reaktion ein Acetyl-CoA abgetrennt, indem der nun um 2 C-Atome kürzere Acylrest auf freies CoA übertragen wird. Diese CoA-Verbindung macht nun den vierstufigen β-Oxidationsweg erneut durch, bis zuletzt aus Butyryl-CoA zwei Acetyl-CoA entstehen. Der mitochondriale Acylkatabolismus ist *reversibel,* und als Anabolismus fungiert er im wesentlichen als *Kettenverlängerung.* Hierzu wird aber für die Hydrierung der α,β-ungesättigten Acyl-CoA-Verbindung ein anderes Enzym tätig als für die *Dehydrierung: Enoyl-CoA-Reduktase,* die sowohl $NADH_2$ als auch $NADPH_2$ als Zubringer von Reduktionsäquivalenten verwenden kann. Die Existenz zweier Enzyme für Dehydrierung und Hydrierung der α,β-Position erlaubt die regulative Umschaltung des Metabolvektors zwischen Kata- und Anabolismus.

7.2.5.3 H-Acceptoren

▶ Wasserstoffacceptoren sind bei Reaktionsschritt 1: $FAD(\rightarrow FADH_2)$, bei Reaktionsschritt 3: $NAD^+(\rightarrow NADH_2)$.

7.2.5.4 Energiebilanz

▶ Bei der Aktivierung der Fettsäuren zum Acyl-CoA wird 1 ATP pro Molekül *verbraucht.* Beim Acylkatabolismus werden beim Reaktionsschritt 1 je $FADH_2$ via Atmungskette 2 ATP und beim Reaktionsschritt 3 je $NADH_2$ via Atmungskette 3 ATP, also insgesamt 5 ATP pro *C2-Einheit der Acylkette* gewonnen.

7.2.5.5 Spaltprodukte

▶ Beim Acylkatabolismus ungeradzahliger C-Atome werden jeweils C2-Einheiten in Form von Acetyl-CoA abgespalten, bis zuletzt *Propionyl-CoA* übrigbleibt. - Propionyl-CoA unterliegt der Carboxylierung durch *Propionyl-CoA-Carboxylase* und Carboxybiotin als C1-Zubringer, es entsteht *Methylmalonyl-CoA.* Für dessen Abwandlung gibt es zwei Möglichkeiten:

a) Isomerisierung zu Succinat durch eine Methyltransferase, die ein *Cobalamin-Coenzym* enthält.
b) Methylmalonyl-CoA + Pyruvat ⇌ Propionyl-CoA + Oxalacetat unter Methylmalonyl-CoA-Carboxyltransferase. Im b-Fall handelt es sich um eine Katalyse der Carboxylierung des Pyruvats.

7.2.6 Synthesen
7.2.6.1 Fettsäuresynthetase
7.2.6.2 Acetylgruppentransfer
7.2.6.3 Primärreaktion
7.2.6.4 und 7.2.6.5 Einzelschritte

▶ Der Fettsäure-Synthetase-Komplex (Multi-Enzym-Komplex) liegt im Cytoplasma (Mikrosomenfraktion).
Acetyl-CoA + Carnitin ⇌ Acetyl-carnitin + CoA, dann Durchwanderung der Mitochondrienwand ins Cytoplasma, dort umgekehrter Acetylgruppenaustausch.
Aus Acetyl-CoA entsteht *Malonyl-CoA* durch die *Acetyl-CoA-Carboxylase*, die Carboxybiotin als C1-Zubringer braucht. Bindungsstellen des Fettsäuren-Synthetase-Komplexes für die Intermediate sind eine *zentrale* und eine *periphere* HS-Gruppe.

1. Übertragen des *Malonyl*restes vom CoA auf die *zentrale* HS-Gruppe.
2. Übertragen des *Acetyl*restes auf die *periphere* HS-Gruppe.
3. Transfer des Acetylrestes von der Peripherieposition auf das S-C-Atom des S-Malonyl-Enzymkomplexes in der Zentralposition unter Decarboxylierung. Es entsteht ein *Acetoacetyl*rest am zentralen S-Bindungspunkt.
4. Hydrierung des *Acetoacetyl*restes durch $NADPH_2$ zum β-*Hydroxybutyryl*rest.
5. Wasserabspaltung, es entsteht der korrespondierende α,β-ungesättigte Thioester in der trans-Konfiguration.
6. Hydrierung zum *S-Butyryl*-Rest durch $FMNH_2$, das aber die Reduktionsäquivalente von $NADPH_2$ bekommt.
7. Übertragung des Butyryl-Restes auf die *periphere* HS-Gruppe des Enzymkomplexes.

Der erste Cyclus ist durchlaufen. Der zweite beginnt, wie Reaktionsschritt 1, mit der Übertragung eines weiteren Malonylrestes auf die *zentrale* HS-Gruppe. Der Folgeschritt ist dann analog Reaktionsschritt 3, der Transfer des Butyrylrestes von der peripheren auf die zentrale Position. Beim ersten Durchlauf wurde aus C2 + C2 = C4, beim zweiten Durchlauf C4 + C2 = C6, usw., bis die Acylkette eine bestimmte Länge (meist C_{16}) erreicht hat. Sie wird dann vom Synthetase-Komplexweg auf CoA übertragen. Zur Bildung eines Palmityl-CoA durch siebenfachen Cyclusumlauf unter Addition von 7 × C2-Einheiten sind sieben Malonyl-CoA-Moleküle notwendig, die aus Acetyl-CoA-Molekülen gebildet werden mußten. Zu den Reduktionsschritten sind 7× je 2 Moleküle $NADPH_2$ notwendig, die überwiegend aus den Dehydrierungsschritten des Pentosephosphatweges stammen (6.6).

7.2.6.6 ► Überangebot an *Acetyl-CoA* aus *Kohlenhydratkatabolismus*
Regulation (oxidative Decarboxylierung von Pyruvat) oder *Aminosäurenkatabolismus* (ketogene Aminosäuren) wird durch *Acetylanabolismus* aufgefangen. Intracelluläre Regulantien dieses Vorganges: *a) Schrittmacherenzym* ist *Acetyl-CoA-Carboxylase*, ein allosterisches Enzym, das durch *Citrat aktiviert*, durch *längerkettige Acyl-CoA-Verbindungen gehemmt* wird. In Mitochondrien anstauendes Citrat (infolge Hemmung der Isocitrat-Dehydrogenase durch intramitochondrialen Pegelanstieg an ATP) tritt ins Cytoplasma über. Pegelanstieg an längerkettigen Acyl-CoA bewirkt Rückkopplungshemmung (Endprodukt → Anfang einer Metabolsequenz). *b) Malonyl-CoA-Bildung ist ATP-abhängig.* Sinkt der Pegel von cytoplasmatischem ATP (aus Glykolyse oder Atmungskette und extramitochondrialem Energietransport), so nimmt auch die Bildungsgeschwindigkeit von Carboxybiotin ab. *c) Limitierung durch Pegelabfall an NADPH$_2$* (aus Pentosephosphatweg, Malatenzym-Reaktion: Malat → Pyruvat oder cytoplasmatischer Isocitratdehydrogenase-Reaktion). Bei NADPH$_2$-Karenz bleibt der Acylanabolismus bei *Acetyl-CoA* stehen, das über *Acetoacetat zum Anstieg von Ketonkörpern* führt. Ein Mindestmaß an Glucoseumsatz zum Zwecke der *ATP*-(Glykolyse) und *NADPH$_2$*-(Pentophosphatweg)*Lieferung* darf nicht unterschritten werden, um metabol anfallendes Überschuß-Acetyl-CoA, das katabol nicht beseitigt werden kann, anabol abzufangen. *d) extracelluläre Regulation durch Insulin*, s. (11.7). Acylanabolismus und -katabolismus sind zellorganell getrennte Vorgänge, in Reaktionsmechanismen verschieden und somit mehrgliedrig gegeneinander auszuregulieren.

7.3 ► Die Triacylglycerinbildung erfolgt über *Phosphatidat* aus
Stoffwechsel Acyl-CoA-Verbindungen und sn-Glycerin-3-℗ (sn = stereo-
der Triglyceride spezifisch numeriert). Letzteres entsteht auf zweierlei Weise:
7.3.1 a) von der lipatischen Spaltung alimentärer Triacylglycerine
Synthese her vorhandenes freies Glycerin wird durch eine *Glycerinki-*
7.3.1.1 und 7.3.1.2 *nase* unter Verbrauch von ATP zu Glycerin-3-℗. Glycerinkinaseaktivität ist in Leber, Niere und Herzmuskel nachweisbar, aber nicht im Fettgewebe. Dort durch Triacylglycerinhydrolyse frei gewordenes Glycerin muß zur Wiederverwertung erst zur Leber transportiert werden. b) Aus dem Glucosekatabolismus verfügbares *Dihydroxyaceton*-℗ wird unter *Glycerophosphat-Dehydrogenase* und NADH$_2$ ins Gleichgewicht mit Glycerin-3-℗ und NAD$^+$ gesetzt. Das Enzym ist in Fett- und Mucosagewebe vorhanden.

Die *Acyl-CoA-Glycerin-3-phosphat-Acyltransferase* überträgt zwei Acylreste auf den Acceptor unter Bildung von *Phosphatidat*. Das Enzym ist nicht spezifisch für Acylreste bestimmter Kettenlänge, es werden aber Reste mit C16 und C18 bevorzugt. Darauf spaltet *Phosphatidat-Phosphohydrolase* aus Phosphatidat Ⓟ ab, es entsteht *Diacylglycerin*. Die Acyltransferase überträgt nun einen dritten Acylrest, jetzt ist *Triacylglycerin* gebildet.

7.4 ▶ Stoffwechsel der Phosphatide

Das Verteilungsprofil der Acylreste ist für die Molekelspecies jeweils hochspezifisch und charakteristisch. Ausgangssubstanz ist sn-Glycerin-3-Ⓟ. Seine Acylierung erfolgt durch ein Transacylase-Enzymsystem, in dem zwei verschiedene Enzyme wirksam sind: *Glycerophosphat-Transacylase* und *1-Acylglycerophosphat-Transacylase*. Beide besitzen spezifische Erkennungsregionen für Acylreste und die Acylpositionen

7.4.1 und 7.4.1.1 ▶ des Glycerin-3-Ⓟ zugleich. Seine C1-Position wird spezifisch fast nur mit gesättigten Acylresten besetzt. In die C2-Position kommen ein- und mehrfach ungesättigte Acylreste. Reaktionsprodukt ist *Phosphatidat* (Diacylglycerinphosphat). Das spezifische Diacylglycerinphosphat nimmt eine zentrale Position im Phospholipidmetabolismus ein. – Wie beim Triacylglycerinmetabolismus wird nun das Ⓟ durch Phosphatidat-Phosphohydrolase entfernt. Reaktionsprodukt ist Diacylglycerin. – Die Bildung von *Cholindiacylglycerinphosphat (Lecithin)* erfolgt durch Übertragung eines *Phosphorylcholin*-Restes aus *Cytidindiphosphatcholin (CDPCholin)* auf Diacylglycerin. Die Bildung von *Äthanolamin-diacylglycerinphosphat (Kephalin)* vollzieht sich analog durch Übertragung des *Phosphoryläthanolamin-Restes* aus *Cytidinphosphatäthanolamin (CDP-Colamin)* auf Diacylglycerin.

7.4.1.2 Cholin, Colamin, Serin ▶ 1a) Cholin + ATP → Phosphorylcholin + ADP, Phosphorylcholin + CTP → CDPCholin + Ⓟ-Ⓟ.

1b) Äthanolamin analog obiger Reaktionsschritte.

Zur Synthese des *Serin-diacylglycerinphosphats* wird umgekehrt Diacylglycerinphosphat durch Reaktion mit CTP umgesetzt, wobei *CDP-Diacylglycerinphosphat* und Ⓟ-Ⓟ entstehen. Der auf hohem Gruppenübertragungspotential stehende Diacylglycerinphosphorylrest wird nun auf Serin übertragen, wobei Serin-diacylglycerinphosphat (*Phosphatidyl-serin*) entsteht. – In einer Pyridoxalphosphat-abhängigen Reaktion kann dieses zum *Äthanolamindiacylglycerinphosphat* decarboxyliert werden. – Durch Übertragung von drei H_3C-Gruppen aus S-Adenosylmethionin kann es in *Cholindiacylglycerinphosphat* übergeführt werden.

7.5 Stoffwechsel der Sphingolipide ▶ Palmityl-CoA wird zum Palmitylaldehyd reduziert und mit Serin kondensiert (Pyridoxalphosphat-abhängige Reaktion), Serin wird decarboxyliert, wobei zunächst *Sphingamin* (Dihy-

7.5.1 Biosynthese ▶ drosphingosin) entsteht. Reduktion durch hydriertes Flavoproteinenzym ergibt dann Sphingosin.

7.5.2 Lipoidosen (Speicherkrankheiten) ▶ *a) Bei der Nieman-Pick-Krankheit* häuft sich infolge Fehlens eines Ceramid-Phosphorylcholin-spaltenden Enzyms in Hirn, Leber und Niere *Sphingomyelin* an.
b) Bei der Tay-Sachs-Erkrankung (Amaurotische Idiotie) häuft sich infolge Fehlens von spezifischen β-N-Acetylhexosaminidasen in Hirn, Leber und Milz ein *Gangliosid* an.
c) bei der Fabry-Erkrankung kommt es infolge Fehlens von α-Galaktosidase zur Anhäufung von *Ceramidtrihexosid* in Nervensystem, Niere, Herzmuskel und Blutgefäßen.
d) Die Gaucher-Erkrankung ist gekennzeichnet durch Akkumulierung eines *Cerebrosids* (Ceramid-β-Glucose) in Leber, Milz, Knochenmark und Lymphknoten, da β-Galaktosidase fehlt.
e) Ebenfalls ist die Krabbe-Erkrankung (Leukodystrophie) durch Anhäufung eines Cerebrosids (Ceramid-β-Galaktose) im Nervensystem gekennzeichnet, der Enzymdefekt betrifft eine spezifische β-Galaktosidase.
f) Bei der Scholz-Erkrankung fehlt eine spezifische Sulfatase; in Zentralnervensystem, Niere, Harnblase und Gallenblase häuft sich ein *Sulfatid* (Ceramid-Galaktosesulfat) an.

7.6 Ketonkörper
7.6.1.1 - 7.6.1.3 Ketonkörperbildung ▶ a) In der Leber wird *Acetoacetyl-CoA* mit *Acetyl-CoA* unter Aufrichtung der Doppelbindung des Ketosauerstoffs und Abspaltung von CoA zu β-*Hydroxy-β-methylglutaryl-CoA* kondensiert (s. Cholesterin-Biosynthese, 7.7). Nun wird wieder Acetyl-CoA abgespalten, aber nicht als Umkehrung der Kondensation, unter Bildung von *Acetoacetat*. Als Bilanz ergibt sich die Umwandlung von zwei Molekülen Acetyl-CoA in ein Molekül Acetoacetat und zwei Moleküle CoA. b) Eine weitere Bildungsmöglichkeit in *Niere* und *Muskel* besteht in der Transacylierung mit Succinat: Acetoacetyl-CoA + Succinat $\rightleftharpoons$ Succinyl-CoA + Acetoacetat. c) Eine hydrolysierende Deacylase setzt aus Acetoacetyl-CoA direkt Acetoacetat frei. Alle Reaktionen a-c sorgen für rasches Abtragen angestauten Acetoacetyls und dafür, daß gebundenes CoA wieder in den Betrieb kommt.

„Ketonkörper" ist ein klinisch gebräuchlicher Begriff. Er subsumiert, außer *Acetoacetat*, noch daraus durch spontane Decarboxylierung entstehendes *Aceton*, sowie durch die Wirkung einer β-Hydroxybutyrat-Dehydrogenase gebildetes β-*Hydroxybutyrat*. - Acetoacetat entsteht außer nach den obigen Reaktionsmechanismen a-c auch noch

beim Katabolismus von ketogenen sowie gluco- und ketogenen Aminosäuren: (4.5).
Verstärkte Ketonkörperbildung tritt physiologisch beim *Hunger* und pathologisch beim *Diabetes mellitus* ein. Sind die Glykogenreserven in der Leber verbraucht, mobilisiert der Organismus die Lipiddepots: die Konzentrationen an Lipiden und freien Fettsäuren steigen im Blut an. In der Leber verläuft der *Acylkatabolismus* schneller als Acetyl-CoA-Katabolismus im Citratcyclus. *Acylanabolismus ist gebremst,* weil a) infolge gebremsten Pentosephosphatweges der $NADPH_2$-Pegel abgefallen ist, b) der hohe Acyl-CoA-Pegel die Acetyl-CoA-Carboxylase bremst. – Die diabetogene Ketonkörperbildung ist ähnlich derjenigen im Hungerzustand, nur liegt *kein Glucosemangel* sondern eine *Glucoseverwertungsstörung* vor.

7.6.2
Ketoacidose
7.6.2.1 und 7.6.2.2

▸ Acetoacetat und β-Hydroxybutyrat beanspruchen als Anionen die Kationenkonzentration – *Alkalireserve* – des Blutes; sie kann nun nicht mehr ihre normale Funktion als Gegenionen für den HCO_3^--Transport ausüben. So kann es bei hoher Belastung des Säure-Basenhaushaltes zu Acidose, im Gewebe zu Hypercarbie und dadurch zum klinischen Syndrom des Coma diabeticum kommen, wobei die narkotische Wirkung des Acetons beteiligt ist.

7.6.3
Physiologische Rolle

▸ Acetoacetat + $NADH_2$ ⇌ β-Hydroxybutyrat + NAD^+, Enzym: β-Hydroxybutyrat-Dehydrogenase.

7.6.3.1
Ketogenese-Ketolyse

▸ Die *„Ketogenese"* erfolgt vorzugsweise in der *Leber,* die *„Ketolyse"* außer in der Leber auch in *Niere* und *Muskel.*

7.6.3.2
Diabetes mellitus

▸ Ist gleichbedeutend mit 7.6.1.3

7.6.3.3
Ketogenese – Hormone

▸ a) Unter erhöhtem *Adrenalin-* und *Noradrenalin-Pegel* des Blutes steigt die Aktivität der *Adenylatcyclase* an und damit auch der A-3:5-MP-Pegel im Fettgewebe. Die Fettgewebslipase ist aktiviert, die freien Fettsäuren im Blut steigen an. *Acyl-CoA-Katabolismus verläuft schneller als Acetyl-CoA-Katabolismus,* wie beim Hunger. So steigt neben den freien Fettsäuren auch der Ketonkörpergehalt des Blutes an, und infolge erhöhten Kohlenhydratumsatzes (die Glykogenreserve der Leber ist nicht aufgezehrt) auch der *Lactat*-Gehalt.

Insulinmangel erzeugt cellulären Glucosemangel infolge ungenügender Glucoseaufnahme und verhindert *Acylanabolismus* (Fettsäuresynthese), erhöht *Lipidabbau in Fettge-*

webe, erhöht Gehalt des Blutes an freien Fettsäuren, mit weiterer Kausalkette wie oben beschrieben.
Glukagon gleicht in seiner Wirkung auf Kohlenhydrat- und Fettsäurenmetabolismus dem Adrenalin, nur wirkt es selektiv auf die Leber und nicht auf die Muskulatur.
Somatotropes Hormon wirkt im Kohlenhydratmetabolismus insulinantagonistisch, d.h. diabetogen.
Glucocorticoide veranlassen Mobilisieren der Lipiddepots, dadurch Anstieg der freien Fettsäuren im Blut. Die Oxidationsvorgänge sind gebremst. Der Proteinkatabolismus wird aktiviert, dadurch werden mehr glucogene und ketogene Aminosäuren bereitgestellt.
Der Glucoseanabolismus ist erhöht, in der Leber auch der Glykogenanabolismus, aber der Glucosekatabolismus ist gehemmt = „Steroiddiabetes".
Adrenocorticotropes Hormon: unter seiner Wirkung sind Bildung und Blutabgabe an Glucocorticoiden vermehrt.

7.6.4
Abbau
(Ketolyse)

▶ Bei normalem Glucosekatabolismus über die beiden Hauptwege (Glykolyse, Pentosephosphatweg) entstehen nur geringe Mengen an Ketonkörpern. *Kohlenhydrate wirken antiketogen und ketolytisch.* β-Hydroxybutyrat wird durch die beschriebene Reaktion zu Acetoacetat dehydriert, letzteres durch *Acetoacetyl-CoA-Synthetase* unter Einbezug von CoA und ATP in Acetoacetyl-CoA (+ AMP und ℗-℗) übergeführt. Auch ist die ebenfalls beschriebene Austauschreaktion mit Succinyl-CoA unter β-Ketosäure-CoA-Transferase umkehrbar. Acetoacetyl-CoA wird thioklastisch in zwei Acetyl-CoA gespalten.

7.7
Cholesterin
7.7.1
Membranstruktur

▶ Die Zellmembran ist ein 7,0-9,0 mm dickes, äußerst diffizil strukturiertes Organell, an dessen Aufbau Proteine, Glykoproteine, Glykolipide, Phospholipide, Triacylglycerine und Cholesterin beteiligt sind.
Zur Membranfestigung trägt wesentlich die Kondensation der Lipidteile mit Cholesterin bei. Hierdurch wird die Beweglichkeit der Acylreste eingeschränkt. Der „condensing effect" ist auch abhängig von der Natur der Acylreste und ihren Paarungen in den Phospholipidmolekeln. Alle natürlichen Phospholipide mit *einem* ungesättigten Acylrest im Molekül haben in Gegenwart von Cholesterin eine geringere Raumbeanspruchung. – Cholesterin trägt also, seiner Molekelstruktur und der raumorientierten van-der-Waals-Beziehungen entsprechend, wesentlich zur Membranstruktur und -funktion bei, wobei „Membran" als Oberbegriff für zweidimensionale Funktionseinheiten aller Zellen zu verstehen ist.

7.7.2 Stoffwechsel

▶ Die Hauptmenge des endogenen (und exogenen) *Cholesterins* wird mit der Gelle in das Duodenum abgegeben, ein kleinerer Teil dieses Cholesterins hilft bei der Lipidresorption, der größere wird durch die Darmbakterien zu *Koprosterin* reduziert und mit den Faeces ausgeschieden. In der *Leber* wird die dem endogenen Metabolismus zugeführte Hauptmenge des Cholesterins unter Aboxidation der drei C-Atome des Isopropylendes der Seitenkette zu den kernhydroxylierten Cholansäuren = *Gallensäuren,* deren Hauptmenge ebenfalls mit den Faeces den Körper verläßt. *Nebenniere, Ovar* und *Testes* führen Cholesterin in *Progesteron* über, der Ausgangssubstanz für die Steroidhormone.

Cholesterin ist Vorstufe eines der *Provitamine D*. In der *Haut* wird Cholesterin enzymatisch zum *7-Dehydrocholesterin* dehydriert, das durch UV-Licht durch Aufspaltung des B-Ringes in *Präcalciferol* übergeht, das nun kein Steroid mehr ist, s. (13.12).

7.7.3 Transport

▶ Im Blutplasma liegt Cholesterin zu 50 - 60 % als Fettsäureester, zum anderen Teil in freier Form vor. Der Gesamtcholesteringehalt des Plasmas beträgt 160 - 230 mg/100 ml und steigt mit zunehmendem Lebensalter an. Verestertes Cholesterin: 120 - 180 mg/100 ml. Ein großer Teil des Gesamtcholesterins ist in der "low density lipoprotein"-Fraktion gebunden.

7.7.4 Veresterung

▶ Die *Veresterung* des Cholesterins erfolgt in der *Leber* durch *Lecithin-Cholesterin-Acyltransferase:* Cholin-diacylglycerin-phosphat (Lecithin) + Cholesterin $\rightleftharpoons$ Cholinmonoacyl-glycerin-phosphat (Lysolecithin) + Cholesterinester. – Im Blutplasma gibt es eine weitere Acyltransferase, die den gleichen Acylaustausch katalysiert. – Sinkt der Quotient Estercholesterin/freies Cholesterin im Blutplasma ab, liegt eine Leberschädigung vor.

7.7.5 Blutspiegel

▶ Nahrungscholesterin hemmt durch einen Rückkopplungsmechanismus die endogene Cholesterinbiosynthese, ohne den Blutcholesterinspiegel zu senken. Allosterischer Receptor, und damit Schrittmacherenzym für diese Biosynthese ist die β-Hydroxy-β-methylglutaryl-CoA-Reduktase.
– Kohlenhydrat- und fettreiche Nahrung stimulieren die Cholesterinbiosynthese infolge erhöhter Produktion von Acetyl-CoA und Acetoacetyl-CoA; der Blutpegel „spiegelt" diesen Vorgang wieder.

7.7.6 Biosynthese

▶ *Cholesterinanabolismus* vollziehen praktisch alle Körperzellen mit unterschiedlicher Aktivität. Am aktivsten sind

7.7.6.1 die Leberparenchymzellen und die Zellen der Darmmucosa. Das Gesamtenzymsystem ist im Cytoplasma lokalisiert. Der Mensch bildet am Tag 1-2 g Cholesterin.

Anabolsequenz:
1. Ein kondensierendes Enzymsystem setzt Acetoacetyl-CoA mit Acetyl-CoA zu *β-Hydroxy-β-methylglutaryl-CoA* um (s. Acetoacetat-Ketonkörper-Bildung: 7.6).
2. Die bereits als Schrittmacherenzym erwähnte *β-Hydroxy-β-methylglutaryl-CoA-Reduktase* benötigt $NADPH_2$ und reduziert die vorgenannte Verbindung unter Abspaltung von CoA zu *Mevalonat*.
3. Die *Mevalonsäurekinase* bildet unter zweifachem ATP-Verbrauch *Mevalonat-5-pyrophosphat*.
4. Eine *Anhydrodecarboxylase* führt zwei Molekeln des Intermediats aus Reaktionsschritt 3 unter ATP-Verbrauch und Abspaltung von H_2O und CO_2 in *Isoprenylpyrophosphat* (Isopentenylpyrophosphat) und *Prenylpyrophosphat* (Dimethylallylpyrophosphat) über, die beide auch durch eine Isomerase ins Gleichgewicht miteinander gesetzt werden.
5. Diese beiden Molekeln werden unter Pyrophosphatabspaltung („Kopf-an-Schwanz-Kondensation") zu *Geranylpyrophosphat*.
6. Dieses nimmt ein weiteres Isoprenylpyrophosphat an und geht dadurch in *Farnesylpyrophophat* über.
7. Farnesylpyrophosphat wird zu *Nerolidylpyrophosphat* isomerisiert.
8. Letzteres kondensiert („Kopf-an-Kopf-Kondensation") mit einer Molekel Farnesylpyrophosphat unter Abspaltung beider Pyrophosphate und gleichzeitiger Reduktion mit $NADPH_2$ zu *Squalen*.
9. Die weiteren Sequenzschritte: Squalen → Lanosterin → Zymosterin → Desmosterin → Cholesterin.

7.7.6.2 Regulation ► Schrittmacherenzym ist die mehrfach erwähnte β-Hydroxy-β methylglutaryl-CoA-Reduktase. Vgl. (7.7.5).

7.7.7 ► s. (7.7.2)

7.8 Gallensäuren ► Gallensäuren werden in der Leber aus Cholesterin synthetisiert:

7.8.1 Bildung ► 1. Die Δ^5-Doppelbindung wird hydriert.
2. Die 3β-OH-Gruppe wird zur 3α-OH-Gruppe isomerisiert.
3. Die Positionen 7 und 12 werden stufenweise hydroxyliert, es entstehen *3α, 7α-Dihydroxykoprostan* und *3α, 7α, 12α-Trihydroxykoprostan*.

4. Aus beiden wird durch β-*Oxidation unter Abspaltung von Propionat Chenodesoxycholat* (3α, 7α-Dihydroxycholanat) und *Cholat (3α, 7α,* 12α-Trihydroxycholanat).

5. Über Chenodesoxycholyl-CoA und Cholyl-CoA entstehen durch Paarung mit Taurin oder Glykokoll: *Taurochenodesoxycholat, Glykochenodesoxycholat* bzw. *Taurocholat, Glykocholat.*

Aus Chenodesoxycholat entsteht durch mikrobielle Reduktion (im Darmtrakt; enterohepatischer Kreislauf) *Lithocholat* (3α-Hydroxycholanat), aus Cholat durch den gleichen Vorgang *Desoxycholat* (3α, 12α-Dihydroxycholanat) bzw. *Glykodesoxycholat.*

7.8.2 ▶ Wie unter Reaktionsschritt 5 beschrieben, werden unter
Konjugation Verbrauch von ATP die unkonjugierten Gallensäuren in die auf hohem Gruppenübertragungspotential stehenden CoA-Verbindungen übergeführt und darauf mit den Aminogruppen von Gly oder Tau säureamidartig verbunden.

7.9 ▶ werden im 11. Kapitel „Hormonelle Regulation" behandelt.
Steroidhormone
7.10 Die *Lipoproteine* werden in der Leber gebildet. Hier werden
Lipoproteine die drei spezifischen *Apolipoproteine A, B und C* synthetisiert, ebenso die Lipidbestandteile *Triacylglycerine, Cholesterin, Cholesterinester* und *Phospholipide.* Ihre Aufgabe
7.10.1 ist der Lipidtransport von der Leber zu den verbrauchenden und speichernden Organen. Weiteres s. (16.5.2).
Bildungsort und Funktion

7.10.2 ▶ Die *freien Fettsäuren* im Serum werden von der Albumin-
Unveresterte fraktion adsorbiert und transportiert. Ein Albuminmolekül
Fettsäuren kann neun Stearinsäuremoleküle binden, s. (16.5.1.2).

7.10.3 ▶ Wahrscheinlich die in den Capillarwänden der Blutgefäße
Lipoprotein- lokalisierte *Lipoprotein-Lipase* baut *Chylomikronen* ab, die
Lipase nach einer fettreichen Mahlzeit das Plasma trüben und daher auch *Klärfaktor* genannt wird. Sie baut aber auch die drei weiteren Klassen von Lipoproteinen stufenweise ab: die „very low density lipoproteins" (VLDL), die „low density lipoproteins" (LDL) und die „high density lipoproteins" (HDL), s. (16.5). – *Heparin* erhöht die Aktivität der Lipoprotein-Lipase.

8 Biologische Oxidation

Allgemeines
8.1.1
Oxidoreduktionsvorgänge

8.1 ▶ *Oxidation* ist der *Entzug von Elektronen, Reduktion* die *Aufnahme von Elektronen,* unabhängig von allen begleitenden Sekundärvorgängen. Demgemäß ist ein Redoxprozeß die *Elektronenübertragung* von einem *Elektronendonator* auf einen *Elektronenacceptor* oder: die Gleichgewichtseinstellung zwischen zwei chemischen Systemen, die unterschiedliche *Elektronenaffinitäten* haben. Je nach Milieubedingungen, anwesenden Effektoren und Elektronenaffinitäten der austauschenden chemischen Partner liegt das Gleichgewicht „im Mittelbereich" oder stark nach einer Seite, meist der des Acceptors, verschoben.

In seither formulierten Dehydrierungsreaktionen waren *Elektronendonatoren* verschiedene Metabolite, und der meist erwähnte *Elektronenacceptor* war NAD^+. In der „reduzierten" Form wurde er als $NADH_2$ symbolisiert. In Wirklichkeit müssen wir aber $NADH + H^+$ hinschreiben, was wir verstehen, wenn wir den Redoxvorgang dreistufig verlaufend formulieren:

1. $\overline{R\text{-}\underset{H}{\overset{H}{C}}\text{-}O\text{-}H} \quad -\overline{H^+} \rightleftharpoons R\text{-}\underset{H}{\overset{H}{C}}\text{-}O^-$

2. $R\text{-}\underset{H}{\overset{H}{C}}\text{-}O \quad -H^- \rightleftharpoons R\text{-}\underset{+}{\overset{H}{C}}\text{-}O^- \rightleftharpoons R\text{-}C\underset{O}{\overset{H}{\diagdown}}$

3. $NAD^+ + H^- \rightleftharpoons \underline{NADH}$

*über*strichen: Ausgangsstoffe, *unter*strichen: Endprodukte. Die Gleichgewichtslage 1-3 soll stark rechts sein. NAD^+ hat von dem Elektronendonator zwei Elektronen e und ein Proton H^+, die zusammen ein *Hydridion H^-* bilden, übernommen = *Zwei-Elektronen-Übergang*.
Die Sauerstoffmolekel ist ein Biradikal: $\cdot \overline{\underline{O}} | \overline{\underline{O}} \cdot$.

Sie vermag in zwei Stufen je zwei Elektronen aufzunehmen. In der ersten Stufe entsteht ein Peroxyl-Ion O_2^{2-}, in der zweiten Stufe entstehen daraus $2\ O^{2-}$. Die Reduktion von O_2 durch zwei Hydridionen und das Abfangen von $2\ H^+$ läßt sich, unabhängig vom Vehikel, so formulieren:

1. $O_2 + 2\ H^- \rightarrow 2\ O^{2-} + 2\ H^+$

2. $2\ O^{2-} + 4\ H^+ \rightarrow 2\ H_2O$

Läßt man auch noch H^+ als Elektronenvehikel weg, so:

1. $O_2 + 4\ e \rightarrow 2\ O^{2-}$

2. $2\ O^{2-} + 4 H^+ \rightarrow 2 H_2O$

8.1.2 Redoxpotentiale

▶ Nach obigen Formulierungen hat NAD^+ eine größere Elektronenaffinität als RCH_2OH, und O_2 hat eine größere Elektronenaffinität als $NADH_2$. Man mißt den „Elektronendruck" in einer *elektrochemischen Redoxkette*. Sie besteht aus zwei Halbzellen. Die *Wasserstoffzelle* ist das Bezugssystem: eine Pt-Elektrode in 1 n HCl-Lösung, die von unten mit gasförmigem Wasserstoff beperlt wird. Die *Meßzelle* enthält ebenfalls eine Pt-Elektrode in einer 1 molaren Lösung des Redoxsystems, von dem die Hälfte in der oxidierten Form, die andere Hälfte in der reduzierten Form vorliegt. Beide Halbzellen sind durch einen KCl-Agar-Heber elektrolytleitend miteinander verbunden. Die Pt-Elektroden verbindet man mit einem Kupferdraht, zwischen den ein Potentiometer geschaltet ist. Hat das Redoxsystem eine größere Elektronenaffinität als die Pt-Elektrode in der Wasserstoffzelle, so fließen Elektronen von der letzteren zur ersteren. Das Potentiometer zeigt ein Potential an, dessen Höhe proportional der Elektronenaffinität des Redoxsystems ist. Hat das Redoxsystem eine kleinere Elektronenaffinität als die Pt-Elektrode der Wasserstoffzelle, dann fließt der Elektronenstrom umgekehrt. Die Strömungsrichtung zeigt also an, wie sich das *Redoxsystem* gegenüber dem *Potential der Wasserstoffzelle verhält.*

Unter den beschriebenen Experimentalbedingungen erhält man das *Normalpotential* E_o. Für den Fall, daß andere als äquimolare Konzentrationsrelationen vorliegen, ergibt sich das *Realpotential* E_n, für die die *Nernst-Gleichung* lautet

$$E_n = E_o + \frac{RT}{n \cdot F}\ \ln\ \frac{c_{ox}}{c_{red}}$$

R = Gaskonstante, T = abs. Temperatur, n = Anzahl der übertragenen Elektronen, F = Ladungsmenge pro Mol = 96500 Coulomb. c_{ox} und c_{red} = molare Konzentrationen der Redoxsubstanz im oxidierten bzw. reduzierten Zustand. Die Lage der Redoxpotentiale auf der Redoxskala läßt erkennen, welches System eine größere Elektronenaffinität hat, welches also gegenüber dem anderen als Oxidans wirkt. Im biologischen Bereich ist H^- das stärkste Reduktans und O_2 das stärkste Oxidans.

8.1.3
Redoxpotentiale und Freie Energie

▶ Die *Differenz zweier Redoxpotentiale* ΔE_o ist ein Maß für die *Freie Energie*, die verfügbar wird, wenn ein Elektronenstrom von einem Redoxsystem zu einem anderen fließt:

$$\Delta G_o = -n \cdot F \cdot \Delta E_o$$

Redoxpotentiale biologischer Systeme mißt man nicht bei pH 0 (1 n HCl = Aktivität von $[H^+]$ = 1), sondern bei pH 7,0. Das physiologische Normalpotential symbolisiert man jetzt mit E'_o, ΔG_o wird dann zu $\Delta G'_o$. Einige Beispiele für E'_o (Volt): $NAD(P)H_2/NAD(P)^+$: -0,32; $FADH_2/FAD$: 0,0; Cytochrom c (Fe^{2+}/Fe^{3+}) +0,25; O_2/H_2O: + 0,81.

8.2
Biologische Redoxsysteme

8.2.1 und 8.2.2

▶ Um die Aktivierungsenergie zu überwinden, müssen biologische Redoxsysteme durch Enzyme katalysiert werden. Solche Enzyme sind alle wasserstoffaktivierenden und sauerstoffaktivierenden Enzyme mit den Coenzymen NAD^+, $NADP^+$, FMN, FAD, ferner solche mit Liponsäure, Ubichinon sowie die Cytochrome. − (Die Definition des Normalpotentials gehört unter die vorhergehenden Punkte).

Die an der „*Atmungskette*" beteiligten Enzyme sind zum Teil Zubringer (Cytoplasma), zum Teil Transporteure (Mitochondrien) für Elektronen, sei es in Form von H^- (auf NADH bzw. NADPH) oder in Form von 2×H (auf $FADH_2$ oder $FMNH_2$) bzw. ohne Vehikel (Cytochrome).

a) Dehydrogenasen. Bei der Hydridionen-Aufnahme ändert sich die Struktur des Pyridinringes. Er geht von einer aromatischen (mit vierbindigem, positiv geladenem N) in eine chinoide (mit dreibindigem N) Konfiguration über. Während das erstgenannte Pyridinsystem bei 340 nm kaum extingiert, zeigt das Dihydropyridinsystem bei dieser Wellenlänge ein charkateristisches Maximum. Der *optische Test* basiert auf dieser Tatsache, es besteht direkte Beziehung zwischen Extinktion und Reduktion von $NAD(P)^+$, somit auch direkte Beziehung zur *Zeitfunktion der Enzymkatalyse* bzw. der *Substratkonzentration*.

b) *Flavinenzyme.* Sie sind befähigt, H⁻ von NAD(P)H + H⁺, aber auch direkt von Substraten zu übernehmen. Bei der Hydrierung FAD ⇌ FADH$_2$ geht der Riboflavinanteil des häufig kovalent gebundenen Coenzymanteils des Holoenzyms in eine farblose hydrochinoide Leukoform über, wobei Radikalintermediatformen (Semichinonstrukturen, *Ein-Elektronen-Übergänge*) durchschritten werden. Oxidierte Form und Semichinonform zeigen charakteristische Absorptionsmaxima bei 450-460 nm, so daß auch die Funktion dieser Enzyme mit einem optischen Test verfolgt werden kann.

c) *Ubichinon.* Es pendelt beim Eletronentransport zwischen der chinoiden und der hydrochinoiden über eine relativ stabile semichinoide Form, so daß es sowohl Ein-Elektronen- als auch Zwei-Elektronen-Übertragungen durchführen kann. Auch diese Funktion ist optisch verfolgbar.

d) *Cytochrome.* Sie sind ausgesprochene Elektronenüberträger, indem das zentrale Fe-Ion der Eisenporphyrinverbindung (prosthetische Gruppe) Valenzwechsel Fe^{2+} ⇌ Fe^{3+} erleidet. Anhand ihrer Extinktionsmaxima unterscheidet man drei Haupttypen a, b und c (insgesamt kennt man über 20 Cytochrome). Cytochrom a extingiert bei 600 (α_1) und 450 (γ) nm, Cytochrom b bei 560 (α_2), 530 (β_2) und 420-430 (γ) nm und Cytochrom c bei 550 (α_3), 520 (β_3) und 415 (γ) nm, wenn sie in der Fe^{2+}-Form vorliegen. Gehen sie in die Fe^{3+}-Form über, verschwinden die α- und β-Banden und die γ-Bande wird in Richtung kürzerer Wellenlänge verschoben. Somit ist auch die Funktion dieser Elektronenüberträger optisch zu verfolgen.

8.3 Mitochondrien

8.3.1 Aufbau

▶ Mitochondrien sind die „Energiezentralen" der Zellen. Ihre Feinstruktur wird unter (15.4) beschrieben. Sie sind ▶ gegen das Cytoplasma durch eine *Doppelmembran* abgegrenzt. Auf der Innenmembran sitzen *Cristae mitochondriales* oder *Tubuli mitochondriales*. Im Innenraum, dem Matrixraum, sind das Multienzymsystem des *Acylkatabolismus (Fettsäureabbau),* des *Citratcyclus,* Katabolenzyme für Amino- und Ketosäuren, Anabolenzyme für Phosphatide, Porphyrine, Harnstoff und Hippurat und andere lokalisiert. Auf der dem Matrixraum zugekehrten Seite der Doppelmembran sitzen kleine kugelige Partikel auf kurzen Stielchen. Sie enthalten *Kopplungsfaktoren für die Atmungsketten-Phosphorylierung.* Das Multienzymsystem der *Atmungskette* selbst ist in der *Innenmembran* lokalisiert. Durch Ultrabeschallung einer durch Homogenatpartialzentrifugation gewonnenen Mitochondrienfraktion werden die Membranen destruiert und die Bruchstücke kugeln sich ab.

Man kann sie wieder durch Partialzentrifugation voneinander trennen = *elektronentransportierende Partikel,* und dann durch bestimmte Methoden noch weiter zerlegen. So erhält man vier Komplexe, die folgende enzymatische Leistungen vollbringen können: 1. *NADH$_2$:Ubichinon-Reduktase,* enthält FMN-Flavoprotein und „Nichthämeisen", und katalysiert die Hydridübertragung von NADH(H) auf Ubichinon. 2. *Succinat:Ubichinon-Reduktase,* enthält Succinat-Dehydrogenase (Flavoprotein + Nichthämeisen) und Cytochrom b. 3. *Ubihydrochinon: Cytochrom c-Oxidoreduktase,* enthält zwei Moleküle Cytochrom b, ein Molekül Cytochrom c_1 und ein Molekül Nichthämeisen, 3-4 Moleküle Strukturprotein und 140 Moleküle Phospholipid. Es katalysiert den Elektronentransport vom Ubichinon-System zum Cytochrom c. 4. *Cytochrom $c:O_2$-Oxidoreduktase (= Cytochrom-Oxidase),* enthält Cytochrom aa$_3$ und ein Cu^{2+}-Protein. − Die Enzymsysteme innerhalb dieses Multisystems scheinen in der Membranstruktur so angeordnet zu sein, daß der Teilchentransport (H^-, H^+, e^-) optimal derart abläuft, daß keiner der beteiligten Funktionspartner seinen Platz wechseln muß.

8.3.2 Permeabilität ▸ Die äußere Mitochondrienmembran ist für niedermolekulare Metabolite und Coenzyme gut permeabel, die innere Membran aber nicht, In ihr sind verschiedene diamembranöse Transportmechanismen fixiert. Sie kontrollieren den Stoffaustausch = *selektive Permeabilität,* oft sogar entgegen dem Konzentrationsgefälle. Die Innenmembran ist für die meisten polaren Substanzen und Ionen impermeabel. Die Transportmechanismen arbeiten entweder *einseitig = Uniport,* für α-Ketoglutarat und Glu oder *gegenseitig = Antiport.* Hierbei sind jeweils zwei Partner beteiligt, z. B. ADP/ATP (wobei das Enzym Translocase beteiligt ist), Phosphat/OH^-, Malat/Succinat, Malat/Phosphat, Ca^{2+}/H^+ oder Na^+/H^+. Fettsäurenreste passieren die Innenmembran nur als Acylcarnitin-Verbindungen. Pyruvat, Harnstoff und Glycerin-3-Ⓟ passieren sie ungehindert. Für NADH$_2$ aus dem Cytosol ist sie impermeabel. Der H-Influx ist aber dadurch möglich, daß einige Metabolite, die in hydrierter und dehydrierter Form vorliegen, für deren Hydrierung und Dehydrierung sowohl im Cytoplasma als auch in den Mitochondrien Enzyme vorhanden sind, die Mitochondrienmembran permeieren können. Am wirksamsten ist der Influx von Malat. Die Malat-Dehydrogenase überträgt den Wasserstoff unter Bildung von NADH$_2$ und Oxalacetat. Oxalacetat unterliegt der Transaminierung durch GOT mit Glu und wird zu Asp. Asp verläßt das Mitochondrium. Glu war eingeführt und verläßt es wieder als α-Ketoglutarat, falls es nicht innen metabolisiert wird. Ein weiterer Transportmetabolitmechanismus ist Dihydroxyaceton-Ⓟ/Glycerin-3-Ⓟ.

**8.3.3
Kopplung mitochondrialer und anderer Metabolprozesse**

▶ Die im *Aminosäurenkatabolismus verfügbar werdende* H_2N-Gruppe landet letzten Endes s. (4.6) auf Glu. Dieses penetriert die Mitochondrieninnenmembran. Dort liegt der *Multienzymkomplex der Harnstoffbildung* (4.3). α-Ketogluarat als Vehikel und Harnstoff als End- und Ausscheidungsprodukt verlassen die Mitochondrien, oder ersteres tritt in den Citratcyclus ein.

8.3.4 ▶ Das Multienzymsystem des Acylkatabolismus und das benachbarte der Ketogenese liegen im Matrixraum der Mitochondrien.

**8.3.5
Gluconeogenese**

▶ Wie mehrfach beschrieben, ist Oxalacetat Intermediat des Citratcyclus und als solches auch Dehydrierungsprodukt des eingewanderten Malats. Es verläßt das Mitochondrium aber in Form von Asp, s. (8.3.3). Im Cytoplasma geht es aus dem Transaminierungsvorgang mit α-Ketoglutarat wieder als Oxalacetat hervor. Dieses ist Ausgangsmetabolit des Glucoseanabolismus (Gluconeogenese) im Cytosol, s. (6.5).

**8.4
Atmungskette
8.4.1
Aufbau**

▶ *1. Von substratspezifischen Dehydrogenasen* werden Hydridionen auf NAD^+ übertragen, es wird zu NADH (+H^+, bzw. vereinfacht: $NADH_2$). *Intramitochondriales NADH* ist das wichtigste Substrat („Transportmetabolit") der Atmungskette, ein Vermittler zwischen den substratspezifischen Dehydrogenasen und den elektronentransportierenden Redoxsystemen, als funktionale Sequenz bis zum Sauerstoff.

2. Die komplex aufgebaute NADH-Dehydrogenase oder $NADH_2$:Ubichinon-Reduktase überträgt zwei Elektronen von NADH auf Ubichinon. Sie enthält kovalent gebundenes FMN und Eisenionen, sowie ein zweites Protein, das ebenfalls Eisenionen enthält, die teils über Sulfhydrylgruppen des Proteins (der Cys-Reste), teils über eine Fe-Sulfidgruppierung (-Fe^{2+}-S-Fe^{2+}-) miteinander verbunden sind. (Hierher gehört auch Ferredoxin, ein wichtiger Vertreter von Nichthämeisen-Proteinen). Ein Eisensystem $Fe^{2+} \rightleftharpoons Fe^{3+}$ ermöglicht Ein-Elektronen-Übertragungen, zwei parallel angeordnete Systeme also Zwei-Elektronen-Übertragungen. Ubichinon geht über Ubisemichinon in Ubihydrochinon-Anion über, das sich mit zwei H^+-Ionen absättigt und nun undissoziiert ist. Auf Ubichinon münden auch die Elektronen von zwei anderen Flavinenzymsystemen.

3. Succinat-Dehydrogenase, oder *Succinat:Ubichinon-Reduktase,* ein Flavoprotein mit kovalent gebundenem FAD und vier Atomen Fe pro FAD, überträgt die Elektronen von Succinat (Metabolit des Citratcyclus) auf Ubichinon.

4. Elektronenübertragendes Flavoprotein mit FAD ist ein Transportmetabolit für Elektronen (+H$^+$) von verschiedenen substratspezifischen Flavinenzymen, zum Beispiel Acyl-CoA-Dehydrogenasen des Acylkatabolismus oder Glycerin-3-Phosphat-Dehydrogenase, zum Ubichinonsystem.

5. Cytochrom b. Mit dem Cytochrom-System beginnt der ausschließliche Elektronentransport. Die seither mitgeschleppten H$^+$ verbleiben im wäßrigen Milieu des Mitochondrien-Matrixraumes. Cytochrom b übernimmt die Elektronen von Ubihydrochinon, katalysiert durch Ubihydrochinon:Cytochrom c-Oxidoreduktase, einem Komplex, der aus zwei Molekülen Cytochrom b, einem Molekül Cytochrom c_1, einem Molekül eines Nichthämeisen-Proteins und Lipid (darunter Ubichinon mit lipophiler „Isoprenoid"-Seitenkette) besteht und ein Teilchengewicht von 280×10^3 aufweist.

6. Cytochrom c ist „Hilfssubstrat" und übernimmt die Elektronen vom bc_1-System.

7. Cytochrom aa$_3$, auch *Cytochrom-Oxidase,* ein komplexes Hämoprotein, enthält außer Hämoprotein noch Cu^{2+} und Lipid, ist die Terminaloxidase und reagiert unmittelbar mit dem Atmungs-O$_2$, auf den es vier Elektronen überträgt, wobei Cu$^{2+} \rightleftarrows$ Cu^{1+} mitwirkt.

Die Funktionäre der Atmungskette, Flavoproteine, Cytochrome usw., stehen in ganzzahligen molekularen Verhältnissen zueinander. Die membrangebundene Einheit nennt man *Atmungsgruppe.* Ein Mitochondrium enthält bis zu 15×10^3 Atmungsgruppen = ~25% der gesamten Mitochondrienmasse.

In der Atmungskette herrscht ständiger Elektronenflux, eine „Elektronenkaskade", von NADH zum O$_2$ = *Fließgleichgewicht.* Seine Intensität ist abhängig vom Angebot an Substratwasserstoff, dem NAD$^+$-Pegel, dem O$_2$-Angebot und der Kopplung mit dem System der oxidativen Phosphorylierung.

8.4.2
Metallproteine

▶ In erster Linie zu nennen: *Hämproteine,* mit komplexgebundenem Fe im Porphyrinligand, das nach Fe$^{2+} \rightleftarrows$ Fe^{3+} fungiert. Hierzu zählen die früher erwähnten Cytochrome, die Cytochromoxidase, sowie die noch zu behandelnden Katalasen und Peroxidasen, dann die *Nichthämeisenproteine*, s. $NADH_2$:Ubichinon-Reduktase, Succinat:Ubichinon-Reduktase und Ubihydrochinon: Cytochrom c-Oxidoreduktase, zuletzt *Cytochromoxidase*, die neben Hämprotein noch Cu^{2+} enthält. Die bivalenten, chelierten Kationen transportieren Elektronen durch Valenzwechsel, bei Nichthämeisenproteinen mit Hilfe paramagnetischer Elektronenresonanz gemessen. − Bei Mikroorganismen wurden Flavoproteine auch mit Molybdän und Zink nachgewiesen.

8.4.3 Oxidative Phosphorylierung ▸ Der Elektronenkaskade entspricht eine Energiekaskade. Es wäre unökonomisch, die Gesamtenergie analog der Knallgasreaktion $H_2 + 1/2\, O_2 \rightarrow H_2O$ freiwerden zu lassen. Wie sollte man sie im biologischen Bereich „einfangen" und nutzbar machen? Der „Einfang" geschieht nach ADP $+ \bigcirc \rightarrow$ ATP, und zwar an drei Stellen der Atmungskette: beim Elektronensprung 1. $NADH_2 \rightarrow$ FMN, 2. FMN $\rightarrow$ Cytochrom b + c_1, 3. Cytochrom b + c_1 $\rightarrow$ 1/2 O_2. Die Redoxreaktionen der Atmungskette sind also mit der Herstellung der endständigen Pyrophosphatbindung des ATP gekoppelt. Hierbei spielen einige Proteine, *Kopplungsfaktoren*, eine entscheidende Rolle, ferner eine *Konformationsänderung* bestimmter Stellen der *Mitochondrien-Innenmembran*. Für die drei „Energiedüsen" der Atmungskette gibt es drei „Aufprallbleche" (Kopplungsstellen), an denen drei Intermediate auf hohem Gruppenübertragungspotential entstehen: $C_1{\sim}I$, $C_2{\sim}I$ und $C_3{\sim}I$. Aus diesen Intermediaten wird das jeweilige I auf ein ATP-bildendes Enzym (ATPase) unter Bildung von $X \sim I$ übertragen. $X \sim I$ kann auch für andere energieverbrauchende oder -speichernde Reaktionen verwendet werden, in der Hauptsache dient es zur ATP-Bildung. Für diesen Zweck erfolgt ein Austausch von I gegen ⓟ unter Bildung von X~ⓟ. Nun wird ⓟ auf ADP übertragen, es entsteht ATP. Die als „Aufprallblech" bezeichnete Position in der Mitochondrienmembran hat wahrscheinlich noch eine andere Funktion, nämlich, Protonen von Elektronen zu trennen. Die ersteren werden in den Matrixraum geschleudert, die letzteren verbleiben in gebundenem Zustand, wie beschrieben, in der Membran. So baut sich ein Konzentrationsgradient von H^+ über die Membran auf, der entweder osmotische Arbeit leistet, oder durch Ausgleich Terminal-ⓟ synthetisiert. − Beide Ansichten über die Verwertung der Atmungskettenenergie zur Bildung energiereichen Phosphats sind theoretisch und experimentell z. Zt. teilweise gestützt.

8.4.4 H⁺ und e-Transport ▸ Mitochondrien sind ein „offenes" System: sie beziehen O_2, Metabolite und ADP aus ihrem Cytosol-Milieu und geben H_2O, CO_2 und ATP ab, wenn wir von den im Kreisprozeß (Influx≃Efflux) befindlichen Transportmetabolit-Systemen (8.3.2) absehen. Das Charakteristicum eines offenen Systems ist der Zustand des Fließgleichgewichts.

Die dem elektronenliefernden Substrat am nächsten stehenden Elektronenüberträger sind am stärksten mit Elektronen gefüllt (78% des NAD-Systems als $NADH_2$), die in der Mitte liegenden Elektronenüberträger graduell weniger (Flavoprotein~60%, Ubichinon~50%, Cytochrom b~40%, Cytochrom c ~20%), bis Cytochrom a nur noch zu etwa 5% im reduzierten Zustand vorliegt. Die Bedingungen des Fließgleichgewichts sind äußerst fein auf die Konzentrationen von ADP und ATP sowie ihre molaren Relationen abgestimmt. Ist ADP im Überschuß, sind die Elektronenüberträger stärker oxidiert und umgekehrt. *Der ADP/ATP-Quotient ist der Hauptregulator des Fließgleichgewichts von Atmungskette und assoziierter Phosphorylierung.* ADP ist der wichtigste *Atmungskontrolleur!* Voraussetzung ist allerdings ein ausreichendes Angebot an anorganischem ℗ zur ATP-Bildung. Nach dem Massenwirkungsgesetz ist vereinfacht zu formulieren:

$$\frac{[NADH_2]\,[FAD]\,[ADP]\,[℗]}{[NAD^+]\,[FADH_2]\,[ATP]} = K$$

Da die Anwendung des Massenwirkungsgesetzes Reaktionsreversibilität voraussetzt, ergibt sich, daß bei sehr hohen ATP-Konzentrationen der vektorielle Atmungskettenfluß umkehrbar ist.

Also: *Atmungskontrolle durch Energieverbrauch!*

8.4.5 Entkoppler ▸ Sowohl die Atmungskette als auch die Phosphorylierung können an mehreren Stellen durch *Blockierungs-* und *Entkopplungsreagentien* gehemmt oder entkoppelt werden. Amobarbital unterbricht die Atmungskette auf der Stufe $NADH_2 \rightarrow$ FMN, *Totenon* und *Amytal* auf der Stufe FMN $\rightarrow$ Ubichinon, *Antimycin A* (Antibioticum) auf der Stufe Cytochrom b $\rightarrow$ Cytochrom c_1, Kohlenmonoxid, Cyanid und *Schwefelwasserstoff* sind Enzymgifte von Cytochrom aa_3 (Cytochromoxidase) – *2,4-Dinitrophenol, substituierte Phenylhydrazone* und *Arsenat* lassen den Elektronenflux unbeeinflußt, die Energie geht aber als Wärme verloren, da die ATP-Bildung „entkoppelt" ist = Atmungskette im Leerlauf. – Bei intakten Mitochondrien hemmt *Oligomycin* (Antibioticum) sowohl Atmung als auch Phosphorlyierung.

8.4.6 Energiebilanz

Im Vergleich zur Knallgasreaktion

$$H_2 + 1/2\ O \rightarrow H_2O - 57\ \text{kcal} \cdot \text{Mol}^{-1}$$

ergibt sich für:

$$NADH_2 + 1/2\ O_2 \rightarrow NAD^+ + H_2O;\ \Delta G'_0 = -52\ \text{kcal} \cdot \text{Mol}^{-1}$$

Beim Übergang $NADH_2$ zu $FMNH_2$ (2 Elektronen) werden 12,4 kcal · Mol^{-1} verfügbar, beim Übergang $FMNH_2$ zum Cytochrom b 4,1 kcal · Mol^{-1} pro 2 „Mol" Elektronen, vom Cytochrom b zum Cytochrom c 10,1 kcal · Mol^{-1} pro 2 „Mol" Elektronen, vom Cytochrom c zum Cytochrom a 1,4 kcal · Mol^{-1} und vom Cytochrom a zum a$_3$, d. h. zum Sauerstoff 24,4 kcal · Mol^{-1}, jeweils pro 2 „Mol" Elektronen-Übertragung.

Da die Bildung einer endständigen Pyrophosphatbindung, also ADP + ℗ → ATP mindestens 7 kcal·Mol^{-1} erfordert, reichen nur die Energiebeträge beim Elektronenübergang vom $NADH_2$ zu FMN für ein Mol ATP, vom Übergang Cytochrom b zu Cytochrom c für ein weiteres Mol ATP und vom Cytochrom a zu a$_3$ für ein drittes Mol ATP aus. *Alle Substrat-Dehydrierungs-Reaktionen, die von NAD^+ ausgehen, liefern also 3 Mol ATP pro Mol Substratumsatz, alle Dehydrierungen, die von einem Flavinenzym ausgehen, dagegen nur 2 Mol ATP.*

Auf den vollständigen Glucosekatabolismus angewandt, ergibt sich:

1. 1 Glucose + 2 NAD^+ + 2 ADP + 2 ℗ → 2 Pyruvat + 2 $NADH_2$ + 2 ATP
2. 2 $NADH_2$ + 6 ADP + 6 ℗ + O_2 → 2 NAD^+ + 8 H_2O + 6 ATP
3. 2 Pyruvat + 2 NAD^+ $\overset{CoA}{\rightarrow}$ 2 Acetyl-CoA + 2 CO_2 + 2 $NADH_2$
4. 2 $NADH_2$ + 6 ADP + 6 ℗ + O_2 → 2 NAD^+ + 8 H_2O + 6 ATP
5. 2 Acetyl-CoA + 24 ADP + 24 ℗ + 4 O_2 → 4 CO_2 + 28 H_2O + 24 ATP

1-5: 1 Glucose + 38 ADP + 38 ℗ + 6 O_2 → 6 CO_2 + 44 H_2O + 38 ATP

Die freie Energie der Glucose-Oxidation beträgt –686 kcal· Mol^{-1}. Bei einem Mindesteinsatz von je 7 kcal·Mol^{-1} der 38 Mole ATP ergibt sich ein energetischer Wirkungsgrad der vollständigen Glucoseoxidation zu

$$\frac{38 \times 7}{686} \times 100 = 42\%.$$

Wahrscheinlich ist dies aber ein Minimalbetrag. Die Zelle ist ein offenes System im stofflichen und energetischen Fließgleichgewicht, so daß sich auch unter Berücksichtigung der wahren Konzentrationen von ADP, ATP und ⓟ in der Zelle ein über 60 % liegender Wirkungsgrad ergibt.
Der gesamte Organismus erzeugt und verbraucht pro Tag etwa sein Körpergewicht an ATP!

8.5 Sauerstoffaktivierende Enzyme
8.5.1 Mechanismus und Bedeutung

▶ Sauerstoff ist nicht nur Elektronenacceptor und Wasserbildner, sondern wird enzymatisch auch direkt in organische Molekeln eingeführt, und zwar entweder beide O-Atome oder nur ein O-Atom, während das zweite zu H_2O wird.

Oxidasen-Typus I: Wie die Cytochromoxidase enthalten sie Kupfer, aber keine Porphyrinverbindung. Sie übertragen Elektronen von o- oder p−Diphenolen oder von Endiolen auf O_2. a) 2 o-Diphenol + O_2 → 2 o-Chinon + 2 H_2O; Enzym: o−Diphenol-Oxidase (Catecholase). b) 2 Ascorbat + O_2 → 2 Dehydroascorbat + 2 H_2O; Enzym: Ascorbinsäure-Oxidase. Hierbei werden also vier Elektronen auf ein O_2 übertragen, und *es entsteht H_2O, aber nicht H_2O_2!*

Oxidasen-Typus II: Sie enthalten fast ausnahmslos Flavin als prosthetische Gruppe. Der Substratwasserstoff wird *auf O_2 unter Bildung von H_2O_2* übertragen. a) L−Aminosäure + O_2 + H_2O → α−Ketosäure + NH_3 + H_2O_2; Enzym: L−Aminosäure-Oxidase. b) Xanthin (oder Hypoxanthin) + O_2 + H_2O → Harnsäure (bzw. Xanthin) + H_2O_2; Enzym: FAD−abhängige Xanthin-Oxidase. c) Aldehyd + O_2 + H_2O → Säure + H_2O_2; Enzym: Aldehyd-Oxidase, enthält außer der Flavinverbindung Molybdän, Eisen und Ubichinon. Das H_2O_2 wird durch Katalase oder Peroxidase weiter umgesetzt, oder *in vivo* gehen die Elektronen über andere Wege, so daß die H_2O_2-Bildung umgangen wird. Die Typ II-Oxidasen dürften in vivo als Dehydrogenasen fungieren.

Dioxigenasen (Pyrrolasen): Beide O-Atome von O_2 werden in ein Substrat eingeführt. *Es entstehen weder H_2O noch H_2O_2.* a) Tryptophan + O_2 → Formylkynurenin; Enzym: Tryptophan-Pyrrolase, enthält eine Ferroporphyrinverbindung, deren Fe^{2+} keinen Valenzwechsel erfährt. b) Homogentisat + O_2 → Maleylacetoacetat; Enzym: Homogentisinsäure-Oxigenase, enthält Nichthämeisen.

8.5.2 ▶ *Monoxigenasen (Hydroxylasen). Typus I: Spezifische Hydroxylasen.* Sie führen *nur ein O-Atom von O_2 in die organische Molekel ein, die andere dient zur H_2O-Bildung,* wobei ein *Wasserstoffdonator mitwirkt, häufig $NADPH_2$.*
a) Progesteron + O_2 + $NADPH_2$ → Desoxycorticosteron + H_2O + $NADP^+$; Enzym: Steroid-Hydroxylase, als ein Beispiel für mehrere, von denen einige hochspezifische Hydroxylierungen durchführen, nur an einem bestimmten C-Atom des Steroidmoleküls und die HO-Gruppe stereospezifisch postieren. Sie sind meist im endoplasmatischen Reticulum lokalisiert und bei der Partialabzentrifugierung eines Leberhomogenats in der Mikrosomenfraktion nachweisbar. Die mitochondriale 11β−Hydroxylase der Nebennierenrinde enthält ein Nichthämeisen-Protein: *Adrenodoxin,* das dem *Ferredoxin* ähnlich ist. Die Steroidhydroxylasen sind Multienzymkomplexe, bei denen ein spezielles Protein für die Stereospezifität der Hydroxylierung sorgt. − Außer $NADPH_2$ wirken auch andere Substanzen als Wasserstoffdonatoren. b) Prolin + O_2 + Ascorbat → Hydroxyprolin + H_2O + Dehydroascorbat; Enzym: Prolinhydroxylase, wirkt aber nur auf im Oligopeptid gebundenes Pro. c) Phenylalanin + O_2 + Tetrahydrobiopterin → Tryrosin + H_2O + Dihydrobiopterin; Enzym: Phenylalanin-Hydroxylase. Durch ein cytoplasmatisches Enzym wird Dihydrobiopterin wieder zu Tetrahydrobiopterin hydriert, H-Lieferant ist $NADPH_2$. d) Tyrosin + O_2 + Dihydroxyphenylalanin (DOPA, vom früheren Dioxyphenylalanin) → Dihydroxyphenylalanin + DOPA−Chinon; Enzym: Phenoloxidasekomplex (Tyrosinase, Phenolase), eine *mischfunktionelle Oxidase.* Diphenol ist Produkt der Oxigenierung und gleichzeitig Wasserstoffdonator.
Typus II: Unspezifische Hydroxylasen. Hierunter verstehen wir nicht ganz korrekt Enzymsysteme, die nach dem Modus der spezifischen Hydroxylasen wirken, aber zufällig körperfremde Stoffe: Pharmaka, Insekticide, krebserzeugende Kohlenwasserstoffe etc. hydroxylieren oder N-Methyl- und O-Methylverbindungen demethylieren. Im endoplasmatischen Reticulum der Leberparenchymzellen lokalisiert, handelt es sich um Multienzymkomplexe, die ein Flavoprotein und ein CO−empfindliches *Cytochrom P450* enthalten.

8.6 ▶ Beide Enzyme übertragen Wasserstoff auf H_2O_2. −*Katalase*
Katalase und mit Teilchengewicht von 240×10^3 enthält vier Hämverbin-
Peroxidasen dungen mit Fe^{3+} als Zentralatom, überträgt 2H aus einem H_2O_2-Molekül auf ein anderes:

8.6.1 ▶ $2\,H_2O_2 \rightarrow 2\,H_2O + O_2$
Funktion

Die molekulare Aktivität ist sehr hoch: 5×10^6 ! – *Peroxidasen* übertragen H aus Substraten auf H_2O_2, sie enthalten rotes Häm (Protohäm oder Derivate) oder grünes Häm = Verdoperoxidasen. Eine das rote Häm enthaltende Peroxidase aus Milch hat MG 82×10^3, eine das grüne Häm enthaltende aus Eiter 150×10^3. Die Meerrettich-Peroxidase enthält 1 Protohäm pro Molekül. Die Reaktionsgleichung:

$RH_2 + H_2O_2 \rightarrow R + 2\,H_2O$.

Die beiden Enzyme dürften angelegt sein, um das bei einigen Oxidasereaktionen entstehende, zellgiftige H_2O_2 zu beseitigen.

9 Mineralstoffwechsel

9.1 Elektrolythaushalt ▶ *Kationen* und *Anionen* stehen, ebenso wie die organischen Metabolite, im metabolen Fließgleichgewicht. Für jedes Individuum existiert ein intra- oder extracellulärer Pegel. Regulationsmechanismen halten ihn konstant, er wird nur unter extremen Verhältnissen durchbrochen. Es gibt austauschbare und nicht austauschbare Ionen, die letzteren sind fast ausschließlich im Skelet. Extra- und intracelluläre Flüssigkeiten enthalten verschiedene Ionenzusammensetzungen, auch innerhalb der Zellen sind sie nicht gleichmäßig. Mitochondrien accumulieren aktiv Ionen, besonders Ca^{2+}: Zellkerne accumulieren Na^+. Die benötigte Energie entstammt ATP.

9.1.1 Elektrolyt-Verteilung ▶ Der Mensch enthält Kationen in a) Serum, b) intercellulärem Raum, c) intracellulärem Raum, (mVal · l^{-1}): Na^+: a) 142, b) 145, c) 10. – K^+: a) 4, b) 4, c) 160. – Ca^{2+}: a) 5, b) 5, c) 2. – Mg^{2+}: a) 2, b) 2, c) 26. *Anionen*: Cl^-: a) 101, b) 114, c) 3. – HCO_3^-: a) 27, b) 31, c) 10. – PO_4^{3-}: a) 2, b) 2, c) 100. – SO_4^{2-}: a) 1, b) 1, c) 20. – *Organische Säuren*: a) 6, b) 7, c) 0. – *Protein$^-$*: a) 16, b) 1, c) 56. Addiert man die Gehalte an Kationen oder Anionen, so ergeben sich jeweils gleiche Zahlen: a) 153, b) 156, c) 198. Bei a und b besteht kein Unterschied in der Osmolarität, der zu c ist gering, obgleich ein großer Unterschied in der Na^+/K^+-Relation besteht. Die Ursachen der ungleichen Elektrolytverteilung in extra- und intracellulären Kompartimenten sind: 1. der intracellulär hohe Proteingehalt und der dadurch verursachte *Gibbs-Donnan-Effekt*: die Summe von Anionen und Kationen ist intracellulär höher als extracellulär. – 2. Befähigung der Zelle zum diamembranösen *aktiven Transport* von Ionen, unter Bereitstellung von genügend ATP-Energie für die *Ionenpumpen*: Na^+-Transport von innen nach außen, K^+ von außen nach innen; Enzymsystem: Mg^{2+} abhängige Na^+, K^+– aktivierbare ATPase. – 3. Ionenaccumulierung durch Chelatbildung: Ca^{2+} im Knorpel durch Chondroitinsulfat.

Na^+: Gegenion für HCO_3^- im Blut; Bedeutung für Konstanz des *extracellulären* osmotischen Drucks, aktiviert

9.1.2 ▶
Wirkung von Elektrolyten

β-Galaktosidase und α-Amylase. Ein Erwachsener enthält etwa 4350 mVal an Na^+ (~100 g), davon sind 2870 austauschbar und 2340 extracellulär vorhanden. *Aufrechterhaltung des Na^+-Gleichgewichts durch die Niere*, rasche Ausscheidung von Überschlüssen, Einsparung bis auf Nullausscheidung bei Mangel in der Nahrung.
K^+: Beteiligt beim komplexen Vorgang der *Potentialbildung an Zellmembranen,* insbesondere der Neuronen; Konstanz des intracellulären, osmotischen Drucks, anorganisches Komplement von Enzymsystemen bei Glucosekatabolismus, Atmungskettenphosphorylierung, aktiviert die Carbamylphosphat-Synthetase. Ein Erwachsener enthält 3700 mVal an K^+ (~150 g). *Ca^{2+}:* Inaktiviert den Erschlaffungsfaktor des Muskels und leitet dadurch die Kontraktion ein; hat fundamentale Funktion bei allen Erregungstransformationen (synaptische und neuromusculäre Übertragungen, vegetative neurocelluläre Transmissionen: glatte Muskelzellen, Drüsenzellen): elektrofunktionelle Kopplung; Funktion bei der Blutgerinnung, bei Kontaktierung von Zellen und ihren Organellen; Bestandteil von Zellmembranen; in Mitochondrien Beteiligung an der Kontrolle der Atmungskettenphosphorylierung; anorganisches Komplement von Enzymen, zum Beispiel Amylase. − Rund 90% (1,5 kg) des Ca ist in den „harten" Geweben: Knochen und Zähne. − Die Ca-Konzentration im Plasma beträgt 10−12 mg%, in den Organen 5−15 mg%. Im Plasma gibt es drei Ca-Formen: a) Ca^{2+}: 5−7 mg%, b) als Chelat mit Citrat: 0,1−0,2 mg%, c) in Eiweißbindung: 3,5−4,0 mg%.
Mg^{2+}: Essentieller Bestandteil aller Körperflüssigkeiten und Gewebe; anorganisches Komplement von Enzymen: Phosphatasen, Kinasen, Peptidasen, Mutasen, Enolase, wegen seiner Chelierbefähigung mit Oligophosphaten. Mit *ATP, UTP und GTP* bildet *Mg^{2+}* ein *Tetraaquochelat,* in dem die 4 H_2O-Moleküle durch andere Liganden (Enzyme, Coenzyme) ausgetauscht werden können; Mitwirkung bei der Biosynthese von DNA und RNA, sowie bei der Vereinigung von 30S− und 50S−Ribosomen zu 70S−Ribosomen.
Fe^{2+}: Die größte Menge des Gesamt-Fe (4−5 g) liegt in *Chelatbildung* in Form von *Hämproteinen* (Hämoglobin, Myoglobin, Cytochrome, Cytochromoxidase, Oxidasen, Dioxigenasen, Hydroxylasen, Katalase, Peroxidase) oder als *Nichthämeisenproteine* bzw. in den Transport- und Lagerformen *Transferrin, Ferritin* oder *Hämosiderin* vor. Es ist essentiell, da beteiligt an O_2-Transport und −Zwischenlagerung, Atmungskettenfunktion und H_2O_2-Zerstörung. Die Fe-Speicherung erfolgt hauptsächlich im Leberpa-

renchym (0,2−0,5 g, Gesamtspeicher 0,7 g) und im Reticuloendothelialen System. 70−90% des Transferrineisens dienen der Hämoglobinbiosynthese, der Rest zur Synthese der Nichthämeisenproteine, somit sind bei der Hämoglobinhomöostase die gleichen Mengen auch in den genannten Chelaten enthalten. Täglicher Kata- und Anabolismus betragen 8−9 g Hämoglobin, d.h. 25 mg Fe werden pro Tag benötigt, 24 mg in einem „recycling" verwendet.

Cu^{2+}: Es kommt ebenfalls *in allen Organen und im Blut* vor; es ist Bestandteil von Cytochrom a, Katalase, Tyrosinase, Monaminoxidase, Ascorbinsäure−Oxidase, Uricase, Butyryl-Dehydrogenase und von Coeruloplasmin. Der Cu-Bestand beträgt 100-150 mg, in der Leber sind 10-15 mg. Bei einer Cu-Zufuhr von 2-5 mg pro Tag ist die Bilanz ausgeglichen, und Cu wird nicht nennenswert gespeichert. Ist die Zufuhr größer, werden in der Leber erhebliche Mengen gespeichert, in Form von Hepatocuprein, Mitochondriencuprein in den Mitochondrien, Erythrocuprein in den Erythrocyten, Cerebrocuprein im ZNS. Cu wirkt bei der Hämopoese mit: Cu-Mangel verschlechtert die Fe-Resorption und vermindert die Hämoglobinsynthese, daher Symptom: mikrocytäre hypochrome Anämie, ferner Störungen der Pigmentbildung (da Tyrosinase ein Cu-Proteid ist) und Alopecie.

Zn^{2+} : ist *anorganisches Komplement einiger Enzyme*: Kohlensäureanhydratase, Carboxipeptidase, Glutaminsäure-, Alkohol-, Lacat-, Glycerinaldehyd-3-Ⓟ- und Malat-Dehydrogenase, andere Peptidasen, Phosphatasen, Enolase und Aldolase werden durch Zn^{2+} aktiviert. Gesamtmenge an Zn im Menschen: 2-3 g, täglicher Bedarf etwa 10−15 mg. In den meisten Geweben befinden sich 20−30 µg·g^{-1}, in Leber, Muskulatur und Knochen ist mehr: 60−180 µg·g^{-1}. In der Iris liegt Zn als Melaninchelat vor, im Tapetum lucidum als Zn-Cys-Chelat (30−50% des wasserfreien Gewebes). Vermutlich wirkt es beim Dämmerungssehen mit. Eine hohe Zn-Konzentration ist auch im Pankreas.

Cl^-: Ein Erwachsener enthält 2680 mVal an Cl^- (~100 g), davon sind 2030 mVal austauschbar: Im Serum sind 101 mVal·l^{-1} (Hauptmenge der Anionen), im intercellulären Raum 114 und im intracellulären Raum 3. Cl^- ist an der *Konstanz des extracellulären osmotischen Drucks* beteiligt, der Blutplasma-Gehalt liefert Cl^- für die Salzsäurebildung in den Belegzellen der Magenschleimhaut. Cl^--Mangel kann bei anhaltendem Erbrechen entstehen, verursacht metabolische Alkalose durch Abschieben von Na^+ in die Zellen, gefolgt von K^+-Abgabe in den extracellulären

Raum mit anschließend erhöhter K^+-Ausscheidung durch die Niere.

HPO_4^{2-}: Rund 1% des Körpergewichts eines Erwachsenen ist P-Bestand, davon 550 g im Skelett, 61 g in der Muskulatur, 5 g im Gehirn, 4 g in der Leber. Im Skelett liegt es in Form von Hydroxylapatit vor, in den Organen in vielfältiger Bindungsart als Ester oder Säureanhydrid. Seine Funktionen im Gesamtmetabolismus sind ebenso vielfach. Im Plasma ist der Pegel an anorganischen Phosphationen nur 2 mVal (und 3 mg%), beim Blut-pH 7,4 liegen 80% als HPO_4^{2-} und 20% als $H_2PO_4^-$ vor. An leicht austauschbarem Phosphat liegen etwa 1,2 g bereit, sie werden am Tage etwa zehnmal umgesetzt. Die Austauschrate mit den einzelnen Organen ist ganz verschieden hoch, am niedrigsten beim Gehirn, am höchsten bei den Erythrocyten. Das intracelluläre Phosphat liegt in Form von *säureunlöslichem Phosphat* (nach Fällung von Organhomogenaten mit Trichloressigsäure) vor: Phospholipide, Phosphoproteine, Nucleinsäuren, oder von *säurelöslichem Phosphat:* a) anorganisches Phosphat, b) *säurelabiles Phosphat:* Nucleosidtriphosphate, Kreatinphosphat, Glucose-1-phosphat, und c) *säurestabiles Phosphat:* Glucose-6-phosphat, Ribose-5-phosphat, Glycerin-3-phosphat (die Labilität oder Stabilität der Phosphatbindung gegenüber Säure bezieht sich auf Resistenz gegen kurzzeitige Behandlung mit 1 n HCL bei 100°C).

9.2 Säure-Basen-Haushalt

▶ Die metabole Homöostase (Optimum und Ökonomie des Fließgleichgewichts) setzt die Konstanz bzw. Fluktuationskontrolle der H^+-Aktivität von allen Körperflüssigkeiten voraus, da physikochemische Zustände sowohl makromolekularer Molekelsysteme (Proteine, Enzymaktivitäten) als auch mikromolekularer Stoffe (Protonierungsgrad protonenaffiner Gruppen) davon abhängen. Bei der pH-Konstanz wirken mit: a) Puffersysteme des Blutes und der anderen Körperflüssigkeiten, b) Lunge, c) Niere.

Determinanten der H^+-Aktivität sind die Konzentrationen an Säure-Anionen und Basen-Kationen. Bei ausgeglichener Anionen/Kationen-Bilanz bestimmt in allen biologischen Räumen der Protonierungsgrad des Wassers die aktuelle H^+-Aktivität.

Wasser ist sowohl Protonen*donator* (Säure) als auch Protonen*acceptor* (Base), denn

a) $H_2O \rightleftharpoons H^+ + OH^-$

b) $H_2O + H^+ \rightleftharpoons H_3O^-$ (Hydroxoniumion).

Zur Erinnerung:

$$\frac{[H^+][OH^-]}{[H_2O]} = 10^{-15,74} (22°C)$$

woraus sich ergibt:

$[H^+] = 10^{-7}$, $pH_{H_2O} = 7,0$

pH von Blutplasma und Extracellularflüssigkeit: 7,4. Wir kennen drei Mechanismen zu seiner Konstanthaltung: a) Hydrogencarbonatsystem, b) Proteinatsystem, c) Phosphatsystem; in Erythrocyten: d) Hämoglobinsystem.

9.2.1 Puffersysteme

▸ *a) Hydrogencarbonatsystem*

$$\frac{[H^+][HCO_3^-]}{[H_2CO_3]} = K_a = 10^{-6.1}$$

$$\log H^+ + \log \frac{[HCO_3^-]}{[H_2CO_3]} = -6.1$$

$$\log H^+ = -6.1 - \log \frac{[HCO_3^-]}{[H_2CO_3]}$$

Nach *Henderson-Hasselbalch:*

$$pH = pK_a + \log \frac{[HCO_3^-]}{[H_2CO_3]}$$

pK_a einer schwachen Säure = derjenige pH, bei dem die Konzentration des Anion gleich derjenigen der protonierten Verbindung ist: pH = 7,4 im Blut, pK von H_2CO_3 = 6.1, folglich:

$$\log \frac{[HCO_3^-]}{[H_2CO_3]} = 1.3$$

Die molare Relation $[HCO_3^-]$ $[H_2CO_3]$ beträgt im Blutserum 20:1, entsprechend $[HCO_3^-] = 24$ mVal·l^{-1} und $[H_2CO_3] = 1.2$ mVal.l^{-1}.

b) Proteinatsystem: Freie H_2N-Gruppen sowie Imidazolgruppen von Plasmaproteinen (und Hämoglobin) binden etwa 20% der Gesamtkohlensäure des Blutes:

Protein-NH_2 + CO_2 ⇌ Protein-NH-COO$^-$ + H$^+$

in Form von Carbaminat.

c) *Phosphatsystem:* Bei der erwähnten Phosphatkonzentration im Plasma von 2 mVal·l^{-1} ist der Anteil dieses Systems am Gesamtpuffersystem nur gering.
d) *Hämoglobinsystem:* HbO_2 ist eine stärkere Säure als Hb:

$K_{Hb} = 6,6 \times 10^{-9}, K_{HbO_2} = 2,4 \times 10^{-7}$

Somit wird beim Übergang Hb → HbO_2 dieses System in der Lunge zum H$^+$-Donator, H$^+$ reagiert mit HCO_3^- zu $H_2CO_3 \rightleftharpoons CO_2 + H_2O$; CO_2 wird exhaliert. Beim Übergang HbO_2 → Hb in den Geweben wird das System zum H$^+$-Acceptor, so daß: $CO_2 + H_2O \rightleftharpoons H_2CO_3 \rightleftharpoons HCO_3^- + H^+$, letzteres wird gebunden und somit das Gleichgewicht nach rechts verschoben. In Zahlen: bei pH 7,0 deprotoniert HbO_2 1,88 mVal H$^+$·Mol^{-1}, Hb aber nur 1,28 mVal·Mol^{-1}. So werden bei HbO_2 → Hb 0,6 mVal H$^+$·Mol^{-1} gebunden. — Somit ist Hb nach diesem System *und* nach dem Proteinatsystem recht wirksam am Gesamtpuffersystem des Blutes beteiligt.
Störungen des Säure-Basen-Gleichgewichts sind zu charakterisieren durch: a) pH-Wert, b) pCO$_2$ in mmHg (Kohlensäurepartialdruck) und c) [HCO_3^-] im Blut.
Standard-Hydrogencarbonat (frühere Bezeichnung: Alkalireserve) ist definitionsgemäß diejenige Konzentration an Gesamt-CO$_2$, die eine Blutprobe bei 37° C und einen CO$_2$-Partialdruck von 40 Torr abgibt, berechnet auf 100 ml.
Metabole Acidose = primäres HCO^{3-} (Alkali)-Defizit, entstanden durch verminderten HCO_3^--Gehalt bei unverändertem H_2CO_3-Gehalt des Serums infolge a) metaboler Überschußbildung an organischen Säuren: Acetoacetat, β-Hydroxybutyrat, zum Beispiel beim Diabetes mellitus, vorübergehend durch erhöhte Lactatabgabe aus der tätigen Muskulatur ans Blut; b) Vergiftung mit Säuren; c) starker Elektrolytverlust bei Nierenerkrankungen; d) desgleichen bei Erkrankungen im Darmtrakt (Diarrhoe oder Colitis).
Kompensierte metabole Acidose: [HCO_3^-]/[H_2CO_3] bleibt innerhalb des Normbereichs, aber beide Größen sind vermindert.
Dekompensierte metabole Acidose: relativ stärkerer Abfall von [HCO_3^-], dadurch unternormale Relation [HCO_3^-]/[H_2CO_3] und Absinken des pH.
Respiratorische Acidose = primärer H_2CO_3-Überschuß, entstanden durch verminderten Gasaustausch in der Lunge (Lungenentzündung, Asthma, Schlafmittelvergiftungen mit Wirkung auf das Atemzentrum).
Metabole Alkalose („Magentetanie", „hypochlorämische Alkalose") = primäre Zunahme an [HCO_3^-] bei wenig veränderter [H_2CO_3], infolge fortgesetzten Erbrechens mit

HCl-Verlust. Hierbei wird Cl$^-$-Defizit durch HCO$_3^-$ ersetzt.

Dekompensierte metabole Alkalose: Anstieg des Blut-pH, oft Auftreten von Tetanie infolge Abnahme von Serum-Ca^{2+} sowie von Serum-Cl$^-$.

Aus diesen Beschreibungen der Primärursache von Acidose und Alkalose ergeben sich automatisch die Verschiebungen innerhalb der Henderson-Hasselbalch-Gleichung.

9.2.2 Regulation
► Abgesehen von der *Lunge,* die CO$_2$ abraucht, und der *Leber,* die katabol entstandene organische Säureanionen Lactat, Pyruvat und Acetoacetat metabolisiert, sorgt die *Niere* durch zwei Regulantien für die Konstanz des Standard-Bicarbonats:

a) Ausscheidung der vorgenannten organischen sowie auch der ebenfalls katabol entstandenen anorganischen Säureanionen *Phosphat* und *Sulfat. b) Einsparung der Kationen Na$^+$ und K$^+$* durch *Austausch gegen H$^+$ oder NH$_4^+$.* – Na$^+$ und K$^+$ sind im Blut zunächst die Gegenionen zu den organischen und anorganischen Anionen. Nach ihrer Sezernierung in den Glomerula werden im distalen Tubulusabschnitt Na$^+$ und K$^+$, wenn erforderlich, zunächst gegen H$^+$ ausgetauscht. Dieses entsteht nach

$$H_2O + CO_2 \rightleftharpoons H_2CO_3,$$

300fach beschleunigt durch Kohlensäureanhydratase, bezogen auf die Spontanreaktion,

$$H_2CO_3 \rightleftharpoons H^+ + HCO_3^-,$$

verläuft sehr schnell. So ist die Bereitstellungsgeschwindigkeit des zum Austausch benötigten H$^+$ kein begrenzender Faktor. NH$_4^+$ wird aus GluN verfügbar; das GluN ist die Hauptquelle des Harn-NH$_4^+$; NH$_4^+$ entsteht ebenfalls in den Tubuluszellen unter Glutaminase und zwar als NH$_3$, aber: NH$_3$ + H$^+$ ⇌ NH$_4^+$. Dieser Vorgang steht bei der metabolen Acidose im Vordergrund und sorgt für langfristige Kompensation.

9.3 Eisenstoffwechsel
► *a) Resorption.* Bei Maximalangebot durch die Nahrung wird pro Tag nur etwa 1 mg, das sind vielleicht 10 %, resorbiert, und zwar als Fe^{2+} (O$_2$-freies und durch Bakterientätigkeit reduktives Darmmilieu sorgt Fe^{3+} → Fe^{2+}). Resorptionsbegünstigend wirken Ascorbat, Succinat, Sorbit, Äthanol. Resorptionshemmend: Phosphat, Phytat. Ein Teil von Fe^{2+} wird durch die Mucosazellen des oberen Dünn-

darms über einen energieverbrauchenden aktiven Sekretionsprozeß an das Blut abgegeben. Der Fe-Rest wird in der Zelle an *Apoferritin* gebunden = spezifisch Fe^{3+} bindendes Protein. $4,8 \times 10^5$g (Teilchengewicht) binden $1,2 \times 10^5$g Fe^{3+} in Form von $FePO_4$ oder $Fe(OH)_3$ über HS-Gruppen als *Einschlußverbindung = Ferritin*.

b) Transport. Das Blutvehikel für Fe^{3+} ist *Transferrin* (Siderophilin): 0,24-0,28 g pro 100 ml Plasma, gehört zum β-Globulin und bindet 2 Fe^{3+} pro Molekül. Fe-Konzentration im Plasma: 90 - 150 µg pro 100 ml bei Männern, 70 - 150 µg pro 100 ml bei Frauen. Alles transportierte Fe ist an Transferrin gebunden, aber nur 0,33 des Plasmatransferrins enthalten Fe, 0,66 sind Transportreserve = *latente Eisenbindungskapazität*. Plasma-Fe + freies Transferrin = *totale Eisenbindungskapazität* (280-400 µg Fe pro 100 ml Plasma ist normal). Bedeutungsvoll zur Diagnose von Hämochromatose, Transfusionshämosiderose u. a. Der Haupttransport von Fe erfolgt zum roten Knochenmark und dient zur Hämoglobinsynthese (70 - 90 %), der Rest zur Biosynthese Fe-haltiger Elektronentransporteure in allen Organen. Der Diamembrantransport ist an spezifische Mechanismen gebunden, die wichtigsten Empfänger sind basophile Erythroblasten und Reticulocyten.

c) Eisenspeicherung. Überschuß-Fe wird gespeichert oder ausgeschieden. Die Speicherung erfolgt als *Ferritin* oder *Hämosiderin*, vorwiegend in den Leberparenchymzellen und im Reticuloendothelialsystem. Gesamtspeicher-Fe: $\sim$ 0,7 g, in der Leber davon 0,2 - 0,5 g.

d) Eisenausscheidung. Resorption und Ausscheidung sind normalerweise ausgeglichen: 0,5 - 1 mg verlassen den Organismus: 1. durch den *Darm*, meist über abgegebene Darmepithelzellen (70 % Zellmauserung pro Tag) zu etwa 500µg pro Tag; 2. mit dem *Harn* zu etwa 100 µg pro Tag; 3. mit dem *Schweiß* zu etwa der gleichen Menge. − Bei *Blutungen* werden 0,5 mg Fe per ml Blut abgegeben − zum Beispiel bei der *Menstruation* 10 - 30 mg Fe pro Monat, bei *Gravidität und Geburt* 500 mg, bei der *Lactation* 0,5 mg pro Tag. In solchen Fällen wird die Fe-Resorption bis zum Bilanzausgleich regulativ erhöht.

Störungen des Fe-Metabolismus. Aus Ökonomiegründen des Fe-Metabolismus kennt man kaum klinische Erscheinungen des *Fe-Mangels*. Eine angeborene Anomalie der Transferrinsynthese oder entzündliche Zustände verursachen aber zuweilen eine ungenügende Zulieferung von Fe aus den Speichern zu den Verbrauchsstätten.

Idiopathische Hämochromatose ist eine ständige Zunahme von Fe infolge erhöhter Resorption, so daß Eisenüberladung und dadurch verursachte Gewebsschäden bei Leber (Cirrhose), Pankreas (Diabetes mellitus), endokrine Organe und Herzmuskel (Insuffizienz) und Bronzepigmentierung der Haut diagnostiziert werden, ferner klinisch-chemisch mehr als 200 µg pro 100 ml Plasmaeisen bei fehlender oder verminderter Fe-Bindungskapazität.

Akute Fe-Vergiftung, vorwiegend bei Kindern, entsteht, wenn soviel Fe^{3+} oral aufgenommen wird, daß die Fe-Bindungskapazität des Plasmas nicht mehr zur Bindung ausreicht: Übelkeit, Erbrechen, Kreislaufkollaps, Acidose, Krämpfe, Exitus.

9.4 Spurenelemente

▶ *Cu* und *Zn,* s. (9.1)

Mn^{2+} ist in allen Organen vorhanden, Gesamtbestand des Menschen:~8 mg. Es aktiviert Leberarginase, saure Phosphatase, Cholinesterase.

Co^{2+}. Zentralatom des Cobalamins, Gesamtbestand des Menschen:~1-2 mg.

Mo^{3+}: Essentieller Bestandteil von Flavinenzymen: Xanthin-Oxidase, Nitrat-Reductase.

10 Allgemeine Mechanismen der Stoffwechselregulation

10.1 Allgemeine Begriffe
10.1.1 Regulation

▶ In intakten Lebenseinheiten: Zelle, Organe, Organismen, gibt es keine ungeordneten Metabolprozesse nebeneinander. Alle Einzel- und Sequentialvorgänge sind durch eine Reihe von Regulationsprinzipien sinnvoll aufeinander einreguliert, so daß Ökonomie, Effizienz und Adaptation optimiert sind.

Wir unterscheiden *räumliche Organisationsprinzipien* und *zeitliche Regulationsprinzipien*.

Räumliche Organisationsprinzipien: Jede Zelle enthält eine Reihe von *Metabolräumen:* Zellmembran, Cytosol, Zellkern, Mitochondrien, endoplasmatisches Reticulum etc. Jeder Metabolraum hat eigene Funktionen = *Makrokompartimente.* Innerhalb derselben gibt es Einzelenzyme oder Multienzymkomplexe, die Metabolsequenzen steuern = *Mikrokompartimente.*

Zeitliche Regulationsprinzipien: Sie steuern die Geschwindigkeit enzymkatalysierter Reaktionen durch verschiedene Mechanismen, entweder durch *Veränderung der Aktivierungsenergie* infolge *Enzymstrukturdeformation* oder durch *Veränderung der Metabolitpegel.*

Folgende Begriffe werden gebraucht: Rückkopplungsregulation (-hemmung), Kompetition, Enzym„spiegel", Substratkonzentrationsregulation (Michaelis-Kinetik), Produktregulation, Allosterische Regulation.

10.1.2 Rückkopplung

▶ Rückkopplung (feed back) ist ein *Selbstregulierungsprinzip.* Eine Metabolsequenz ist einem Regelkreis vergleichbar. Das Endprodukt dieser Metabolsequenz wirkt auf den Anfangsschritt derart zurück, daß bei seinem Anstau das den Anfangsschritt katalysierende Enzym, nach welchem Mechanismus auch immer, reguliert (gebremst) wird. Meist ist es eine *allosterische Enzymproteinbeeinflussung.* Der *Endmetabolit* wirkt als negativer *allosterischer Inhibitor.* Beispiel: *Isoleucin-Biosynthese* bei Bakterien. Ausgangsmetabolit ist L-Threonin. Die Sequenz umfaßt fünf Schritte. L-Isoleucin wirkt allosterisch regulierend auf das den ersten Reaktionsschritt katalysierende Enzym: Threonindesaminase. Wird Ile im Nährmedium optimal angeboten, so ist dieses Enzym völlig gehemmt, die Intermediate treten nicht auf. Wird kein Ile angeboten, so läuft die Metabolsequenz ab, weil die Threonindesaminase enthemmt ist, und Ile wird für die Proteinbiosynthese in ausreichender Menge angeboten. Ist Ile im Nährmedium nicht ausreichend vorhanden, so läuft die Synthesesequenz derart ab, daß der Defizit bis zur Bedarfsdeckung ausgeglichen wird. – Weitere, zum Teil bereits behandelte Beispiele, werden unter „Allosterie" aufgeführt.

Rückkopplungsregulationen gibt es aber nicht nur innerhalb einer Metabolsequenz, sondern auch von Metaboliten *einer* auf Enzyme einer *anderen* Metabolsequenz. Beispiel: Die Intermediate des Pentosephosphatcyclus *6-℗-Gluconat, Sedoheptulsose-7-℗* und *Erythrose-4-℗* regulieren die *Glucose-6-phosphat-Isomerase:* bei Anstau durch allosterische Hemmung, bei Abfall durch Enthemmung. – Der Pentosephosphatcyclus stellt ausreichend $NADPH_2$ zum Acylanabolismus bereit, wenn gleichzeitig genügend ATP vorhanden ist. Anstau langkettiger Acyl-CoA-Verbindungen hemmen wieder die Glucose-6-phosphat-Dehydrogenase als Initialenzym des Pentosephosphatcyclus.

10.1.3 **Schrittmacher**
▶ Die Threonindesaminase bei obigem Beispiel ist ein *Schrittmacherenzym:* Seine Aktivität determiniert die Gesamtumsatzgeschwindigkeit der Metabolsequenz, wenn die Enzymaktivitäten der Folgereaktionen von Natur größer und unlimitiert sind. – Beim *Glucosekatabolismus* ist Phosphofructokinase Schrittmacherenzym. Sie unterliegt einer zellexogenen (Insulin) und zellendogenen Regulation: allosterische Aktivatoren sind AMP, AM-3:5-P, allosterische Inhibitoren sind Fructose-1,6-di℗, ATP, Citrat. – Beim *Acylanabolismus* ist Acetyl-CoA-Carboxylase Schrittmacherenzym. Allosterischer Aktivator ist Citrat, allosterischer Inhibitor sind längerkettige Acyl-CoA-Verbindungen. – Ist nur *ein* Enzym Schrittmacher für eine Sequenz oder einen Cyclus, und basiert das Regulationsprinzip auf allosterischer Rückkopplung, dann häufen sich Intermediate nicht an.

10.1.4 **Enzymkonkurrenz**
▶ Nicht selten erkennen mehrere Enzyme im gleichen Kompartiment einen Metaboliten als Substrat: *a) beim Glucosemetabolismus* setzt die Katabolsequenz streng genommen beim Glucose-6-℗ an. Dieses ist eine metabole Verzweigungsstelle: Die *Glucose-6-phosphat-Isomerase* katalysiert die Gleichgewichtseinstellung mit Fructose-6-℗; die *Glucose-6-phosphat-Phosphatase* hydrolysiert irreversibel den

Phosphatrest aus dem aus der Anabolsequenz herkommenden Glucose-6-Ⓟ und liefert freie Glucose, wenn die Peripherie Glucose aus der Leber regulativ „abruft"; die *Glucose-6-phosphat-Dehydrogenase* leitet den Pentosephosphatcyclus ein; die *Phosphoglucomutase* mutiert den Phosphatrest aus der 6- in die 1-Position, Glucose-1-Ⓟ steht mit Glucose-6-P im Gleichgewicht. Glucose-1-Ⓟ ist Vorstufe von einem Verzweigungsstellen-Metabolit: *UDP-Glucose.* b) *UDP-Glucose* erkennen wieder mehrere Enzyme als Substrat: *Glykogen-Synthetase* (Regulation Glykogenana- und -katabolismus: 6.2, 6.5); *UDP-Glucose-Dehydrogenase,* die UDP-Glucuronat bildet, sowie Enzymsysteme zur Umwandlung in andere aktivierte Hexosen. Umgekehrt wird alimentäre Galaktose durch Austausch gegen Glucose in den Metabolismus eingeschleust. c) *Acetyl-CoA* ist ebenfalls ein Verzweigungsstellen-Metabolit. Die *Acetyl-CoA-Carboxylase* initiiert über Malonyl-CoA den Acyl-Anabolismus. Die *Citrat-Synthetase* ist Initialenzym für den Acetylkatabolismus durch Kondensation mit Oxalacetat zu Citrat. Vom Oxalacetat selbst führen zwei Metabolwege zum Glucoseanabolismus einerseits und zu Asp andererseits. d) *Pyruvat* unterliegt der Gleichgewichtseinstellung mit Lactat durch die LDH, der Carboxylierung zu Oxalacetat durch die *Pyruvat-Carboxylase,* der Dehydrierung und Decarboxylierung zu Acetyl-CoA. Die Verzweigungsstellen sind auch Umschaltstellen, von denen der eine Metabolweg auf Kosten des anderen begünstigt wird, wenn die Metabol-Gesamtlage es im Moment erfordert.

10.1.4.1
Enzymspiegel
▶ Beim „Stehgleichgewicht" $A \rightleftharpoons B \pm 0$ kcal·Mol^{-1} ist die Änderung der Enzymkonzentration ohne Einfluß auf die zeitliche Gleichgewichtseinstellung, wenn nur eine Optimalkonzentration vorliegt. Dagegen hängt beim *Fließgleichgewicht* $\rightarrow A \rightarrow B \rightarrow C \rightarrow D \rightarrow$ der Stoffdurchsatz in der Zeiteinheit auch von der Enzymkonzentration ab. Damit haben wir ein weiteres Metabolregulans: *Substrate oder Hormone induzieren die Enzymproteinsynthese* und erhöhen dadurch die Enzymkonzentration. Vermindert sich die Enzymnachlieferung infolge Substrat-(oder Hormon-) schwund, dann sinkt auch die Enzymkonzentration durch Katabolismus ab, s. hierzu (10.3).

10.1.5.1
Regulierung durch
Michaelis-Kinetik
▶ Beim *„normalen",* eingestellten Fließgleichgewicht liegen die Metabolite einer Metabolsequenz in relativ konstanten „stationären" Konzentrationen vor. Sie entsprechen den Michaeliskonstanten, s. (3.5). Die Enzyme sind mit Sub-

straten halbgesättigt. Erhöht sich die Substratkonzentration, dann steigt die Umsatzrate, weil die Enzyme jetzt mehr als halbgesättigt sind. Erniedrigt sich die Substratkonzentration, vermindert sich auch die Umsatzrate. Dies ist ein weiteres Selbstregulationsprinzip.

10.1.5.2 Produkthemmung
Hat das Produkt einer enzymkatalysierten Metabolreaktion zum aktiven Zentrum des Enzyms eine Affinität, die von der des Substrats nicht viel abweicht, dann kann es beim Anstau dieses Produkts zur partiellen Blockade des aktiven Zentrums und damit zur *Reaktionshemmung* kommen. Dies ist ebenfalls ein Selbstregulationsprinzip. *Beispiele:* Die Hexokinase wird durch Glucose-6-Ⓟ-Anstau gehemmt, die ATPase durch ADP und die NAD-Glykohydrolase durch Nicotinsäureamid. Wird der Anstau durch Weiterreaktion des Produkts beseitigt, dann kommt die Enzymreaktion wieder in Gang. – Im übrigen kann der Hemmungsmechanismus auch allosterischer Natur sein, wobei es sich um eine Konformationsänderung des Enzymproteins unter der Wirkung des Produkts auf das allosterische Zentrum des Enzymproteins handelt.

10.1.6.1 – 10.1.6.3 Allosterie
▶ Die allosterische Konformationsänderung eines Enzymproteins wurde bereits in (3.6.) beschrieben. Ein allosterisches Enzym besteht aus zwei oder mehr Protomeren. Jedes Protomer weist ein *katalytisch aktives* und ein *allosterisch effektives* Zentrum auf. Die Konformation der ersteren hängt von der Konformation des letzteren ab. Die Konformation des letzteren wird durch Gegenwart von allosterischen Effectoren determiniert. Der Effector kann über das allosterische Zentrum das aktive Zentrum so beeinflussen, daß es katalytisch aktiv oder inaktiv wird. Der Effector kann also ein Aktivator oder ein Inhibitor der Enzymkatalyse sein. Voraussetzung ist, daß die allosterischen Konformationsmodifikationen des Enzymproteins reversibel ineinander überführbar sind. *Beispiele:* Der Glykogenanabolismus durch die Glykogen-Synthetase wird durch Glucose-6-Ⓟ dadurch allosterisch aktiviert, daß das Enzym in die funktionale D-Form übergeführt wird. Der Glykogenkatabolismus durch die Phosphorylase a wird durch Glucose-6-Ⓟ (und ATP) dadurch gehemmt, daß das Enzym in die nichtfunktionale Form b übergeführt wird. Umgekehrt wirkt ADP auf den Übergang Phosphorylase b → a. – Der Fettsäurenanabolismus wird durch das Schrittmacherenzym Acetyl-CoA-Carboxylase dadurch initiiert, daß das Enzym durch Citrat allosterisch in die funktionale Form übergeführt wird. Das gleiche Enzym wird durch Anstau von Acyl-CoA allosterisch in die nicht-

funktionale Form zurückverwandelt. – Es wurde beschrieben (6.2), daß der Glucosekatabolismus durch das Schrittmacherenzym Phosphofructokinase durch Citrat und ATP allosterisch gehemmt und durch ADP und A-3:5-MP allosterisch aktiviert wird.

10.2 ▶ Intracelluläre Regulation

Die Zellkompartimentierung wurde unter (10.1) erwähnt. Anabolsequenzen und Katabolsequenzen, an denen die gleichen Intermediate beteiligt sind, laufen meist in verschiedenen Kompartimenten ab, um den Metabolvektor gut steuern zu können. *Beispiele:* Acylkatabolismus erfolgt in den Mitochondrien, Acylanabolismus im Cytosol. Für beide Sequenzen gibt es also getrennt lokalisierte Multienzymkomplexe. – An der Vektorisierung des Glucosemetabolismus sind u.a. die Glucokinase beteiligt, die im Cytosol liegt, wie die Glucose-6-Phosphatase, die eng an das endoplasmatische Reticulum gebunden ist. So wird die durch Phosphathydrolyse freigesetzte Glucose in die Zisternen des Reticulums übergeführt und durch diese aus der Zelle nach außen abgegeben.

10.2.1 Kompartimentierung

10.2.2 ▶ Hormonwirkung: A-3:5-MP

In der Zellmembran verankert sitzt das Enzym *Adenylcyclase*. Es kann in einer inaktiven oder einer aktiven Modifikation vorliegen. In der Nähe dieses Enzyms sitzen spezifische Receptoren für *schnellwirkende Hormone:* Adrenalin, Glukagon und einige andere Peptidhormone. Zieht einer dieser *„ersten messenger"* auf seinen Receptor auf, so wird er allosterisch modifiziert. Dies initiiert nun wieder die allosterische Überführung der Adenylcyclase in die enzymatisch aktive Form. Sie bildet aus ATP *Cyclo-AMP oder den „zweiten Messenger" A-3:5-MP.* Wenige Moleküle des ersten Messengers veranlassen über diesen Mechanismus die Bildung von vielen Molekülen des zweiten Messengers, analog der Wirkung eines elektronischen Multipliers.

Im Cytosol wirkt A-3:5-MP auf verschiedene Enzyme allosterisch modifizierend ein, allerdings nur für kurze Zeit, denn es wird durch eine Phosphodiesterase zu AMP aufhydrolysiert. Die Wirkungsintensität dieses zweiten Messengers ist abhängig von seinem Pegel und somit die Geschwindigkeitsresultante zwischen Ringschluß- und Ringöffnungsreaktion.

Eine der wichtigsten Direktiven von A-3:5-MP wurde schon ausführlich beschrieben: die Vektorsteuerung zwischen Glykogenanabolismus und -katabolismus in der Leberparenchymzelle (6.7): Aktivierung oder Inaktivierung von Glykogen-Synthetase oder Phosphorylase. – In der Nebennierenrinde wird die Cortisolsynthese durch A-3:5-MP aktiviert, die durch Corticotropin als ersten Messenger initiiert wird. − A-3:5-MP beeinflußt diamembranöse Transportprozesse, der Stoffdurchsatz in beiden Richtungen wird gesteuert; so wirkt zum Beispiel Histamin auf die Salzsäuresekretion im Magenfundus und Vasopressin auf die Wasserrückresorption in den Nierentubuli. − Im Fettgewebe wird die Lipasenaktivität durch A-3:5-MP allosterisch gesteuert. − Dies sind einige Beispiele für *exogen hormonal gesteuerte, endogen durch A-3:5-MP transmittierte metabole Sofortwirkungen (innerhalb 20-30 sec) im Cytosol.* A-3:5-MP vermittelt aber auch *hormonale Spätwirkungen auf Zellkern und Ribosomen:* a) es aktiviert eine *Histon-Kinase* des Zellkerns, die ein an DNA salzartig gebundenes, lysinreiches Histon unter ATP-Verbrauch phosphoryliert. Hierdurch wird die Salzbindung zwischen DNA und Histonphosphat örtlich so vermindert, daß der DNA-Strang für die Code-*Transkription* zugänglich ist = *Induktion durch Dereprimierung;* b) es aktiviert eine *Protein-Kinase* der Ribosomen, die ein ribosomales Protein unter ATP-Verbrauch phosphoryliert, so daß die Proteinsynthese in der Phase der Translation gesteuert wird = *direkte Aktivierung.* − Schließlich gibt es auch Beispiele für Mechanismen der direkten Induktion und Repression von Enzymproteinen durch den Multipliereffekt Hormon − A-3:5-MP. Sie werden im Kapitel „Hormonelle Regulation" behandelt.

10.2.3
A-3:5-MP

▶ *Adenylcyclase* katalysiert einen intramolekularen Transfer des dritten Phosphatrestes, der an C5' gebunden, ist mit der zweiten Valenz auf das C3'-Hydroxyl unter Abspaltung von Pyrophosphat. − *Phosphodiesterase* hydrolysiert die 3'-Bindung auf, wobei AMP entsteht. Dieses Enzym wird durch Coffein oder Theophyllin gehemmt. Unter Gegenwart dieser Stoffe bleibt der A-3:5-MP-Pegel länger hoch, wodurch sich teilweise die Wirkung dieser Stimulantien als verlängerte Adrenalinwirkung erkennen läßt.

10.3
Enzymsynthese,
Modell von
Jacob und
Monod
10.3.1
Induktion und
Repression

▶ Unter (10.1.) wurde bereits die Enzymprotein-Konzentrationsänderung als ein Parameter der Metabolregulation erwähnt. Hier folgt der molekulare Mechanismus dieses Kontrollprinzips. Nachdem wir einige niedermolekulare Induktoren und Repressoren kennen gelernt haben, verstehen wir ihn auf der Basis der genetischen Informationsverwertung.

Strukturgene + Operatorgen + Promotor = Operon, die Funktionseinheit der genetischen Informationsverwertung. Seine Tätigkeit wird durch die Funktion eines *Regulatorgens* kontrolliert.

Strukturgene enthalten die Informationen für die Aminoacylsequenzen der Polypeptide eines Enzymproteins.

Das Operatorgen entscheidet, ob die Transkription (s.5.5.5) erfolgt oder nicht.

Am *Promotor* beginnt die *Transkription,* indem hier die *RNA-Polymerase* ansetzt und sich entlang dem kodierenden DNA-Strang über die Strukturgene hinweg bewegt, indem sie die komplementäre mRNA informationsablesend synthetisiert.

Das Regulatorgen trägt die Information zur Synthese eines *Repressorproteins.*

Im Ruhestand unterdrückt der *Repressor* die *Aktivität des Operatorgens,* indem es mit diesem einen spezifischen Komplex bildet. Das Operon ist reprimiert.

Der Repressor weist außer der Erkennungsregion für das Operatorgen noch eine zweite Erkennungsregion für einen Metaboliten oder für A-3:5-MP (oder für ein Steroidhormon) auf. Diese Stoffe modifizieren den Repressor allosterisch derart, daß das Operatorgen ihn nicht mehr erkennt und aktiv wird. Man nennt einen solchen repressoraffinen Stoff daher *Induktor,* weil durch seine Gegenwart die Transkription induziert wird. Wird der Induktor metabol verbraucht, dann sinkt die Induktion und damit die Transkription der mRNA für ein Enzymprotein. Im Maße wie der Induktorpegel ansteigt, kommt die Transkription in Gang.

Eine zweite, alternative Metabolregulation besteht darin, daß das Regulatorgen die Synthese eines inaktiven *Aporepressors* codiert. Ein Operatorgen erkennt ihn nicht als Komplexierungspartner. Der Aporepressor wird nun durch einen niedermolekularen Stoff allosterisch modifiziert: Aporepressor + Corepressor = Holorepressor. Der letztere wird vom Operatorgen erkannt und seine Verbindung mit ihm hemmt die in Gang gewesene Transkription.

Induktion und Repression der Transkription sind somit wichtige, primäre Metabolregulantien, da sie die Bereitstellung und zeitliche Fluktuation der Enzymproteinkonzentrationen lenken.

10.3.2
Enzymabbau als Metabolregulans

► Auch für die Enzymproteinkonzentration gilt das „Windkesselprinzip": sie ist die Resultante von Bildungsgeschwindigkeit und Abbaugeschwindigkeit. Entspricht die letztere der ersteren, dann bleibt der Enzym*konzentrations*spiegel längere Zeit konstant, was nicht gleichbedeutend ist mit dem Enzym*aktivitäts*grad. Er kann durch andere Vorgänge variiert werden, die wir kennengelernt haben. Nun ist aber die Enzymkonzentration durch Bildungs- und Abbaugeschwindigkeit ebenfalls steuerbar. Es kann also der Konzentrationsspiegel steil ansteigen oder abfallen oder beides auch langsam verlaufen. Die Lebensdauer eines Enzyms kann anhand seiner *Halbwertszeit* ermittelt werden, analog derjenigen radioaktiver Isotopen oder isotopenmarkierter Metabolite in Metabolprozessen.

10.3.3 Phosphorylierungen und Adenylierungen als Regulationsprinzip

▶ Die beiden wichtigsten Modifikationen durch enzymatische Vorgänge an Enzymen sind *Phosphorylierungen* und *Adenylierungen*. *1. Phosphorylierung* der *aktiven* Glykogen-Synthetase (I-Form) in die *inaktive* Modifikation (D-Form) erfolgt durch eine Glykogensynthetase-Kinase, die, wie wir bereits wissen, durch A-3:5-MP aktiviert wird. – Die *inaktive* Phosphorylase-b-Kinase wird durch die ebenfalls durch A-3:5-MP aktivierte Phosphorylase-Kinase in die aktive Phosphorylase-b-Kinase übergeführt, die ihrerseits die *inaktive* Phosphorylase b (Dimerform) in die aktive Phosphorylase a (Tetramerform) umwandelt. Phosphatasen hydrolysieren dann die Phosphatgruppen wieder ab. Außer Glykogen-Synthetase, Phosphorylase-b-Kinase und Glykogen-Phosphorylase werden noch weitere Enzyme durch Phosphorylierung/Dephosphorylierung entaktiviert/aktiviert: Pyruvat-Dehydrogenase-Komplex, Fructose-1,6-diphosphatase, Glutamin-Synthetase. *2. Andenylierung* bedeutet die Einführung eines AMP-Restes aus ATP in jede der zwölf Untereinheiten der *Glutamin-Synthetase* (E. coli). Hierdurch nimmt die Aktivität ab. Abspaltung des AMP-Restes restituiert die Aktivität. Auch die *Translocase* oder *Aminoacyl-Transferase* wird durch einen ähnlichen Vorgang inaktiviert oder reaktiviert.

Sowohl zur Einführung eines der genannten Reste in das zu modifizierende Enzymprotein als auch deren Entfernung ist also je ein eigenes spezifisches Enzym notwendig.

10.3.4 Bedeutung der gesteuerten Proteolyse

▶ Ein weiteres Regulans für Enzymaktivitäten besteht in der Proteolyse von Oligo- oder Polypeptidketten aus einem Stammprotein: *1. Blutgerinnung:* durch Gewebsthromboplastin (Faktor III) aktiviert Proconvertin (Faktor VII) zum Convertin. Dieses führt Autoprothrombin III (Faktor X) in die aktive Form (Xa) über. Das letztere ist ein Enzym, welches das Prothrombin (Faktor II) des Blutes in Thrombin umwandelt. *2. Chymotrypsinogen* (Proenzym) der Pankreas hat Teilchengewicht 25×10^3 mit bekannter Sequenz von 246 Aminoacylresten und fünf −S−S−Brükken. Aktives Trypsin hydrolysiert bestimmte Peptidbindungen. Zum Teil autokatalytisch, zum Teil enzymkatalysiert geht die Spaltung über verschiedene Zwischenstufen weiter bis zum proteolytisch aktiven cyclischen Polypeptid α-Chymotrypsin. *3. Trypsinogen* mit Teilchengewicht 24×10^3 aus den exokrinen Acinuszellen des Pankreas wird durch das proteolytisch aktive Glykoprotein der Dünndarm-Mucosazellen, die Ca^{2+} benötigende *Enterokinase,* unter Abspaltung des Hexapeptids Val-(Asp)$_4$-Lys und dadurch verursachter Konformationsänderung, in aktives Trypsin übergeführt.

Im metabolen Fließgleichgewicht ist jeder Metabolit Regulans und Regulandum zugleich. Einige Metabolite haben Schlüsselpositionen, von denen aus sie ganze Metabolkomplexe regulieren: die molare Regulation NAD^+ zu $NADH_2$, die Aktivitäten vieler Dehydrogenasen im Cytosol als Zubringer von Elektronen zur energieliefernden Atmungskette, und die molare Relation ADP zu ATP den Elektronentransport über die Atmungskette vom Adnex der Atmungskettenphosphorylierung aus.

Als offene Systeme gegenüber ihrer Umwelt sind Lebenseinheiten ohne selbstregulatorisches Fließgleichgewicht undenkbar. Sie nehmen relativ entropiearme Nährstoffe auf und geben Endprodukte mit hoher Entropie ab. So erhalten sie ihren eigenen entropiearmen Zustand und vergrößern die Entropie ihrer Umgebung. Bei optimaler Stoff- und Energieumsetzung ist die Geschwindigkeit der Entropiebildung ein Minimum. So wirken sie dem Wärmetod des Universums nach dem zweiten Hauptsatz der Thermodynamik entgegen, einzigartiges Attribut der Materie und Phänomen in der Natur.

11 Hormonelle Regulation

11.1 und 11.1.1 ▶ Die Teleonomie einer biochemischen Funktionseinheit,
Allgemeines in der jede metabole Teilfunktion (Metabolsequenzen,
und Definition Metabolcyclen) mit jeder anderen in kausaler (materieller und kybernetischer) Beziehung steht, kann aus den seitherigen Kapitelinhalten nur unvollständig verstanden werden. Die Beispiele reichen nicht aus, und meist wurden auch nur *intracelluläre* Metabolprozesse und ihre Regulationsprinzipien „vor Ort" behandelt. Nun verteilt ein Organismus aber Schwerpunktfunktionen auf seine einzelnen Organe. Diese Funktionen müssen durch *intercelluläre* Kybernetik korreliert werden: auf *neuralem* und *humoralem* Wege. Unter biochemischem Aspekt erweitert sich also das kybernetische System um zahlreiche Sensoren aller Zellen aller Organe gegenüber Informanten (oder Regulantien), die traditionsgemäß *Hormone* genannt werden.

Als chemische Stoffe steuern Hormone mittelbar oder unmittelbar chemische Reaktionssysteme. Ihrer Natur nach sind es *Protein, Oligopeptide, Aminosäuren-Derivate* oder *Steroide.* Sie entstammen a) bestimmten, eigens zu ihrer Synthese vorgesehenen *Hormondrüsen* (endokrine Drüsen): Hypophysenvorderlappen, Hypophysenhinterlappen, Nebenniere, Schilddrüse, Nebenschilddrüse, Pankreas, Testes, Ovar, Placenta, Zirbeldrüse = *glanduläre Hormone,* oder sie werden b) in Organen mit anderen Hauptfunktionen gebildet = *Gewebshormone.* Die gesteuerten Erfolgsorgane liegen entweder in der Nähe der Bildungsorgane für die Steuerer, oder weit von ihnen entfernt. Auf dem Blutwege werden sie im gesamten Organismus verteilt. − Schließlich unterliegen auch die Hormondrüsen selbst wieder einer hormonalen Steuerung = *glandotrope Hormone.* Sie entstammen dem Hypophysenvorderlappen. Seine Funktion wieder wird von *Releasing-Hormonen* gesteuert, die vom Hypothalamus kommen. Über diesen Shunt besteht eine enge funktionale Beziehung zwischen neuraler und humoraler Kybernetik. −
Der Blutpegel glandulärer Hormone und einiger Metabo-

lite wirkt zügelnd auf Hypophyse, Hypothalamus und und Zentralnervensystem zurück = *Regelkreis* (Recycling). Durch diesen Regelringschluß wird Homöostase, Fließgleichgewicht und sowohl materielle wie energetische Ökonomie maximal garantiert.

11.1.2 Wirkungsprinzip ▸ Unter diesem Aspekt beobachten wir a) *hormonale Langzeitwirkungen*. Sie dauern die gesamte Lebenszeit des Individuums an, oder auch nur kürzere Lebensperioden, zum Beispiel für die Zeitspanne der Geschlechtsreife oder der Fortpflanzung; b) *hormonale Kurzzeitwirkungen:* sie setzen innerhalb von Sekunden ein und dauern für die Spanne einer metabol-regulativen Adaptation. – Alle Hormone erreichen auf dem Blutweg alle Zellen aller Organe, aber nicht alle Zellen sprechen gleicherweise auf alle Hormone an. In jeder Zelle gibt es für jedes Hormon einen Auswahlmechanismus = *spezifische hormonale Zellreceptoren*. Sie sind zumeist in der *Zellmembran* lokalisiert. Als quartärstrukturell modifizierbare Proteine erfahren sie eine allosterische Umlagerung, wenn „ihr" Hormon auf die Oberfläche aufzieht. Durch diese allosterische Strukturänderung wird eine „message" in das Zellinnere gegeben. Oder das Hormon wird auf dem Weg der spezifischen Bindung vom Zellmembranreceptor an einen ebenfalls spezifischen Zellinnernreceptor (Cytoplasma-, Kernreceptor) weitergegeben und auf diesem Vehikel an den Wirkungsort transportiert.

11.1.3 Hormonelle Regelkreise ▸ Im Hypothalamus werden Releasing-Hormone produziert für a) Adrenocorticotropes Hormon = *ACTH*, b) Thyreoides stimulierendes Hormon = *TSH*, c) Somatotropes Hormon = *STH*, d) Follikel stimulierendes Hormon = *FSH*, e) Luteinisierendes Hormon = *LH*. – Unter Wirkung der Releasing-Hormone bildet der Hypophysenvorderlappen dann die genannten glandotropen Hormone. In den jeweiligen Glandulae, den Erfolgsorten dieser *glandotropen Hormone,* werden daraufhin die *glandulären Hormone* gebildet: a) in der Nebennierenrinde Glucocorticoide, b) in der Schilddrüse die Schilddrüsenhormone, c) in den Keimdrüsen Androgene, Östrogene und Gestagene. – In den peripheren Erfolgsorganen kommt es unter der Wirkung glandulärer Hormone zu Aktivitätsänderungen von Enzymen bzw. zur Induktion oder Repression von Enzymbiosynthesen oder zu spezifischen Stoffwechselwirkungen. – Recycling-Effekte: a) Der *Blutpegel der Glucocorticoide* wirkt regulierend auf den Hypothalamus, wodurch die ACTH-Produktion und -Ausschüttung nivelliert wird.

Dieser Blutpegel selbst ist abhängig von der enzymatischen Inaktivierungsgeschwindigkeit in der Leber. b) Ein niedriger *Blutpegel an Thyroxin* stimuliert und ein hoher Blutpegel hemmt die Bildung des Thyreotropin-Releasing-Hormons (TRH) im Hypothalamus, von dem wieder die TSH-Bildung im Hypophysenvorderlappen abhängt. c) STH und Insulin gehören zu einem Regelkreis: unter STH-Wirkung steigt der Blutglucosepegel. Der Anstieg wirkt stimulierend auf Biosynthese und Abgabe von Insulin aus der Pankreas. Anstieg des Blutinsulinpegels wirkt senkend auf den Blutglucosepegel. Dies stimuliert Bildung und Abgabe von STH-Releasing-Hormon aus dem Hypothalamus.

11.1.4 Biologischer Nachweis ▶ Man entfernt Versuchstieren operativ die Hormondrüse. Kurze Zeit darauf zeigen diese Tiere charakteristische Ausfallserscheinungen. Man ermittelt nun diejenige Menge an Hormon, die diese Ausfallserscheinungen eben verhindert, indem man sie in bestimmten Zeitabständen parenteral zuführt.

11.1.5 Radioimmunbestimmung ▶ Von Proteo- und Peptidhormonen im Blutplasma: das präparativ in reiner Form dargestellte Hormon wird mit dem Radioisotop ^{125}J bzw. ^{131}J markiert und mit einem heterologen Antikörper präcipitiert. Diesem Präcipitat setzt man das auf seinen Hormongehalt zu testende Plasma zu. Das nichtmarkierte Hormon dieses Plasmas tauscht einen Teil des markierten Hormons des Präcipitats aus. Nach Abzentrifugieren des Präcipitats bestimmt man im klaren Überstand die Radioaktivität quantitativ. Sie ist der Hormonmenge des Testplasmas proportional.

11.1.6 Ausscheidung ▶ a) *Enzymatischer Abbau*. Beispiele: *Thyroxin* wird zum Teil dejodiert, zum Teil desaminiert und decarboxyliert. – *Adrenalin, Noradrenalin* werden O-methyliert und oxidativ desaminiert. – Die –S–S–Brücke des *Insulins* wird reduziert und die beiden Polypeptidketten proteolytisch abgebaut. – *Glucocorticoide* und *Androgene* werden zum Teil zu inaktiven Tetrahydroderivaten hydriert. – *Serotonin* und *Histamine* werden durch Aminoxidasen und Aldehydoxidasen abgebaut. – Die *Proteo-* und *Peptidhormone* unterliegen spezifischen proteolytischen Spaltungen. b) *Konjugation mit Glucuronat und Sulfat*. Beispiele: *Thyroxin* wird zum Teil über Glucuronid- und Sulfatderivate mit dem Harn ausgeschieden, ebenso *Glucocorticoide, Androgene, Östrogene, Gestagene* unmittelbar oder nach enzymatischer Umwandlung.

11.2 Schilddrüsenhormone

In den Epithelzellen der Drüsenfollikel der Schilddrüse erfolgt spezifische Aufnahme von Jodid aus dem Blut und örtliche Bindung mit Konzentrationsgradienten bis > 1:100, sogleich auch *Oxidation von J^- zu J_2*. Anschließend werden Tyrosylreste des Thyreoglobulins (Glykoprotein, MG 660 x 10^3 jodiert und Anlagerung *eines Monojod-* oder *Dijodtyrosyl*restes an einen *anderen* Rest oder eine Ätherbrücke, so daß *Jodthyronylreste* entstehen. Eine spezifische Protease zerlegt Thyreoglobin hydrolytisch und *3',5',3,5-Tetrajodthyronin = Thyroxin* sowie *3',3,5-Trijodthyronin*, als biologisch aktive Verbindungen, wie *3',5',3-Trijodthyronin* und *3',3-Dijodthyronin*, als biologisch inaktive Verbindungen, werden frei.

11.2.1 und 11.2.2 Struktur, Biosynthese MG

Andere Organe besitzen nicht den selektiven Anreicherungsmechanismus für Jodid. Gegenüber den 2×10^{-3}g Jod der Schilddrüse weist zum Beispiel die Muskulatur nur 4×10^{-6}g pro Gramm Trockengewebe auf, bei einem mittleren Gesamtjodgehalt von 52×10^{-9}g Jod pro Gramm Blutplasma.

Antithyreoidale Stoffe (klinische Verwendung bei Schilddrüsenüberfunktion) verhindern möglicherweise die Oxidation des Jodids zu Jod durch Konkurrenz mit dem Jodid um das aktive Zentrum der Jodidperoxidase, oder sie reduzieren Jod zu Jodid nach dessen enzymatischer Oxidation.

11.2.3 Stoffwechselwirkungen

a) *Überfunktion:* Klinische Symptome sind Schilddrüsenschwellung, Exophthalmus, Tachydardie (sog. Merseburger Trias nach Basedow), Gewichtsverlust infolge erhöhten Grundumsatzes, Schweißsekretion infolge erhöhter Wärmebildung, weil die ATP-Bildung innerhalb der Atmungskette entkoppelt ist. Bei starker *Hyperthyreose* wird ^{131}J schneller von der Schilddrüse aufgenommen oder auch schneller wieder abgegeben. b) *Unterfunktion:* Im Jugendalter Wachstumsstörung (Zwergwuchs), Schwachsinn, verminderter Grundumsatz, Kropf = Kretin, Myxödem (erhöhter Gehalt des Unterhautbindegewebes an sauren Mucopolysacchariden und Wasser, Vermehrung von Hyaluronat infolge verminderten Abbaus, verringerter Synthese von Dermatansulfat). c) *Kohlenhydrat- und Lipidmetabolismus:* Bei Überfunktion besteht verminderte Glucosetoleranz infolge erhöhter Resorption und erhöhtem Glykogenkatabolismus, Zunahme der Glucose-6-phosphatase-Aktivität, der Adrenalinreaktionen und des Insulinkatabolismus, Abbau der Lipiddepots, wobei paradoxerweise Blutlipid- und Blutcholesterinpegel erniedrigt sind, erhöhter Abbau von Cholesterin und Umbau zu Gallensäuren, als Ursachen der erhöhten Lipolysewirkung des Adrenalins.

11.3 Thyreoideastimulierendes Hormon TSH und TRH

11.3.1 Struktur
11.3.2 Wirkung

▶ a) *TRH:* Thyreotropin-Releasing-Hormon des Hypothalamus ist ein Tripeptid: Pyroglutamyl-histidyl-prolinamid.
b) *TSH* wird in den basophilen Zellen des Hypophysenvorderlappens unter TRH-Wirkung gebildet: Glykoprotein mit MG 30×10^3, 8% Kohlenhydrat, davon 3% Aminohexosen, 5% Hexosen, darunter D-Mannose und L-Fucose. Die Polypeptidketten sind durch 8-11 (Cystyl-)Disulfidbrücken verknüpft. – c) *Regelkreis:* s. 11.1.3

11.4 Parathormon

11.4.1 Struktur
11.4.2 Wirkung

▶ Protein mit MG $8,5 \times 10^3$, besteht aus 74 Aminosäuren, wird in den 2 bis 6 dorsal zur Schilddrüse liegenden Epithelkörperchen (Nebenschilddrüse) gebildet.
a) *Nierenwirkung:* Reguliert positiv die aktive Sekretion von Phosphat in den distalen Tubuli, negativ die Rückresorption von Phosphat in den proximalen Tubuli = Phosphaturie, dadurch Absinken des Blutphosphatpegels. – b) *Skelettwirkung:* Reguliert positiv die mRNA-Synthese in den Osteoblasten, die Aktivität der Multienzyme von Glucosekatabolismus und Citratcylus, extracelluläres Hydroxylapatit und verursacht bei Überproduktion Anstieg des Blutcaliumpegels, ferner Umbau am kollagenen Bindegewebe, dadurch erhöhte Ausscheidung von Mucopolysacchariden und Hypro im Harn!

11.5 Thyreocalcitonin

11.5.1 Struktur
11.5.2 Wirkung

▶ Polypeptid mit MG $3,6 \times 10^3$, besteht aus 32 Aminosäuren, wird in den parafollikulären Zellen der Schilddrüse gebildet. – Stimuliert die Osteoblasten, wodurch vermehrt Hydroxylapatit im Skelettsystem deponiert und der Blutcalciumpegel gesenkt wird.

11.6 Noradrenalin und Adrenalin

11.6.1 Struktur, Biosynthese

▶ 1. Tyr (4-Hydroxy-phenylalanin) wird durch Tyrosin-Hydroxylase unter Verwendung von $NADPH_2$ und Verbrauch von O_2 zu 3,4-Dihydroxyphenylalanin (DOPA).

2. eine Pyridoxal-abhängige L-Aminosäure-Decarboxylase spaltet CO_2 ab, → 3,4-Dihydroxyphenyläthylamin (Dopamin),
3. eine 3,4-Dihydroxyphenyläthylamin-β-Hydroxylase führt am α-C-Atom der Seitenkette eine OH-Gruppe ein, wozu O_2 verwendet und zu H_2O wird, ferner Ascorbat zu Monodehydroascorbat (letzteres wird unter Verwendung von $NADPH_2$ (→ $NADP^+$) wieder zu Ascorbat regeneriert) → Noradrenalin.
4. Phenyläthylamin-N-Methyltransferase überträgt eine CH_3-Gruppe aus S-Adenosylmethionin (→ S-Adenosylhomocystein) auf Noradrenalin → Adrenalin.

11.6.2 Wirkung ▸ *Adrenalin reguliert* positiv den Blutpegel von Glucose, Lactat und freien Fettsäuren: Aktivierung der Leber- und Muskel-Phosphorylase über den Adenylcyclase-Mechanismus, (s. 6.7). Aus Glykogen wird vermehrt Glucose-1-phosphat gebildet. In der Leber erfolgt Gleichgewichtseinstellung mit Glucose-6-phosphat unter Glucose-6-Phosphatase, darauf wird der Phosphatrest hydrolytisch entfernt und freie Glucose ans Blut abgegeben. Glucose-6-Phosphatase fehlt in der Muskulatur. Vermehrt gebildetes Glucose-1-phosphat kurbelt den Glucosekatabolismus an. Es entsteht vermehrt Lactat, welches ins Blut übertritt. – *Noradrenalin* hat keine Wirkung auf die Phosphorylase, wohl aber auf die Lipase des Fettgewebes. Wie Noradrenalin, so aktiviert auch Adrenalin die Adenylcyclase. Vermehrt gebildetes A-3:5-MP aktiviert nun die Fettgewebslipase, welche Triglyceride in Glycerin und freie Fettsäuren hydrolysiert. Sich schnell anstauende Fettsäuren werden auch im Fettgewebe β-oxidiert, so daß nicht nur freie Fettsäuren, sondern auch Ketonkörper ins Blut übertreten.

11.7 Insulin
11.7.1 Struktur, Biosynthese ▸ Polypeptid von zwei Peptidketten, die durch zwei Disulfidbrücken miteinander verbunden sind. Die A-Kette enthält 21 Aminosäuren, die B-Kette 30 Aminosäuren. Außerdem enthält die A-Kette noch eine Disulfidbrücke zwischen zwei Cysteinylresten in Position 6 und 11. In den β-Zellen der Langerhans'schen Inseln der Pankreas wird zunächst ein *Proinsulin* gebildet, ein aus 81 Aminosäuren bestehendes unverzweigtes Polypeptid. Die Aminoacylreste der beiden Kettenenden sind so angeordnet, daß mühelos die beiden Disulfidbrücken hergestellt werden können. Enzymatische Proteolyse sorgt für die Ablösung des aus 30 Aminoacylresten bestehenden Mittelstücks.

11.7.2, 11.7.3 Stoffwechselwirkung ▸ *Insulin* besitzt mehrere *biochemische Wirkungen*. Eine davon besteht in der Erhöhung der Permeabilität von Membranen der Zellen zahlreicher Organe und Gewebe, wodurch der Stoffdurchsatz vom Extracellulärraum in die Zelle begünstigt wird. Wahrscheinlich spielt hierbei die Aktivierung der intracellulären Adenylcyclase eine Rolle. Unabhängig davon gibt es noch andere direkte biochemische Wirkungen auf Enzyme des Kohlenhydrat-, Fett- und Proteinstoffwechsels:
a) Senkung des normalen oder erhöhten *Blutglucosepegels:* Insulin wirkt als Induktor von Schlüsselenzymen des Glucosekatabolismus und des Glykogenanabolismus (s.6.2 u. 6.7) = *Langzeiteffekt*. Die Glucokinase im endoplasmati-

schen Reticulum der Leberzellen wird aktiviert, ebenfalls Phosphofructokinase und Pyruvat-Kinase. b) Insulin *verstärkt* den *Katabolismus* von *Glucose-6-phosphat* über Glykolyse und Tricarbonsäurecyclus einerseits sowie auch über Pentosephosphatcyclus andererseits, den letzteren jedoch stärker als den ersteren, so daß es zu einer vermehrten Bildung von $NADPH_2 + CO_2$ kommt. Die Erhöhung des Glykogengehaltes von Leberzellen ist die Folge einer Aktivitätssteigerung der Glykogen-Synthetase durch Insulin. c) Infolge der *Permeabilitätssteigerung der Zellmembran* durch Insulin werden auch vermehrt Aminosäuren in die Zellen aufgenommen. Die erhöhte Proteinsynthese in diesen Zellen ist aber auch Ausdruck einer vermehrten mRNA-Synthese. Stimulierung von Aminosäureninflux und Erhöhung der Proteinbiosynthese sind aber unabhängige Vorgänge. d) Von aus dem Darm in die Blutbahn abgegebene *Glucose* werden in der *Leber 3%* sofort zu Glykogen und *30%* in *Lipide* umgewandelt. Beide Prozesse werden unter *Insulin verstärkt*. Die Lipidsynthese setzt eine Synthese freier Fettsäuren voraus, die durch über den Pentosephosphatcyclus vermehrt gebildetes $NADPH_2$ ermöglicht wird. Synchron damit verläuft eine Aktivitätssteigerung von Pyruvat-Dehydrogenase, Acetyl-CoA-Carboxylase und Acylgruppen aus Acyl-CoA übertragendes Enzym. Die Ketonkörperbildung ist gleichzeitig gehemmt.

11.7.4 ▶ — *Diabetes mellitus* ist die *wichtigste Mangelkrankheit* von
Insulinmangel Insulin. Sie entsteht entweder durch unternormale Insulinbildung, vermehrte Bildung physiologischer Insulininaktivatoren oder von Insulinantagonisten, die die normalen Funktionen des Insulins verhindern. Folgen sind *Hyperglykämie* und *Glucosurie* (Zellmembran-Permeabilitätsverminderung für Glucose). Beim Schwellenwert von 170-180 mg Glucose/100 ml Blut (normal 60-100 mg%) ist auch die Rückresorption der Glucose in den Nierentubuli nicht mehr vollständig, so daß Glucose mit dem Harn ausgeschieden wird. Verminderte Bereitstellung von Glucose für die Katabolprozesse führt nun zu einer Folge von miteinander verzahnten Ausfallserscheinungen: der Pentosephosphatweg verläuft unternormal, damit auch die Bereitstellung von $NADPH_2$ für die Fettsäuresynthese. Es funktionieren aber auch die Insulin-abhängigen Enzyme des Fettsäureanabolismus unternormal. Gleichzeitig verläuft der Fettsäurekatabolismus unverändert oder verstärkt. Vermehrt entstehendes Acetyl-CoA staut sich an, weil die stationäre Konzentration des Kondensationspartners seiner Acetyl-Gruppe, Oxalacetat, infolge des ge-

hemmten Glucosekatabolismus vermindert ist. So wird auf die Bildung von β-Hydroxybuttersäure und Acetessigsäure sowie des aus dem letzteren durch Decarboxylierung entstehenden Acetons ausgewichen. Diese Ketonkörper werden ans Blut abgegeben und mit dem Harn ausgeschieden. Bei Insulin-Defizit ist auch die Gluconeogenese aus Aminosäuren erhöht, so daß der Harnstoff im Blut ansteigen kann. Zur Ausscheidung von Glucose und Ketonkörper sind größere Wassermengen notwendig, so daß Wasserverarmung der Gewebe und Störungen im Elektrolythaushalt sekundäre Folgen des Insulinmangels sein können. Erhöhter Blutgehalt an β-Hydroxybuttersäure und Acetessigsäure binden erhebliche Äquivalentmengen an fixem Alkali, so daß der Austransport von CO_2 gestört sein kann. Die aufgezählten einzelnen Metabolstörungen können Ursache einer allgemeinen Stoffwechselentgleisung werden, welche nicht selten zur *metabolischen Acidose* sowie zum *diabetischen Coma* führen.

11.7.5
Diagnostik

▶ Abgesehen von der *klinisch-chemischen Analyse* des Blutpegels an Glucose und Ketonkörpern sowie der Ausscheidung dieser Metabolite mit dem Harn kann mit mehreren Methoden auch der *Seruminsulinpegel* bestimmt werden. Ein Rattendiaphragma wird in geeigneter Kulturlösung zusammen mit 1-^{14}C-Glucose inkubiert und dem Inkubat das zu prüfende Serum zugesetzt. Man analysiert die Erhöhung des Glucosekatabolismus im Pentosephosphatweg durch Messung des gebildeten $^{14}CO_2$. Zwischen der Menge des zugesetzten Insulins und des gebildeten $^{14}CO_2$ besteht eine lineare Beziehung. – Zur *Radioimmunbestimmung* des Insulins verfährt man wie unter (11.1) beschrieben.

11.7.6
Orale
Anitidiabetica

▶ Je nach Schwere des Diabetes wird dem Patienten zunächst eine Diät verordnet und dann anhand der Blutzuckerkontrolle Insulin verabreicht. Außer der parenteralen Injektion von Insulin können auch oral wirksame Antidiabetica angewandt werden. *Sulfonylharnstoffe hemmen* die *Glucoseabgabe* aus der Leber und regen Bildung und Abgabe von Insulin aus den Langerhans'schen β-Zellen der Pankreas an. Außerdem setzen sie ein plasmagebundenes inaktives Insulin aus der Bindung frei. Sie sind also nur dann applikabel, wenn noch endogenes Insulin gebildet wird. Ist dessen Synthese ganz erloschen, dann werden Biguanide angewandt. Sie steigern den Glucoseinflux in die Zellen und hemmen die Gluconeogenese, außerdem die Sauerstoffaufnahme, so daß es zu einer schlechteren Ausnutzung der Glucose kommt, deren Katabolismus zum großen Teil bei der Milchsäurebildung aufhört.

11.8 Glukagon
11.8.1 Struktur
▶ Protein mit MG 3485, bestehend aus 29 Aminosäuren: unverzweigte Peptidkette mit His als N-terminaler und Thr als C-terminaler Aminosäure, enthält kein Cys, jedoch Met und Try, gebildet in den α-*Zellen* der *Langerhans' schen Inseln* des Pankreas.

11.8.2 Wirkung
▶ Seine *Wirkung* auf den *Kohlenhydratmetabolismus* gleicht der des Adrenalins, jedoch nur in der Leber und nicht in der Muskulatur: Aktivierung der Adenylcyclase, Erhöhung von A-3:5-MP, dadurch Aktivitätssteigerung der Leber-Phosphorylase und somit *Erhöhung des Blutzuckers,* gleichzeitige Erhöhung der Gluconeogenese aus (bevorzugt) Lactat. Über die Adenylcyclatwirkung im Fettgewebe steigt der Blutgehalt an nichtveresterten Fettsäuren an. Der Proteinkatabolismus wird erhöht, dies zeigt sich in vermehrter Ausscheidung von Kreatinin, Harnstoff und Harnsäure im Harn an. Muskelmasse, Lebergewicht und Gesamtkörpergewicht nehmen ab.

11.9 Wachstumshormon (STH)
11.9.1 Struktur
▶ *Protein großer Artspezifität,* d.h. die gereinigten Hormonpräparate verschiedener Species unterscheiden sich in Anzahl und Sequenz der Aminosäuren sowie ihren immunologischen Verhalten und ihrer biologischen Aktivität. Rinder-STH: MG 46×10^3 mit 369 Aminosäuren; Schaf-STH: MG $47,8 \times 10^3$; Menschen-STH: MG $21,5 \times 10^3$ mit 188 Aminosäuren. Rind- und Schaf-STH bestehen aus zwei Polypeptidketten, Menschen- und Affen-STH aus einer einzigen Polypeptidkette.

STH wird in den *eosinophilen Zellen* des *Hypophysenvorderlappens* gebildet, als Teilstück eines umfangreichen Proteins (inaktiv), aus ihr wird die Wirkform proteolytisch freigesetzt.

11.9.2 Wirkung
▶ *STH* wirkt *Protein-anabol* durch *Stimulierung* der *Synthese* von *mRNA,* meßbar an erhöhter Retention von N und positiver Stickstoffbilanz. Es *hemmt* die *Lipidsynthese,* einerseits durch Hemmung des Acylanabolismus aus Acetyl-CoA, andererseits durch Hemmung der Glycerinacylierung. Auch besitzt es eine schwach lipolytische Wirkung. – STH *wirkt Insulin-antagonistisch,* besonders in der Muskulatur. Bei Erhöhung des STH-Blutpegels steigt der Blutzuckerpegel an, so daß für den Glucoseinflux in die Zellen mehr Insulin benötigt wird. Für die diabetogene Wirkung des STH sind die letzten 23 Aminosäuren des Moleküls am C-terminalen Ende verantwortlich. Dieser aktive Bezirk wirkt inhibitorisch auf die Glycerin-3-phosphat-Dehydrogenase, die Glycerinaldehyd-3-phosphat-

Dehydrogenase, die Acetyl-CoA-Carboxylase und auf die Oxidation von Pyruvat zu Acetyl-CoA. – STH *fördert* die *Gluconeogenese, so daß der Leberglykogengehalt ansteigt.* So ist die *STH-Hyperglykämie* sowohl Folge des gehemmten Glucoseinflux als auch der verstärkten Gluconeogenese.

11.10 Hormone der Nebennierenrinde (u.a. Steroidhormone)

11.10.1 Struktur
11.10.2 Biosynthese

▸ *Die Struktur* der Nebennierenrindenhormone Cortisol, Corticosteron und Aldosteron ergeben sich am besten aus ihrer Biosynthese. *1. Cholesterin → Pregnenolon.* Cholesterin ist ein C27-Steroid, sein Grundkohlenwasserstoffskelett heißt *Cholestan*. Das erste wichtige Intermediat in dieser Metabolsequenz entsteht durch oxidative Seitenkettenverkürzung und Abspaltung der Restkette als Isocapronaldehyd. Es resultiert *Pregnenolon (Δ^5-Pregnen-3β-ol-20-on;* das Grundkohlenwasserstoffskelett der C21-Steroide heißt *Pregnan).* Aus Pregnenolon entstehen einige Androgene und Östrogene. *2. C21-Steroide: Pregnenolon → Progesteron.* Durch Verlagerung der Kerndoppelbindung von Ring B nach Ring A und Dehydrierung von C3-OH entsteht *Progesteron* (Δ^4-Pregnen-3,20-dion), *wichtigstes Corpus-luteum-Hormon* und wichtiges Ausgangsprodukt der *Biosynthese* von *Nebennierenrindenhormonen*. *3. Progesteron → Cortisol.* Unter Wirkung einer 17α-Hydroxylase (benötigt O_2 und $NADPH_2$), die streng stereospezifisch hydroxyliert, entsteht zunächst *17α-Hydroxyprogesteron* (Δ^4-Pregnen-17α-ol-3,20-dion). Aus diesem gehen wieder Androgene und Östrogene hervor, doch wirkt noch eine weitere Hydroxylase ein, die *21-Hydroxylase,* wobei *11-Desoxycortisol* entsteht (Δ^4-Pregnen-17α-21-diol-3,20-dion). An diesem Intermediat erfolgt eine dritte Hydroxylierung durch eine *11β-Hydroxylase,* es bildet sich *Cortisol* (Δ^4-Pregnen-11β, 17α, 21-triol-3,20-dion). *4. Cortisol → Cortison.* Die beiden stehen im enzymatisch katalysierten Gleichgewicht miteinander: Die C11-OH-Gruppe wird zur CH=O-Gruppe: Cortison = Δ^4-Pregnen-17α, 21-diol-3,11, 20-trion. *5. Progesteron → 11-Desoxycorticosteron.* Hier greift am Progesteron unmittelbar die C21-Hydroxylase an = *11-Desoxycorticosteron* (Δ^4-Pregnen-21-ol-3,20-dion). Die 17-Hydroxylase kann diese Verbindung nicht mehr hydroxylieren, wohl aber die C11-Hydroxylase. *6. Desoxycorticosteron → Corticosteron.* Durch Einführen einer OH-Gruppe an C11 entsteht Corticosteron (Δ^4-Pregnen-11β,21-diol-3,20-dion). *7. Corticosteron → 11-Dehydrocorticosteron.* Ebenso wie das enzymatisch gesteuerte Gleichgewicht zwischen Cortisol und Cortison, so vermittelt auch hier eine Steroid-Dehydrogenase Corticosteron mit 11-Dehydrocorticosteron (Δ^4-Pregnen-21-ol-3,11,20-trion). *8. Corticosteron → Aldo-*

steron. Die Methylgruppe C18 wird oxidativ angegriffen und zu einer Aldehydfunktion. Die Aldehydgruppe schließt sich mit der C11-OH-Gruppe zu einem Halbacetalring: Aldosteron (Δ^4-Pregnen-18-al-11β, 21-diol-3,20-dion, als ringoffene Verbindung beschrieben). – Die bis jetzt behandelten *C21-Steroide* umfassen also das *Corpus-luteum-Hormon* und die Nebennierenrindenhormone als *Derivate* des *Pregnans*.
9. *C19-Steroide: a) Progesteron → Androsteron*. Die C-Atome 20 und 21 werden als Acetatreste abgespalten, an C17 verbleibt eine Ketofunktion. Nun entstehen Derivate eines anderen Grundkohlenwasserstoffs: *Androstan*, zunächst *Androsten-dion* (Δ^4-Androsten-3,17-dion). Hieraus können Östrogene gebildet werden. *b) Androstendion → Testosteron*. Das C17=O steht in reversiblem Gleichgewicht mit C17-OH: *Testosteron* (Δ^4-Androsten-17β-o1-3-on). *c) Testosteron → 19-Hydroxytestosteron*. Eine C19-Hydroxylase führt Testosteron in ein Intermediat auf dem Weg zu Östrogenen über: Δ^4-Androsten-17β,19β-diol-3-on. Diese Reaktionen finden hauptsächlich in den *Testes* statt. 10. *C18-Steroide:* (s. Östrogene) unterscheiden sich von den C21- und C19-Steroiden durch Aromatisierung des Ringes A und dem Fehlen der CH_3-Gruppe an C10. Die OH-Gruppe an C3 weist nun phenolischen Charakter auf. Wir behandeln nur eine von Δ^4-Androsten-3,17-dion (Testosteron) ausgehende Synthesesequenz: *a) Androsten-dion → Östrogen*. Oxidation des C19 über die Alkohol- zur Aldehydfunktion, Abspaltung des C19 als Formaldehyd, Ringaromatisierung. Grundkohlenwasserstoff = *Östran. b) Östron → Östradiol-17β*. Reduktion der C17-Ketofunktion mit $NADPH_2$; durch eine 17β-Hydrosteroid-Dehydrogenase. *c) Östradiol-17β → Östriol*. Unter Wirkung einer C16-Hydroxylase entsteht Östriol-3,16α, 17β. Diese Biosyntheseenzyme sind in den *Ovarien* lokalisiert.

11.10.3 Wirkung der Glucocorticoide ▶ Die wichtigsten Glucocorticoide sind *Cortisol* und *Corticosteron*, geringere Wirkungen haben Cortison und 11-Dehydrocorticosteron, noch geringere die mehr den Mineralstoffwechsel kontrollierenden Corticoide, Desoxycorticosteron und Desoxycortisol. – Die *biologischen Regulationswirkungen* der *Glucocorticoide* erkennt man am besten an den Metabolreaktionen nach parenteraler Zufuhr im Experiment. Sie sind der Ausdruck unterschiedlicher Wirkungen auf verschiedene Organe und multipler Wirkungen innerhalb derselben auf Enzymsysteme und Metabolprozesse. In Muskulatur und Knochengewebe hemmen Glucocorticoide die Biosynthese der Proteine und fördern ihren Abbau = *antianaboler und kataboler Effekt*. Infolgedessen steigt auch der Blutaminosäurepegel an. Glucocorticoide fördern dann die Blutaminosäurenclearance durch die Leber. In diesem Organ wird Synthese von mRNA durch Glucocorticoide begünstigt und es kommt zur vermehrten Synthese und Aktivitätssteigerung Aminosäuren-katabolisierender Enzymsysteme, dadurch wieder wird die Harnstoffproduktion erhöht und der Blutharnstoffpegel steigt an. Die Kohlenstoffgerüste glucogener Aminosäuren dienen zur Gluconeogenese. Dem erhöhten Glucoseanfall wird einerseits durch Glykogenanabolismus ausgewichen, anderseits durch Glucoseabgabe ans Blut, dessen Blutglucosepegel ansteigt. Dieser Metabolkomplex wird dadurch begünstigt, daß die oxidative Decarboxylierung des Pyruvats zum Acetyl-CoA gehemmt ist, aber auch diejenige der Glucoseverwertung durch andere periphere Organe. – Unter Glucocorticoiden werden aber auch die Lipiddepots aktiviert, so daß es zum Blutpegelanstieg an freien Fettsäuren kommt.

11.10.4 Wirkung des Aldosterons ▸ Das wichtigste *Mineralocorticoid* ist *Aldosteron*, eine geringere mineralocorticoide Wirkung besitzt aber auch Cortisol. – Mineralocorticoide regulieren die intra- und extracelluläre *Verteilung von Na^+ und K^+*. Erhöhte parenterale Zufuhr oder Überproduktion begünstigt Austritt von K^+ aus der Zelle und Eintritt von Na^+ in die Zelle: Gegenwirkung zur „Natriumpumpe". Hauptangriffsorte sind proximale und distale Nierentubuli. Hier fördern sie die Rückresorption von Na^+ und Sekretion von K^+, aber auch von H^+ oder NH_4^+. Elektrolytverschiebungen gehen stets konform mit Wasserverschiebungen = *Kochsalzödem*.

11.10.5 Über- und Unterfunktion der NNR ▸ Bei *Überproduktion von Glucocorticoiden* entsteht ein *Morbus Cushing* genanntes Krankheitsbild: Knochenabbau und Muskelschwund infolge erhöhten Proteinabbaus mit allen im vorigen Abschnitt beschriebenen Blutmetaboliténderungen. – Bei *Überproduktion an Aldosteron* entsteht ein *Connsyndrom* oder *primärer Aldosteronismus* genanntes Syndrom, gekennzeichnet durch erhöhte K^+-Ausscheidung, verminderten Blutkaliumpegel und Albuminurie infolge Nierenschädigung. – Bei *Unterproduktion* von Nebennierenrindenhormonen entsteht *Morbus Addison*, biochemisch gekennzeichnet durch erhöhte K^+/Na^+-Relation im Blut, zu starke Wasserabgabe, erniedrigten Blutzucker- und Na-Hydrogencarbonatpegel im Blut sowie metabole Acidose.

11.11 Adrenocorticotropes Hormon (ACTH) ▸ Protein mit 39 Aminosäurenresten, von denen aber nur die ersten 23 für die Wirkung verantwortlich und bei allen ACTH produzierenden Tieren identisch sind, während die restlichen 16 variieren. Die ersten 13 Aminoacylreste ent-

11.11.1 Struktur sprechen übrigens dem Melanocyten-stimulierenden Hormon. Die *ACTH-Synthese* erfolgt in den basophilen Zellen des *Hypophysenvorderlappens,* in geringeren Mengen auch in der Placenta und im Hypophysenhinterlappen.

11.11.2 Wirkung ▸ *ACTH stimuliert* in der Zona fasciculata der Nebennierenrinde die *Glucocorticoidsynthese* und deren Abgabe an das Blut, was anhand einer Anzahl von Metabolitparametern verfolgt werden kann. *Anstieg* des *Blutglucocorticoidpegels hemmt* im Zwischenhirn die *Bildung* des *Corticotropin-Releasing-Factors* und umgekehrt. Von dessen Stoffgröße hängt dann wieder die *ACTH-Produktion* im Hypophysenvorderlappen ab. Damit ist der *Regelkreis geschlossen.*

11.11.3 Regulation der Aldosteronwirkung ▸ Der Syntheseort *des* Aldosterons *ist die Zona glomerulosa der Nebennierenrinde,* die *Synthesekontrolle* erfolgt durch *Renin.* Dieses wird in der Niere gebildet. Es ist ein proteolytisches Enzym und spaltet aus Hypertensinogen der $α_2$-Globulinfraktion des Blutplasmas *Angiotensin I* ab, ein Dekapeptid. Eine weitere Peptidase spaltet ein Dipeptid ab, und es entsteht *Angiotensin II,* ein Octapeptid. Schließlich zerlegen es Angiotensinasen der Gewebe in unwirksame Peptide und Aminosäuren. Angiotensin II reguliert positiv die Ausschüttung von Aldosteron aus der Nebennierenrinde. Über einen feedback-Mechanismus hemmt Angiotensin II aber auch die Reninsekretion aus dem juxtaglomerulären Apparat der Niere. Schließlich fördert es die Rückresorption von Na^+ in den Nierentubuli, aber nur bei normalem Blutdruck. Bei erhöhtem Blutdruck hemmt es die Na^+-Rückresorption. Damit ist Angiotensin einer der stärkst wirksamen vasopressorischen Stoffe (vier- bis achtmal wirksamer als Adrenalin; Arteriolenkonstriktion; Anstieg des systolischen und diastolischen Blutdrucks). – Zu diesem komplizierten Regelsystem gehört auch die *Steuerung der Reninsekretion* durch drei verschiedene Mechanismen: *a) intrarenaler Arteriolen-Baro-Rezeptor-Mechanismus:* erhöhte Reninausschüttung bei Absinken des intraarteriolaren Drucks im Bereich der juxtaglomerulären Zellen bzw. verminderte Reninausschüttung beim Druckanstieg. *b) Macula densa:* Reninsekretion ist umgekehrt proportional dem Anstieg des Na^+-Transportes entlang dem distalen Tubulusteil. *c) Sympathicusstimulierung* und erhöhte Catecholaminsekretion erhöhen die Reninsekretion (Vermittlung über β-adrenerge Receptoren; molekulare Wirkung über Adenylcyclase). Auch verminderter Blutkaliumpegel erhöht die Reninsekretion. – Angiotensin stimuliert den Durst, bei Blutverlust ist Blutangiotensinpegel erhöht. Die Osmoreceptoren liegen im lateralen (Ratte) bzw. dorsalen (Hund, Ziege) Teil des Hypothalamus.

11.12 Sexualhormone und gonadotrope Hormone

Der Syntheseweg Progesteron → Testosteron wurde bereits in größerem Steroidmetabolzusammenhang unter (11.10) beschrieben. *Testosteron* ist Δ^4-Androsten-17β-ol-3-on. Metabol kann es wieder zu Δ^4-Androsten-3,17-dion umgewandelt werden, aber auch durch Reduktion der 4,5-Doppelbindung in ein gesättigtes Derivat übergeführt werden oder in das nur noch schwach androgen wirksame und als Ausscheidungsprodukt aufzufassende *Androsteron* (5α-Androstan-3α-ol-17-on).

11.12.1 Androgene
11.12.1.1 Struktur
11.12.1.2 Testosteron-Biosynthese
11.12.1.3 Wirkung

Androgene stimulieren das Wachstum der Vesiculardrüsen, den Gewebshaushalt an Fructose und Citrat, den O_2-Verbrauch und die Mitoserate, die Ausbildung der secundären Geschlechtsmerkmale, ferner erhöhen sie extragenital die Anabolprozesse, besonders den Proteinanabolismus (Zunahme der N-Retention), als dessen besonderen Ausdruck die Zunahme der Muskelmasse bei Abnahme des Lipid- und Wassergehaltes hervorsticht. Weiter besteht dosisabhängige Zunahme der Knochensubstanz, besonders des epiphysären Säulenknorpels infolge Ankurbelung der Mucopolysaccharid- und Kollagenbiosynthese, der Ca^{2+}-Resorption und der Knochencalcifizierung.

11.12.2 Östrogene
11.12.2.1 Struktur
11.12.2.2 Wirkung

Strukturprinzipien von Östron und Östradiol wurden bereits unter (7.9.1.2) dargestellt. Hier finden sich auch die Umwandlungsübergänge der Androgene in die Östrogene. Das *wirksamste* unter 20 im Ovar (Theca granulosa) gebildeten Östrogenen ist *Östradiol-17-β*. – Östrogene *stimulieren das Wachstum der weiblichen Geschlechtsorgane* = echte Zellvermehrung mit erhöhtem Glucose- und O_2-Verbrauch, Zunahme an Glykogen, Wasser und Elektrolyte, RNA- und Proteinsynthese. – Extragenital wird der Proteinmetabolismus bei der Frau nur schwach erhöht, jedoch der *Lipidanabolismus,* besonders im subcutanen Fettgewebe. Ist die Blutpegelrelation Östrogene/Androgene zugunsten der letzteren, auch beim männlichen Organismus, erhöht (Kastration), so beobachtet man auch bei ihm einen lipidanabolen Gesamteffekt (Mastochse). – Durch Östrogene wird die *Oxytocinempfindlichkeit des Uterus* gesteigert. An *männlichen Sexualorganen* erzeugen Östrogene *Mitosehemmung* (Therapie des Prostatacarcinoms), die bis zur *Feminisierung* gehen kann. – Das

11.12.2.3 vergrößerte Corpus luteum graviditatis sezerniert Östrogen und Progesteron. Nach dem dritten *Schwangerschafts*monat bildet auch die Placenta genug Östrogen und Progesteron, um die Funktion des Corpus luteum zu übernehmen. Östrogen- und Progesteron-Sekretion ins Blut steigen bis unmittelbar vor der Entbindung an, am stärksten ist Östradiol erhöht. Im Blut kommen vorwiegend Glucuronid- und Sulfatkonjugate vor. – Synthetische Gestagene (Substanzen

11.12.2.4 mit Progesteron-artiger Wirkung) und Östrogene können auch, oral verabreicht, wahrscheinlich über Wirkungseinfluß auf den Hypothalamus, Bildung und Sekretion von gonadotropen Hypophysenhormonen und auch den Anstieg an Corpus-luteum-Hormon in der Cyclusmitte blockieren. Damit wird die *Ovulation verhindert.* Östrogen potenziert hierbei den Gestageneffekt. Die Endometriumhypertrophie unterstützt die kontrazeptive Wirkung, da sie die Implantation einer befruchteten Eizelle erschwert.

11.13 Hormone des Hypophysenhinterlappens

11.13.1 Struktur

Oxytocin, Vasopressin = Nonapeptide mit einer Disulfidbrücke zwischen den Cysteinresten der Positionen 1 und 6. Hierdurch sind die Molekeln cyclisiert. Oxytocin enthält in Position 3 Ile und in Position 8 Leu, Vasopressin dagegen Phe und Arg. Beim Menschen und den meisten Säugetieren wird Arginin-Vasopressin gebildet, beim Schwein und verwandten Arten ist Arg in der Seitenkette durch Lys (Lysin-Vasopressin) ersetzt. Vorstufen von Oxytocin und Vasopressin werden im Hypothalamus gebildet, die Wirkstoffe durch Proteolyse freigesetzt.

11.13.2 Wirkung

Oxytocin erhöht die Kontraktionsbereitschaft der glatten Uterusmuskulatur, die durch Östrogen noch gesteigert, durch Progesteron aber gehemmt wird. In der Spätschwangerschaft ist der Uterus verstärkt Oxytocin-empfindlich und während der Wehen ist die Oxytocin-Sekretion gesteigert, dies umsomehr, da gegen Ende der Schwangerschaft der Gestagenspiegel drastisch abfällt. Post partal beschleunigt Oxytocin die Uterusrückbildung. Möglicherweise erleichtert Oxytocin durch Wirkung auf den nichtschwangeren Uterus den Spermientransport. Auch die Kontraktion der glatten Muskulatur von Dickdarm, Gallenblase und Harnblase wird durch Oxytocin angeregt. Bei Säugern wirkt Oxytocin vor allem auch auf die myoepithelialen Zellen in der Wand der Milchdrüsengänge: sie kontrahieren, so daß die Milch aus den Alveolen der lactierenden Drüse in die Milchsinus und von dort in die Mammillae gepreßt wird (Milchejektion).

Vasopressin bewirkt vor allem Wasserretention der Niere *(antidiuretisches Hormon),* steigert die Permeabilität der distalen Tubuli und Sammelrohre, so daß Wasser vermehrt in die hypertone Interstitialflüssigkeit der Niere übertritt, der Harn wird konzentriert und sein Volumen nimmt ab. Gesamteffekt: erhöhte Wasserretention, Abnahme des osmotischen Drucks der Körperflüssigkeiten. Fehlt Vasopressin, so ist der Harn gegenüber dem Plasma hypoton, das Harnvolumen erhöht und es besteht Nettowasserverlust. Vasopressin steigert außerdem die Harnstoffpermeabilität der Sammelrohre und vermindert den Blutstrom im Nierenmark. Die molekulare Wirkung besteht in der Aktivierung der Adenylcyclase und die genannten physiologischen Wirkungen sind Effekte vermehrten A-3:5-MP-Gehaltes.

11.14 Serotonin
11.14.1 Biosynthese

▶ Try durch Hydroxylase (+ $NADPH_2$, O_2) → 5-Hydroxytryptamin, durch Decarboxylase → Serotonin (5-Hydroxytryptamin). Simultanwirkung von Monaminoxidase und Aldehydoxidase → 5-Hydroxyindolessigsäure (Abbau- und Ausscheidungsprodukt).

11.14.2 Wirkung

▶ *Serotonin reguliert* den Kontraktionstonus der glatten Muskulatur (Bronchien, Darm) und dosisabhängig wirkt es vasokonstriktorisch oder dilatatorisch. Seine Funktion im Zentralnervensystem (hohe Konzentration im Hypothalamus) ist noch ungeklärt. Im Blut kommt es hauptsächlich in den Thrombocyten und Mastzellen gespeichert vor, auch hier ist seine Funktion noch ungeklärt, ebenso wie in den Mitochondrien, in denen es in einer inaktiven Form gebunden vorliegt.

11.15 Histamin
11.15.1 Biosynthese

▶ His durch L-Aminosäure-Decarboxylase oder Histidin-Decarboxylase → Histamin. Abbau durch Diamin-Oxidase
▶ oder Aldehydoxidase → Imidazol-5-essigsäure. Es kommt in großer Menge im Hypophysenvorderlappen und Hypophysenhinterlappen sowie in der angrenzenden Eminentia mediana des Hypothalamus vor, ebenfalls in den heparinhaltigen Mastzellen.

11.15.2 Wirkung

▶ *Histamin* ist wahrscheinlich auch normalerweise bei der *Kontraktion* der *glatten Muskulatur* (Respirations-, Intestinaltrakt, Uterus) beteiligt. Erhöhter Gewebsgehalt bewirkt Dauerkontraktion (Asthma bronchiale). Auf glatte Gefäßmuskulatur wirkt Histamin erschlaffend (Blutdrucksenkung), im Kapillargebiet permeabilitätssteigernd (Rötung, Quaddelbildung, Ödem). Auf die Magenschleimhaut wirkt es sekretionssteigernd für HCL (wirksamster „Säurelocker"). Aus den biologisch inaktiven Speicherformen in den Zellen wird Histamin durch verschiedene Mechanismen freigesetzt: Gewebsverletzung, allergischer Schock infolge Blutdrucksenkung. *Antihistaminica* verdrängen Histamin aus der Gewebsbindung: Behandlung allergischer Erscheinungen (Heuschnupfen).

11.16 Renin-Angiotensin-System
▶ Wurde bereits unter (11.11.3) behandelt.

11.17 Prostaglandine

11.17.1 Struktur und Biosynthese
Aus langkettigen, mehrfach ungesättigten Fettsäuren. Sie enthalten einen Fünfring mit einer Keto- und einer Hydroxylfunktion, zwei Doppelbindungen, einer weiteren Hydroxylfunktion in einer der Seitenketten sowie in der anderen Seitenkette eine Carboxylfunktion. Es gibt zahlreiche Vertreter mit geringfügigen Strukturvariationen.

11.17.2 Wirkung
▶ Prostaglandine sind weit verbreitet, hohe Konzentration in der Samenflüssigkeit. Möglicherweise wirken sie bei der synaptischen Erregungsübertragung mit. Auch wirken sie kontraktionsauslösend auf Uterus und Darm, aber dilatierend auf die Gefäßmuskulatur. Molekular wirken sie wahrscheinlich als Metabolregulatoren, indem sie eine antagonistische Wirkung gegenüber Adrenalin und Glucagon auf das Adenylcyclasesystem ausüben: Senkung der A-3:5-MP-Gehalte der Gewebe, Hemmung der Fettgewebslipase, Senkung des Blutpegels an freien Fettsäuren.

11.18 Hormone des Gastrointestinaltraktes

11.18.1 Struktur und Wirkung
▶ Sie wirken neben neuralen Regulatoren lokal-humoral bei der Regelung des Verdauungsvorganges mit: motorische und sekretorische Koordinierung. *Gastrin I:* Heptadekapeptid, *Gastrin II:* Heptadekapeptid-sulfatester, beide gebildet in der Pylorusschleimhaut, Bildungsregulation durch Nervus vagus oder Acetylcholin. Sie wirken histaminähnlich: Stimulation der HCL-Bildung und -Sekretion im Magenfundus. – *Sekretin:* Pentadekapeptid gebildet in der Darmschleimhaut, angeregt durch Polypeptide, Äthanol oder HCL. Es fördert Produktion und Abgabe von Pankreassekret, von Natriumhydrogencarbonat und Galle. – *Enterogastron:* Polypeptid, gebildet in der Darmschleimhaut, angeregt durch Lipide. Es hemmt die Sekretion von Magensaft und HCL. – *Pankreozymin (Cholecystokinin):* Polypeptid aus 33 Aminosäuren, gebildet in der Darmschleimhaut, angeregt durch Polypeptide, Lipide, Fettsäuren und HCL. Regt Enzymbildung im Pankreas an, erhöht Sekretbildung und -abgabe, Gallenblasenkontraktion.

12 Immunchemie

12.1 ▶
Definition

12.1.1

12.1.2
Antigene

Antikörper gehören zur Klasse der *Immunglobuline,* doch sind nicht alle Immunglobuline Antikörper. Ihrer chemischen Natur nach sind sie Glykoproteide mit MG $140 \times 10^3 - 1 \times 10^6$, Sedimentationskonstanten von 7-19 S und einem Kohlenhydratgehalt von 2,4 - 12,2%. Die Kohlenhydratkomponente besteht größtenteils aus einer Hexose und Hexosamin mit geringerem Gehalt an Fucose und Neuraminsäure. Bei der Serumproteinelektrophorese liegt die Hauptmenge der Antikörper in der γ-Globulinfraktion, doch erstrecken sich einige bis in den α_2-Bereich. Wir unterscheiden drei Klassen von Immunglobulinen: γG, γA und γM, jede ist wieder heterogen. *Antigene* sind Stoffe, die die Bildung von Antikörpern im Säugetierorganismus veranlassen und spezifisch mit ihnen unter Bildung eines definierten makromolekularen Antigen-Antikörper-Komplexes reagieren. – *Antigene Eigenschaften* haben für einen Organismus alle *Fremdproteine,* d.h. „in der Zirkulation fremd" oder „den Antikörper bildenden Zellen fremd". Man kennt aber auch *Auto-Antikörperbildung,* zum Beispiel gegen eigene Erythrocyten (bei hämolytischer Anämie) oder gegen eigene Schilddrüsenproteine (bei Hashimoto-Thyreoiditis) = *Isoantigene. Isoimmunisierung* kann auch auf natürliche Weise erfolgen, zum Beispiel wenn eine Rh(D)-negative Mutter einen Rh(D)-positiven Fetus trägt, der das D-Antigen vom Vater ererbt hat. Durch Fetalerythrocyten wird die Mutter immunisiert, die Antikörper wandern durch die Placenta in das Fetalblut und schädigen dort die Erythocyten = Erythroblastosis fetalis, s. (12.4). – Ebenfalls antigen wirken *Polysaccharide,* zum Beispiel Dextran (Glucose-Homoglykan), Lävan (Fructose-Homoglykan), aber nicht bei allen Species: positiv bei Mensch und Maus, negativ bei Kaninchen und Meerschweinchen. Antigene Homo- und Heteroglykane werden von vielen Mikroorganismen gebildet, zum Beispiel 80 Typen von Pneumokokken. Auch gibt es viele komplexe *Lipo-Homoglykan-Antigene* von Mikroorganismen, vor allem gramnegativer Enterobacteriaceen (Salmonella, Shigella). Auch

Glykoproteine und *Glykopeptide* wirken antigen, zum Beispiel die löslichen Blutgruppensubstanzen A und B, die in Mucosazellen mancher Gewebe synthetisiert und an das Blut abgegeben werden. – *Nucleinsäuren* wirken zuweilen antigen, zum Beispiel bei Lupus erythematosus, wobei ein Antikörper mit einsträngiger, denaturierter DNA präcipitativ reagiert. i.v.Injektionen von Ribosomensuspensionen führen zur Bildung von Antikörpern gegen RNA. – *Niedermolekulare Stoffe* wirken selbst nicht antigen, wohl aber als *immunodominante Gruppen* nach kovalenter Bindung an einen hochmolekularen Träger: zum Beispiel Arsanilsäureazo-L-Tyrosin und Arsanilsäure-azo-D-Tryrosin. Die Antikörper diskriminieren streng zwischen den beiden Diastereomeren. Weitere niedermolekulare *antigene Determinanten:* Zucker, Steroide, Purine, Pyrimidine, Penicillin. Man nennt solche Stoffe auch *Halbantigene* oder *Haptene*. Durch „Aufziehen" auf Makromoleküle werden sie von den immunkörperbildenden Zellen als *Vollantigene* acceptiert. Schwach wirkende Antigene werden zu stark wirkenden durch Emulgieren in Adjuvantien, zum Beispiel *Freund-Adjuvans* = abgetötete Tuberkelbazillen + Mineralöl. –

12.1.3 ▶ *Immunität:* Adsorbiert man gereinigte Toxine, zum Beispiel von Diphtherie- oder Tetanuserregern, die mit Formaldehyd entgiftet wurden = *Toxoide* an Aluminiumhydroxyd, so haben sie ihre Toxicität verloren, aber ihre Antigenität behalten. Solche Präparate werden zur Impfung von Kindern gegen die genannten Krankheitserreger verwendet = *aktive Immunisierung*. Verabreicht man sie an Schweine, Rinder, Pferde, so erzeugen sie dort Antikörper. Seren dieser Tiere werden dann Menschen verabreicht = *passive Immunisierung* (aber gleichzeitige Antikörperbildung gegen das Fremdeiweiß!). –
Immunität, Immuntoleranz

Immuntoleranz: Wird ein Hautstück von einem Körperteil auf einen anderen desselben Individuums transplantiert (Autotransplantat), so wächst es an, auf ein anderes Individuum der gleichen Art übertragen (Homotransplantat), wird es nach 7-10 Tagen abgestoßen. Dies ist die Folge einer Immunantwort gegen genetisch determinierte Antigene im Gewebe des Spenders, die im Gewebe des Empfängers fehlen = *Histokompatibilitäts(H)-Antigene*. Lymphocyten spielen für die Abstoßung eine entscheidende Rolle. Analog sind therapeutische Anwendungen von Knochenmarkstransplantationen beim Menschen nicht möglich. Bei Tierzwillingen werden Homotransplantate toleriert, weil der Kontakt von Feten via Placenta mit

Antigenen des Zwillings vom anderen Zwilling nicht mehr als „fremd" erkannt, sondern als „selbst" angesehen wird. *Immuntoleranz* kann auch durch *exogene Unterdrückung* der *Proteinsynthese* erzeugt werden, zum Beispiel oral durch Dinitrochlorbenzol oder parenteral durch überoptimale Antigendosen (Pneumokokkenpolysaccharide) = *immunologische Reaktionsunfähigkeit, Immunparalyse*. Stoffe, die Immunsuppression erzeugen, werden *Immunsuppressiva* genannt, zum Beispiel 6-Mercaptopurin, Cyclophosphamid, Glucocorticoide, ionisierende Strahlen (unspezifisch die Proteinsynthese hemmend), Antilymphocytenserum (die immunkompetenten B-Lymphocyten hemmend).

12.2 Antikörper ▶ In der folgenden Abbildung sind verschiedene Immunglobulin-Formen dargestellt, s. 1. Spalte.

Immunglobulinklasse	Molekulargewicht	Konzentration im Erwachsenenserum (mg%)	Funktion	Typen-Charakteristika			Polymerisationsformen
				Heavy chain (H) 55.000	Light chain (L) (MG 22.500) $\varkappa =$ $\lambda =$		SC = Secretory component (MG 60.000) J = Joining protein (MG 20.000)
IgG	155.000	1200	„Spätantikörper", bes. protektive	$\gamma =$			
IgA und SIgA	155.000 u.Polymere 390.000	250 lokal	in ECF in Sekreten	$\alpha =$			SIgA "extended" "compact"
IgM	850.000	200	„Frühantikörper"	$\mu =$			
IgD	155.000	3	?	$\delta =$			
IgE	200.000	0.05	Reagine	$\epsilon =$			

12.2.1 Struktur und Biosynthese ▶ Immer sind es *mono-* oder *polymere Formen des Grundschemas eines Proteinmoleküls:* zwei schwere Peptidketten, „heavy chains", H-Ketten zu je MG 55×10^3 und zwei leichte Ketten, „light chains", L-Ketten zu je MG $22{,}5 \times 10^3$, Gesamt: MG 155×10^3. Die Bauelemente der Grundeinheit sind immunologisch differenzierbar: bei den *L-Ketten in Kappa- und Lambda-Formen, bei den H-Ketten in Gamma-, Alpha-, My-, Delta- und Epsilon-Formen.* Weitere Unterteilungen bei den Gamma-Ketten in Gamma

---

[1] aus Ganong: Lehrbuch der Medizinischen Physiologie, 3. Auflage, S. 454. Berlin-Heidelberg-New York: Springer-Verlag 1974.

1, 2, 3 und 4. Die Ig-Moleküle enthalten außer Polypeptidketten noch Kohlenhydratanteile. Sind Immunglobuline polymere Formen einer *Grundeinheit = IgM und IgA*, wird die Polymerisierung durch ein besonderes ebenfalls aus den Plasmazellen stammendes Protein mit MG 20×10^3 vermittelt = *Joining Protein, J-Protein*. An der invariablen Ig-Grundform des Ig lassen sich verschiedene typische Stellen unterscheiden: *variable Stellen an der endständigen Seite der parallel laufenden H- und L-Ketten*, verantwortlich für die spezifische Reaktionsweise des Antikörpers = *Antideterminante*. – Beim Menschen überwiegt mengenmäßig IgG; IgM hat höhere MG, hierzu zählen die Iso-Hämagglutinine des ABO-Blutgruppensystems. Beim ersten Kontakt immunkompetenter Zellen mit Immunogenen aus Fremdorganismen (Bakterien, Viren) wird als *Immunantwort zuerst JgM* gebildet, etwa 14 Tage später werden sie durch IgA bzw. IgG ersetzt. Immunglobuline vom IgE-Typ (Reagine) sind vor allem als hautsensibilisierende Antikörper von Bedeutung, die zu allergischen Reaktionen vom „Sofort-Typ" führen.

12.2.2 ▸ *Biosynthese:* 1. Nichtstimulierte *B-Lymphocyten* (aus Knochenmark, Thymus) werden durch ein ihrem zellmembranständigen Receptorprotein = *Antideterminante*, zugeordnetes Immunogen aktiviert = *1.Stimulus:* Zellvermehrung mit Bildung einer großen Zahl von *Plasmazellen*. 2. Diese bilden relativ große Mengen von einem ihrem Receptorprotein analogen Antikörper = *Immunglobulin*, das in das Blut übertritt (nichtstimulierte B-Lymphocyten geben nur wenig von ihrem Antikörper ab). Im Blut liegt insgesamt viel „inertes" (nicht spezifizierbares) Immunglobulin vor. – In einer frühen Lebensphase bilden sich *vielfältige Arten von B-Lymphocyten-Klonen*, daß praktisch jedes vorstellbare Immunogen zu seinen Determinanten passende Antideterminanten im Organismus vorfindet = *Klon, Selektions-Theorie*. – Antigene Determinanten weisen spezifische Molekülstrukturen auf. Reaktive Bindungsstellen der *Antikörper reagieren auch mit isomorphen antigenen Determinanten,* so daß die *immunologische Spezifität nicht absolut* ist. – Wurde ein Klon durch den 1. Stimulus aktiviert, kann seine Aktivität durch weiteren Kontakt mit dem Immunogen zwei bis drei Wochen später weiter gesteigert werden = *2. Stimulus.*

12.3 Methoden ▸ *Antikörper* bilden im allgemeinen mit dem dazugehörigen *Antigen* sichtbare *Präcipitate* (Antigen-Antikörper-Komplex ist hydrophober als jeder Partner) = Grundlage ver-

12.3.1 Techniken

schiedener Immundiffusionstechniken zur *qualitativen* und *quantitativen Bestimmung* von Antigenen, besonders der Plasmaeiweißkörper. Trägermedium ist meist Agar oder Agarose. a) *Einfachdiffusion:* Antiserum wird gleichmäßig im Trägermedium verteilt, auf Objektträger ausgegossen. Nach Erstarren werden Stanzlöcher mit Antigenlösung gefüllt. Die Entfernung der Präcipitationslinie von der Startstelle zu einer gegebenen Zeit ist proportional dem Logarithmus der Antigenkonzentration. b) *Doppeldiffusion:* Antigen und Antikörper diffundieren aufeinander zu. Bei Anwesenheit verschiedener Antigene und homologer Antikörper entstehen mehrere Präcipitationslinien. c) *Immunelektrophorese:* Die zu untersuchende Antigenmischung (zum Beispiel Humanserum) wird auf einem mit Agar (2-3 mm, pH 8,5, wie Serumproteinelektrophorese) beschichteten Objektträger in ein kleines Loch in der Mitte aufgetragen und eine Potentialdifferenz angelegt. Die Proteine der Mischung haben verschiedene elektrophoretische Mobilität. An die Längsseite des Objektträgers wird dann eine Rille in die Agarschicht gestanzt und Antiserum (zum Beispiel gegen Humanvollserum) eingefüllt. Bei der nun ablaufenden Doppeldiffusion präcipitiert jedes Proteinantigen mit seinem homologen Antikörper in Form von Bögen, die sich an verschiedenen Stellen des Objektträgers befinden.

12.3.2

d) *Quantifizierung durch Präcipitation:* Anlegen einer Verdünnungsreihe (1:2) des Antiserums, zu dem dann entweder eine Lösung des molekularen Antigens (Proteinpräcipitat) oder des partikulären Antigens (zum Beispiel Bakteriensuspension, Erythrocytensuspension, Agglutinationspräcipitat) gegeben wird. Die größte Serumverdünnung, die noch ein deutliches Präcipitat ergibt, wird als Endstufe genommen = *Präcipitations(Agglutinations)-Titer.* e) *Hämolyse* (Zum Beispiel Komplementbindungstest): Hammelerythrocyten werden mit so wenig Kaninchenantikörpern gegen Hammelerythrocyten beladen, daß zunächst noch keine Hämolyse eintritt. In frischem Wirbeltierserum kommt ein aus neun Komponenten bestehender Komplex an der Erythrocytenoberfläche vor = *Komplement* (c), der vom Antigen-Antikörper-Komplex gebunden wird. Es tritt also *Hämolyse* ein: Hämoglobin geht in das Suspensionsmedium über. Einige Gram-negative Bakterien werden durch Antikörper + Komplement getötet = *bactericider Effekt.* f) *Radioimmunassay:* Eine der empfindlichsten und genauesten spezifischen Bestimmungsmethoden: ein radioaktiv markiertes und ein nichtmarkiertes immunologisch identisches Antigen konkurrieren um die Bindung mit einem für sie spezifischen Antikörper nach dem Massenwirkungsgesetz reversibel. Nimmt man eine begrenzte Menge von Antikörper, so liegt neben dem Antigen-Antikörper-Komplex ein Überschuß von freiem Antigen vor. Bei Zusatz des markierten Antigens tritt es in ein Reaktionsgleichgewicht mit dem gebundenen Antigen. Nach Abzentrifugieren des Präcipitats bestimmt man die Radioaktivität im Überstand. Mit dieser Technik können noch beträchtlich weniger als 10^{-12}g Antigen bestimmt werden, s. auch die Quantifizierung von mit ^{131}I markierten Proteohormonen (11.1).

12.4 Klinisch-praktische Anwendungen

▶ An der Zellmembran von Humanerythrocyten sitzen mehrere spezifische Heteroglykan-Aminosäure-Komplexe mit Antigeneigenschaften = *Hämagglutinogene*. Zusammen mit der Zellmembransubstanz sind sie immunogen.

12.4.1 Blutgruppen

▶ Die wichtigsten Agglutinogene: *A-, B-, AB- und O-Antigen*. Demnach unterscheiden wir vier Hauptblutgruppen: *A, B, AB, O. Blutgruppenantigene*, besonders A, B, O, sind *in allen Körperzellen* nachweisbar. Dagegen sind Substanzen mit Blutgruppenantigenspezifität, aber keiner oder schwacher Immunogenwirksamkeit = *Blutgruppen-Haptene*, in Körperflüssigkeiten: Serum, Speichel, Magensaft, Ovarialcysten-, Amnion- und Samenflüssigkeit, Schweiß, Tränen, Galle, Milch, Harn vorhanden = *Sekretoren*. – Vom vierten postnatalen Monat ab kommen im Humanplasma IgM-Antikörper vor, die mit A- und/oder B-Erythrocyten reagieren = *Isohämagglutinine*. Eigentlich sind diese Antikörper gegen *immunogene Substanzen von Darmbakterien* gerichtet, die *mit den Blutgruppenantigenen isomorph* sind. Bei Vorliegen der Blutgruppeneigenschaft A und/oder B besteht Toleranz gegen die jeweilige antigene Determinante, so daß keine Antikörper gegen die isomorphe bakterielle Determinante gebildet werden. – Plasma oder Serum von Menschen der *Blutgruppe A* (Erythrocyteneigenschaft A) enthält regelmäßig *gegen das Agglutinogen B gerichtete Antikörper = Anti-B-Isohämagglutinine*, β-Agglutinine. Beim Mischen dieses Plasmas mit Erythrocyten der Gruppe B: *Erythrocyten-Agglutination mit anschließender Hämolyse*. – Plasma oder Serum von Menschen der *Blutgruppe B* (Erythrocyteneigenschaft B) enthält regelmäßig *gegen das Agglutinogen A gerichtete Antikörper = Anti-A-Isohämagglutinine, α-Agglutinine*. Beim Mischen dieses Plasmas mit Erythrocyten der Gruppe A: Agglutination mit anschließender Hämolyse. – Träger der *Blutgruppe 0 (Erythrocyteneigenschaft 0) enthalten in Plasma oder Serum* sowohl Anti-A-, als auch Anti-B-Isohämagglutinine. – *Träger der Blutgruppe AB* enthalten in

Plasma oder Serum *keine Isohämagglutine.* – Bei einigen Menschen kommt eine Variante des A-Agglutinogens vor: A_2-Agglutinogen, worauf sich automatisch die Unterscheidung gegen A_1 ergibt. Insgesamt gibt es also nicht vier, sondern sechs Gruppen: $A_1, A_2, B_1, A_1B, A_2B$ und O. – Die Antigene A, B (und H) sind *Glykolipide* oder *Glykoproteine.* Die determinanten Gruppen beschränken sich auf ganz wenige Zuckerreste: N-Acetyl-D-galaktosamin-, N-Acetyl-D-glucosamin-, D-Galaktose- und L-Fucose-Reste. – Weitere humane Blutgruppeneigenschaften: MN, P-, Rhesus (CDEcde)- und Lutheran-Systeme.

12.4.2 ▶ Bei *Transfusion gruppenungleichen Blutes* können *schwere Transfusionsreaktionen* auftreten, wenn das Empfängerplasma Antikörper (Isohämagglutinine) gegen die Erythrocyten des Spenderblutes enthält. Besitzt das Spenderblut Agglutinine gegen Erythrocyten des Empfängers, dann wird meist das Spenderplasma so stark im Kreislauf des Empfängers verdünnt, daß keine merkliche Transfusionsreaktion erfolgt. Tritt Erythrocytenagglutination und Hämolyse ein, findet man freies Hämoglobin im Plasma. Symptomloser Anstieg des Plasmabilirubins oder schwere Gelbsucht oder Anaphylaxie mit Nierentubulusschädigung und Anurie sind die Folge.

Die *Rhesus(Rh)-Antigene* (Faktorensystem mit 13 Komponenten) haben, abgesehen vom Transfusionsproblem, noch weitere Bedeutung: Trägt eine Rh-negative (d) Schwangere einen Rh-positiven (D)-Fetus, kann es zur Ausbildung von Anti-D-Agglutininen (IgG-Typus) in ihrem Organismus kommen. Sie penetrieren die Placenta und schädigen die Erythrocyten oder das erythropoetische Gewebe des Fetus. Bei schweren Formen stirbt er in utero ab (Hydrops fetalis) oder kommt geschädigt zur Welt (Erythroblastosis fetalis, Gallenfarbstoffablagerungen in den Stammganglien). Meist sind nicht die Erstgeborenen geschädigt, sondern die folgenden Kinder. Erst intra partum kommt es zu massiver Einschwemmung von Fetalerythrocyten in das Mutterblut. Die Rh-negative Erstgebärende kann gegen D immunisiert werden = 1. Stimulus, die bei weiteren Schwangerschaften durch die Placenta wandernden kleinen fetalen Erythrocytenmengen genügen, um als 2. Stimulus die mütterliche Antikörperbildung gegen das fetale Antigen D zu stimulieren. Gegenmaßnahmen sind Versuche, durch Injektion von menschlichem Anti-D-Serum unmittelbar post partum fetale D-Erythrocyten zu eliminieren oder bei Erwartung eines Rh-geschädigten Kindes rechtzeitig durch Bluttransfusion die durch die mütterlichen Antikörper geschädigten Erythrocyten durch ungeschädigte zu ersetzen.

Welche Bedeutung dem Immungeschehen bei Infektabwehr und Blutübertragung zukommt, geht aus dem obigen Text hervor. *Organtransplantation:* s. (12.1) unter Immuntoleranz. – *Autoaggressionskrankheiten* (Autoimmunerkrankungen): der eigentliche Entstehungsmechanismus ist bis heute in keinem Fall geklärt. Beispiele: Allergische Encephalomyelitis, Erkrankung des Zentralnervensystems beim Menschen als Folge verschiedener Infektionen. Das Antigen ist wahrscheinlich ein basisches Myelinprotein, gegen das Antikörper gebildet werden (auch experimentell zu erzeugen, bestes Modell zum Studium von Autoimmunerkrankungen). – Hierher gehört auch die eingangs erwähnte chronische Thyreoiditis (Hashimoto-Erkrankung), die primäre chronische Polyarthritis (entzündliche Erkrankung der Gelenke und Synovialmembranen unbekannter Ätiologie), in deren Verlauf bestimmte Antikörper = *Rheumafaktoren,* im Serum nachgewiesen werden können, ferner Lupus erythematodes, Glomerulonephritis, Morbus Addison, Myasthenia gravis, Colitis ulcerosa u.a. – Viele andere Autoantikörper gegen Gewebsbestandteile können ebenso bei Gesunden auftreten, ihre Rolle bzw. Funktion und die Natur der dazugehörigen Antigene sind noch unklar.

13 Vitamine

**13.1
Allgemeines
13.1.1 - 13.1.5**

▶ *Definition:* Bei ausreichender Kalorienzufuhr und Deckung des essentiellen Bedarfs an Aminosäuren, Fettsäuren und Mineralstoffen benötigt der Organismus höherer Säugetiere und des Menschen noch organische Verbindungen oder deren Vorstufen in täglicher Menge von 0,001 bis 75 mg. In eigenem Metabolismus kann er sie nicht oder nicht in ausreichender Bedarfshöhe de novo synthetisieren, er muß sie mit der Nahrung aufnehmen = *weitere essentielle Nahrungsbestandteile* (Vit-amin ist historisch zu verstehen und wurde für das heutige Vitamin B_1 geprägt, lebensnotwendiger N-haltiger Stoff, was, wie sich später zeigte, nicht für alle anderen zutrifft). – Für jedes Vitamin gibt es einen in bestimmten Grenzen variierenden Tagesbedarf. Einige Vitamine können hauptsächlich in der Leber, aber auch in anderen Organen gespeichert werden. Nicht alle Species haben den gleichen Vitaminbedarf, es gibt beträchtliche Speciesunterschiede. Ist die Zufuhr längere Zeit suboptimal oder Null und nehmen die Speicher ab, dann bilden sich zunächst latente Mangelerscheinungen mit unspezifischen Symptomen aus = *Hypovitaminosen* (s. 13.11.12; 13.12.7), die schließlich in charakteristische Mangelerscheinungen übergehen = *Avitaminosen*. Den Bedarf überschreitende Nahrungsvitaminmengen werden wieder ausgeschieden, nur in einigen Fällen kennt man pathologische Wirkungen nach exzessiver (auch parenteraler therapeutischer) Zufuhr = *Hypervitaminosen*. – *Klassifizierung,* wie zuweilen noch üblich, nach dem Löslichkeitscharakter und in fettlösliche und wasserlösliche Vitamine, doch besagt dies nichts über ihre metabolen Funktionen. *1. Wasserlösliche* (polare) Vitamine: a) der B-Gruppe: Thiamin (B_1), Riboflavin (B_2), Nicotinamid, auch Niacin (PP), Pyridoxin (B_6), Cobalamin (B_{12}). b) ohne Gruppenzugehörigkeit: Pantothensäure, Biotin, Folsäure, α-Liponsäure, Ascorbinsäure (C). *2. Lipidlösliche* (apolare) Vitamine: Retinol (A), Calciferol (D), Tokopherol (E), Phyllochinon (K). *3. Vitaminähnliche* Wirkstoffe: Meso-Inosit, Carnitin (Vitamin T), essentielle Fettsäuren (Vitamin F), Flavonoide.

Antivitamine: Eine Reihe synthetischer Vitaminderivate verdrängen die natürlichen Verbindungen von ihren molekularen Wirkungsorten und erzeugen Metabolstörungen, die sich am intakten Tier letzten Endes zu manifesten Avitaminosen entwickeln können. Am bekanntesten sind Antagonisten der Folsäure (s. 13.8.2) sowie Sulfonamide als Hemmer der bakteriellen Folsäuresynthese (Antagonisten der p-Aminobenzoesäure), einige Antibiotica. Ein eigenartiges „Antivitamin" ist *Avidin,* ein basisches Glykoprotein im rohen Hühnereiweiß. Es bindet Biotin stöchiometrisch und verhindert so seine Resorption.

Multiple Vitamine sind zum Beispiel außer Pyridoxin noch Pyridoxal und Pyridoxamin, außer Nicotinsäure noch Nicotinsäureamid, außer Retinol noch die Vitamin A_1-Säure.

Provitamine sind Vitaminvorstufen, die metabol in die eigentlichen Vitamine übergeführt werden, s. zum Beispiel β-Carotin → Retinol (13.11.3), Δ^7-Dehydrocholesterin → Cholecalciferol, Ergosterin → Ergocalciferol (13.12.).

13.1.6 ▶ *Herkunft:* Vitamin A und Provitamine A kommen besonders in Karotten, Paprika, anderen carotinhaltigen Gemüsen und Früchten vor; Vitamine D und Provitamine D in Fischleber; die E-Gruppe in Milch, Eier, Blattgemüse; die K-Gruppe in grünem Blattgemüse; der B-Komplex in Leber, unbehandelten Getreidekörnern; Riboflavin in Leber und Milch; Niacin in Hefe, magerem Fleisch und Leber; Pyridoxin in Hefe, Weizen, Mais und Leber; Pantothensäure in Eiern, Leber und Hefe; Biotin in Eigelb, Leber, Tomaten; Folsäure in grünem Blattgemüse; Cobalamin in Leber, Fleisch, Eiern und Milch; Ascorbinsäure in grünem Blattgemüse und Citrusfrüchten.

13.1.7 ▶ *Vitaminbedarf:* Als wünschenswerte Höhe der täglichen Vitaminzufuhr gelten folgende Daten[2]

Vitamin A	5000 IE	Pantothensäure	10 mg
Vitamin D	400 IE	Biotin	0,3 mg
(nur für Kinder		Folsäure-Gruppe	0,05 mg
Tokopherol	10 - 30 mg	Cobalamin	3 - 5 µg
Vitamin K	?	Inosit	1 g
Thiamin	1,7 mg	Cholin	bis 4 g
Riboflavin	1,8 mg	Asorbinsäure	75 mg
Niacin	20 mg		
B_6-Gruppe	1,5 - 2 mg	(IE = Inernat. Einh.)	

---

[2] aus Bäßler, Fekl, Lang: Grundbegriffe der Ernährungslehre, S. 87. Berlin-Heidelberg-New York: Springer-Verlag 1973.

13.1.8 ▸ *Einfluß der Ernährungsgewohnheiten.* Die optimalen Ernährungsformen sind für verschiedene Lebensabschnitte unterschiedlich, s. (14.ff); im allgemeinen garantieren sie auch das Optimum an Vitaminzufuhr. Die Zivilisationsernährung macht dies fragwürdig, besonders für Vitamin B_1. Zu langes Erhitzen der Nahrung zerstört insbesondere **Vitamin C und Vitamin B_1**. Bei übermäßigem Kohlenhydratverzehr ist der B_1-Bedarf erhöht.

13.1.9 ▸ *Allgemeine Funktionen.* Eine Reihe von Vitaminen – besonders die der B-Gruppe und andere wasserlösliche – haben entweder in nativer oder metabolisierter Form Coenzymfunktionen.

13.1.10 ▸ *Chemische Strukturen. Thiamin* (Vitamin B_1, Aneurin) besteht aus einem Pyrimidinringsystem und aus einem Thiazolringsystem, die über eine CH_2-Brücke miteinander verbunden sind. Funktionelle Gruppen sind die =CH-Gruppe zwischen N und S und die $HOCH_2$-CH_2-Gruppe des Thiazolrings. – *Riboflavin* (Vitamin B_2, Lactoflavin): Isoalloxazinringsystem mit einem Ribitylrest (Ribit ist der sich durch Reduktion der Aldehydgruppe von der Ribose ableitende fünfwertige Alkohol) an einem mittelständigen N-Atom. Funktionelle Gruppen sind die -N=CH-CH=N-Gruppe zwischen dem Dioxopyrimidin- und dem Pyrazinringanteil der Gesamtmolekel, sowie die endständige $HOCH_2$-Gruppe des Ribityls. – *Nicotinamid* (Vitamin PP, Niacinamid, Niacin) besteht aus einem Pyridinring mit einer H_2N-CO-Gruppe in 3-Stellung zum Ring-N. – *Pantothensäure* ist zusammengesetzt aus einem β-Alanylrest und dem Rest der Pantoinsäure, die über Peptidbindung verbunden sind. Pantoinsäure: Dihydroxydimethylbuttersäure. – *Biotin* (Vitamin H): kondensiertes Ringsystem aus zwei Fünfringen. Am einen erkennt man die Konstellation des Harnstoffs, am anderen fällt ein ringgebundenes S-Atom auf. An diesem Fünfringsystem sitzt noch eine Pentansäureseitenkette. – *Folsäure* (Pteroylglutaminsäure) besteht aus drei Teilen: Pteridinrest, p-Aminobenzoesäurerest und Glutaminsäurerest. Sie hat zwei funktionelle Bereiche, s. (4.) . – *Cobalamin* (Vitamin B_{12}) ist ein kompliziert gebautes Molekelsystem: *Corrin*. Es unterscheidet sich vom *Porphyrin*, indem vier Pyrrolringe nur über drei und nicht über vier Methinbrücken verbunden sind. Die Pyrrolringe sind teilweise hydriert. Das Zentralatom ist $Co^{3+}+$ in fester Ligandenbindung; mit vier Koordinationsbindungen zum Corrinring und eine zu 5,6-Dimethylbenzimidazol. Es enthält ferner eine Phosphodiesterbrücke zwischen einem an der letztgenannten Verbindung sitzenden Ribosylrest und einem Dipeptid aus Propionsäurerest (an einem Pyrrolring gebunden) und Hydroxyaminogruppen. Am Zentralatom kann eine Wassermolekel (Aquacobalamin), eine OH-Gruppe (Hydroxocobalamin) oder eine Nitrilgruppe an der 6. Koordinationsbindung sitzen (Cyanocobalamin). – *Pyridoxin (Vitamin B_6)*Gruppe: besteht aus einem Pyridinring, an dem eine HO-CH_2-Gruppe (Pyridoxin), eine OHC-Gruppe (Pyridoxal) oder eine H_2N-CH_2-Gruppe (Pyridoxamin) gebunden sind, ferner $HOCH_2$-Gruppe (im Pyridoxalphosphat mit Phosphorsäure verestert), ferner eine (ungebunden bleibende) HO-Gruppe und eine H_3C-Gruppe. – α-*Liponsäure* (Thioctsäure) ist eine Octansäure, deren 6. und 8. C-Atom je ein S enthalten. Beide sind zu einer Disulfidbrücke verbunden, so daß ein endständiger Fünfring mit zwei vicinalen S-Atomen entsteht. – *Phyllochinon* (Vitamin K): seine Grundstruktur ist 2-Methyl-1,4-naphthochinon. Das natürliche Vitamin K_1 (Phyllochinon) enthält in 3-Position eine Phytylseitenkette, das Vitamin K_2 (Farnochinone) eine Farnesylseitenkette. – *Retinol* (Vitamin A, Axerophthol) enthält einen β-Iononring (eine Doppelbindung zwischen C5 und C6) mit Isoprenoidseitenkette. Die Substitutionen an den Doppelbindungen stehen all-trans, am Seitenkettenende sitzt eine HO-Gruppe: all-trans-Retinol (Vitamin A_1). Derivate: Retinal = Vitamin A_2 (in Fischen, mit 40% der Wirksamkeit wie A_1) hat noch eine weitere Doppelbindung im β-Iononring zwischen C3 und C4. Provitamine sind β-Carotin, aus dem bei symmetrischer oxidativer Spaltung durch Carotinase in Darm und der Leber zwei Moleküle A entstehen, aus α-Carotin und γ-Carotin dagegen jeweils nur ein A-Molekül. Auch Myxoxanthin und Kryptoxanthin sind A-Vorstufen. – *Calciferol* (Vitamin D), Cholecalciferol (Vitamin D_3) entsteht aus 7-Dehydrocholesterin (dieses aus dem wichtigsten Zoosterin Cholesterin durch Cholesterin-Dehydrogenase) durch eine photochemische Reaktion in der Haut. – *Ergocalciferol* (Vitamin D_2) aus dem wichtigsten Phytosterin Ergosterin nach dem gleichen Mechanismus. Die Photoreaktion führt zur Öffnung des B-Ringes und zur gleichzeitigen Ausbildung einer H_2C-Gruppe am A-Ring. Die Steranstruktur ist damit aufgehoben. – *Tokopherol* (Vitamin E): Hierunter werden mindestens sieben Substanzen mit qualitativ gleichem Vitamincharakter subsumiert. Das Tokol-Grundgerüst ist Chroman mit H_3C- und HO-Gruppen, sowie einer durchhydrierten Isoprenoidseitenkette. – *Ascorbinsäure* (Vitamin C): Endiol des L-Gulonsäurelactons. Zwar ist die Carboxylgruppe im Lactonring maskiert, doch verleiht die Deprotonierung an C3 dem Molekül einen Säurecharakter. – *Meso-Inosit (Myo-Inosit)* ist ein Sechsringcyclit mit den HO-Gruppen sterisch angeordnet nach „ta-tü-ta-ta-ta-tü". – *Carnitin:* 3-Hydroxy-5-trimethylammoniumbutansäure. – *Essentielle Fettsäuren (Vitamin F):* Linolsäure ($\Delta^{9,12}$-Octadecadiensäure) und Linolensäure ($\Delta^{9,12,15}$-Octadecatriensäure). – *Flavonoid (Vitamin P):* Kondensiertes Ringsystem mit einem aromatischen Sechsring, ankondensiert ein Oxopyranring, an diesem in 1-Stellung zum Ringsauerstoff ein Benzolring.

13.1.11 Wirkungsmechanismen (Coenzyme)

▶ *Thiamin* wird in der Leber in Thiaminpyrophosphat (TPP) übergeführt: Coenzym für die Decarboxylierung von α-Ketosäuren (Pyruvat, α-Ketoglutarat) und für die Transketolase-Reaktion. – *Riboflavin* wird bereits in der Darmwand während der Resorption in *Riboflavinphosphat = Flavinmononucleotid* (FMN) übergeführt, ferner unter Verwendung von ATP in *Flavin-adenin-dinucleotid* (FAD). FMN und FAD sind prosthetische Gruppen zahlreicher Enzyme des H- bzw. e^--Transports. – *Nicotinamid* kann von vielen (aber nicht von allen) Bakterien und Säugetieren aus Try synthetisiert werden. Beim Menschen deckt die Eigensynthese aber nicht den Bedarf, so daß der Rest mit der Nahrung zugeführt werden muß. Meist wird nur *Nicotinsäure* angeboten und resorbiert. Exogene und endogene Nicotinsäure wird zunächst mit ATP zu Nicotinsäure-5-Ⓟ umgesetzt, dieses dann noch einmal mit ATP unter Abspaltung von Ⓟ-Ⓟ zu Nicotinsäure-Ribose-Ⓟ-Ⓟ-Ribose-Adenin umgesetzt. Nun überträgt ein weiteres Enzym die H_2N-Gruppe von Glutamin unter Verbrauch einer dritten Molekel ATP, und es entsteht *Nicotinsäureamid-adenin-dinucleotid* (NAD^+), ferner Glu, AMP und Ⓟ-Ⓟ. NAD^+ kann schließlich durch eine NAD-Kinase unter Verwendung der vierten Molekel ATP innerhalb dieser Metabolsequenz zu $NADP^+$ werden, wobei noch ADP verbleibt. NAD^+ und $NADP^+$ sind Coenzyme vieler Oxidoreductasen (H^--Transport!). Im allgemeinen bevorzugt jedes Apoenzym *entweder* NAD^+ oder $NADP^+$, nur *wenige* erkennen *beide* als Coenzyme. – *Pantothensäure* ist Bestandteil von CoA. In der Leber wird exogenes Vitamin mit Cysteamin und 3'-Ⓟ-Adenosin-5'-Ⓟ-Ⓟ verknüpft. CoA ist Coenzym Acylgruppen-übertragender Enzyme. – *Biotin* ist, an Enzymproteine gebunden, ein Coenzym zur Transcarboxylierung bzw. CO_2-Fixierung. – *Folsäure* (Pteroylglutaminsäure): In der Nahrung kommt sie zumeist als Pteroylpolyglutaminsäure vor, die biologisch inaktiv ist. Konjugasen spalten die Pteroylmonoglutaminsäure, die eigentliche Folsäure, ab. In der Leber wird sie durch eine Folatreduktase zu *7,8-Dihydrofolat*. Ein zweites Enzym, die 7,8-Dihydrofolat-Reduktase, hydriert sie dann zu *5,6,7,8-Tetrahydrofolat* (FH_4). Dieses „CoF" überträgt C1-Einheiten, s. (4.5). − *Cobalamin*: s. (13.9). − *Pyridoxin*: in tierischen Geweben Phosphorylierung und Oxidation zu *Pyridoxalphosphat*. Coenzymfunktion: Decarboxylierung, Transaminierung von Aminosäuren, H_2O-, H_2S-Abspaltung aus Aminosäuren, Kernmetabolisierung von Aminosäuren.

13.1.12 **Nachweis-** **methoden**	▶ Die *chemischen* Methoden beruhen auf der Farbbildung mit geeigneten, relativ spezifischen Chromophoren. Ihre Anwendung zur Routineanalyse setzt meist die säulen-, papier- oder dünnschichtchromatographische Separation aus Gewebsextrakten voraus. Repräsentative Beispiele: *Thiamin*: Oxidation zu Thiochrom, das im UV stark blau fluoresciert. − *Riboflavin*: Es fluoresciert selbst intensiv grün, kann durch UV-Bestrahlung in alkalischer Lösung in *Lumiflavin* übergeführt werden, das noch stärker fluoresciert. − *Nicotinsäure*: Photometrisch nach Umsetzung mit Bromcyan. − Die wichtigsten *biochemischen* Nachweismethoden sind im wesentlichen *bakteriometrische* Routineverfahren. Man verwendet Mangelmutanten von Bakterien, Protozoen oder Schimmelpilzen. In einem sonst alle notwendigen Bestandteile enthaltenden Nährmedium vermehren sie sich nur nach Zugabe des Vitamins, welches sie nicht selbst synthetisieren können. In bestimmten Konzentrationsbereichen ist die Zellvermehrung den Vitaminkonzentrationen in gleichen Zeitabständen linear proportional. Vielfach werden Lactobacillen verwendet: *Lactobacillus casei* für Folsäure, Biotin, Pyridoxin, Pantothensäure, *L. helveticus* für Riboflavin, *L. arabinosus* für Biotin, *L. plantarum* für Nicotinsäure, Pantothensäure; die Hefe *Saccharomyces carlsbergensis* für Pyridoxin; *S. cerevisiae für* Biotin; ferner *Escherichia coli* für Cobalamin und die ganze Corrinoid-Gruppe, hierfür auch das Protozoon *Euglena gracilis* und den Brotschimmelpilz *Neurospora crassa* für Biotin. − Zu *biologischen* Methoden verwendet man im allgemeinen *Ratten, Kücken* oder *Meerschweinchen*: standardisierter Wachstumstest an Mangel-Ratten für Vitamin A (Retinol, Carotin) − präventiver oder kurativer Test an jungen Ratten mit experimenteller Rachitis für die D-Vitamine (Cholecalciferol, Ergocalciferol) − Antisterilitätstest an weiblichen Ratten für die E-Vitamine (Tokopherol-Gruppe) − kurativer Test an Vitamin-K-Mangel-

Kücken; Wachstumstest an Ratten oder Kücken für Riboflavin, Pyridoxin, letzteres auch kurativ an Ratten mit Mangeldermatitis; Black-tongue-Kurativtest an Hunden oder Wachstumstest an Kücken für Nicotinsäure; Kurativtest am Huhn für Folsäure; präventiver oder kurativer Wachstumstest bei Meerschweinchen für Ascorbinsäure, hierbei auch histologische Untersuchung der Zahnstruktur.

13.1.13
Beständigkeit
▶ Gegen Licht und Sauerstoff sind empfindlich: Retinol und Carotine, Tokopherol sowie Ascorbinsäure (besonders in Gegenwart von Schwermetallspuren). − Lichtempfindlich sind noch Thiamin (besonders im UV), Riboflavin (sehr empfindlich), Pyridoxin, Cobalamin-Gruppe und Folsäure. − Ascorbinsäure schützt Thiamin, Riboflavin, Pantothensäure, Biotin, Folsäure, Vitamine A und E, aber Ascorbinsäure wird geschützt durch Glutathion, Cys und HS-Gruppen-haltige Proteine.

13.2
Thiamin
13.2.1
▶ *Thiaminpyrophosphat* (TPP) *als Cofaktor folgende Enzyme:*
a) *Pyruvat-Dehydrogenase-Komplex:* Pyruvat → Acetyl-CoA + CO_2. b) *Pyruvat-Decarboxylase* (Hefe): Pyruvat → Acetaldehyd + CO_2. c) α-*Ketoglutarat-Dehydrogenase-Komplex:* α-Ketoglutarat → Succinyl-CoA + CO_2. d) *Transketolase:* Xylulose-5-ⓟ + Ribose-5-ⓟ ⇌ Sedoheptu-

13.2.2
13.2.3
lose-7-ⓟ + Glycerinaldehyd-3-ⓟ. − Die *Wirkgruppe in der Molekel* ist die =CH-Gruppe zwischen dem N- und dem S-Atom des Thiazolringes. − *Thiaminmangel* verursacht Anhäufung von Pentosephosphaten in den Erythrocyten infolge Teilblockade der Transketolasereaktion (enzymatische Bestimmung dieser Reaktion und die Aktivierbarkeit durch TPP-Zusatz), sowie Erhöhung des Lactat- und Pyruvatpegels im Blut durch Teilblockade der Pyruvatdecarboxylase (enzymatische Bestimmung von Lactat und Pyru-

13.2.4
Bedarf
vat). − Infolge der Coenzymfunktion des TPP steigt der Bedarf an Thiamin bei kohlenhydratreicher Ernährung.
Infolge der Coenzymfunktion des TPP ist der Thiaminbedarf abhängig von der Calorienaufnahme, bei protein- und kohlenhydratreicher Nahrung erhöht, bei lipidreicher Nahrung vermindert. Tagesbedarf 1-2 mg.

13.3
Riboflavin
13.3.1
▶ *FMN-abhängig:* NAD(P)H_2-Dehydrogenase, L-Aminosäure-Oxidase; *FAD-abhängig:* Acyl-CoA-Dehydrogenase, Succinat-Dehydrogenase, Glutathion-Reduktase, Aldehyd-Oxidase, Xanthin-Oxidase, D-Aminosäure-Oxidase. − Die Wirkgruppe ist die -N=CH-CH=N-Gruppierung zwischen mittelständigem Pyrazinring und ankondensiertem Dioxopyrimidinring.

13.4
Nicotinsäure
und -amid
13.4.1
13.4.2
13.4.3
13.4.4

▶ Optischer Test aufgrund der verschiedenen Absorptionsspektren von NAD(P)+ bzw. NAD(P)H$_2$: s. (3.5.5). − Wie unter (13.1.11) erwähnt, synthetisieren Säugetiere und Mensch einen Teil der benötigten Nicotinsäure im Zuge des Try-Katabolismus, s. (4.6.8). − Die das NAD an der Bindungsstelle des Nicotinsäureamids hydrolysierende *NAD-Glykohydrolase* wird durch Anstau des Spaltungsproduktes Nicotinsäureamid gehemmt. Im Zuge der Pegelabnahme wird das Enzym zunehmend deblockiert = *Selbstregulation durch Produkthemmung.*

13.5
Biotin
13.5.1
13.5.2
Carboxylasen

13.5.3
Hemmstoff

▶ Es wird über die ε-H$_2$N-Gruppe eines Lysyl-Restes im Enzymprotein gebunden. *Biotin-haltige Carboxylasen: a) Acetyl-CoA-Carboxylase:* Acetyl-CoA + CO$_2$ ⇌ Malonyl-CoA. *b) β-Methylcrotonyl-CoA-Carboxylase:* β-Methylcrotonyl-CoA ⇌ β-Methylglutaconyl-CoA + CO$_2$. *c) Propionyl-CoA-Carboxylase:* Propionyl-CoA + CO$_2$ ⇌ Methylmalonyl-CoA. *d) Methylmalonyl-CoA-Carboxyltransferase:* Methylmalonyl-CoA + Pyruvat ⇌ Propionyl-CoA + Oxalacetat. *e) Pyruvat-Carboxylase:* Pyruvat + CO$_2$ ⇌ Oxalacetat. − Ein in rohem Hühnereiweiß vorhandenes Glykoprotein *Avidin* bindet Biotin stöchiometrisch zu einem durch proteolytische Enzyme nicht hydrolysierbaren Komplex und entzieht Nahrungsbiotin der Resorption. Im Tierexperiment kann dieser Biotinmangel experimentell erzeugt werden.

13.6
Pyridoxin
13.6.1
Funktion

13.6.2
Hyporitaminose

▶ Pyridoxal- bzw. Pyridoxaminphosphat werden als Coenzyme von folgenden Enzymsystemen verwendet: *a) Aminosäuren-Decarboxylase;* Beispiele: His → Histamin + CO$_2$; Glu → γ-Aminobutyrat + CO$_2$. Viele weitere Systeme. *b) Aminosäuren-Transaminasen;* Beispiele: GOT, Glu + Oxalacetat ⇌ α-Ketoglutarat + Asp; GPT, Glu + Pyruvat ⇌ α-Ketoglutarat + Ala. *c) Aminosäuren-Dehydratasen:* Beispiel: Serin-Dehydratase, Ser − H$_2$O → [α-Aminoacrylat ⇌ α-Iminopropionat] + H$_2$O- [NH$_3$] → Pyruvat. Dazu Thr- und Homoser-Dehydratasen. *d) Aminosäuren-Desulfhydrasen:* Beispiel: Cys-Desulfhydrase; Cys − H$_2$S → [α-Aminoacrylat ⇌ α-Iminopropionat] + H$_2$O − [NH$_3$] → Pyruvat. *e) Kernabbau von Aminosäuren:* Kynureninase, Threoninaldolase, Serinaldolase. f) δ-Aminolävulinsäure-*Synthetase* (δ-Aminolävulinat ist Ausgangsprodukt der Porphyrinbiosynthese. *g) 3-Hydroxykynurenin → 3-Hydroxyanthranilsäure* im Zuge des Try-Katabolismus. − Bei Pyridoxinmangel ist die letzterwähnte Enzymreaktion gehemmt, so daß beim Anstau von 3-Hydroxykynurenin in *Xanthurensäure* ausgewichen wird. Nach oraler Gabe von

10 g D,L-Try ist die Xanthurensäureausscheidung mit dem Harn stark erhöht.

13.7 Pantothensäure

13.7.1 Pantetheinphosphat

▶ Im Fettsäure-Synthetasekomplex ist, von einem Serylrest ausgehend, über eine *Phosphatesterbindung Pantethein* kovalent gebunden. Dieses ist Pantothenyl-cysteamin. Die Acylreste sitzen an der zentral stehenden HS-Gruppe des letzteren. – An folgenden Metabolreaktionen ist CoA beteiligt: *a) „Aktivierung" von Fettsäuren* durch Thiokinase

13.7.2 Funktion

→ Acyl-CoA. *b) Acyl-CoA-Dehydrogenase. c) Enoylhydratase. d) β-Hydroxyacyl-CoA-Dehydrogenase. e) γ-Ketothiolase* (d.h. dem Hauptweg des Acyl-CoA-Katabolismus in Mitochondrien). *f) Acyl-CoA-Carnitin-Transferase* (diamembranöser Acyltransport). *g) Am Fettsäuren-Synthetase-Komplex. h) Acetyl-CoA-Carboxylase* (Überführung von Acetyl-CoA in Malonyl-CoA; Schrittmacherenzym des Fettsäurenanabolismus). – *Thioesterbindung:* CoA-S~C

13.7.3 Thioesterbindung

(=O)R; ΔG (pH 7,0)=7,4 kcal·Mol^{-1}, gemessen bei der Hydrolyse von Acetyl-CoA im Zuge der Citratsynthese. – Die Carboxylgruppe ist „chemisch maskiert", sie kann nicht deprotonieren und hydratisieren, sie ist „aktiviert", d.h. Transacylierungen sind erleichtert: Bildung von Acetylcholin, Acetylaminohexosen, Hippurat; auch die nachfolgenden C-Atome sind aktiviert, d.h. die Dehydrierung aus α,β-Position ist erleichtert; schließlich kann die aktivierte H$_3$C-Gruppe des Acetyl-CoA Additionsreaktionen eingehen: Synthese von Citrat, Malonyl-CoA, β-Hydroxy-β-methylglutaryl-CoA, Acetoacetat. – Klinische *Panto-*

13.7.4

thensäuremangelsymptome beim Menschen sind unbekannt. Der *Pyruvatabbau* ist *partiell gehemmt,* weil nicht ausreichend CoA zur Bildung von Acetyl-CoA zur Verfügung steht.

13.8 Folsäure

13.8.1 Funktion

▶ 5,6,7,8-Tetrahydrofolat ist Coenzym einer Reihe von Enzymen, die C1-Einheiten übertragen. Die funktionellen Gruppen auf ihrem Coenzym-Vehikel s. (4.5): *a) Formylgruppentransfer:* im Gleichgewicht steht 5-CHO-FH$_4$ ⇌ 10-CHO-FH$_4$, die CHO-Gruppe wird zum Beispiel bei der Purinsynthese gebraucht. *b) Methylengruppentransfer:* aus dem His-Katabolismus kommt eine 5-CHNH-FH$_4$ (Formimino-FH$_4$). Sie steht im Gleichgewicht mit 5,10-CH$^+$-FH$_4$, und diese wieder im Gleichgewicht mit 10-CHO-FH$_4$ und 5,10-CH$_2$-FH$_4$. *c) Hydroxymethyl-Gruppentransfer:* aus dem Ser-Katabolismus kommt eine HOCH$_2$-FH$_4$, die im Gleichgewicht steht mit 5,10-CH$_2$-FH$_4$ (Methylen-FH$_4$). Diese wieder steht im Gleichgewicht mit 5,10-CH$^+$-FH$_4$ (Beteiligung von NADPH$_2$ ⇌ NADP$^+$) und 5-CH$_3$-FH$_4$

(Methyl-FH_4; Beteiligung von $FADH_2 \rightleftharpoons FAD$). *d) Methylgruppentransfer:* Die H_3C-Gruppe aus 5-CH_3-FH_4 dient zur Met-Regeneration (aus S-Adenosylhomocystein) sowie zur metabolen Gleichgewichtseinstellung von Äthanolamin - Cholin - Betain. − Somit stehen alle C1-Vehikel miteinander in metaboler Kommunikation. − *„Antifolsäuren"* sind zum Beispiel *Aminopterin* (4-Aminofolat) oder *Ametopterin* (4-Amino-10-methylfolat). Sie hemmen die Dihydrofolat-Reductase, so daß Tetrahydrofolat nicht entsteht. Hierdurch wird die *Purinsynthese blockiert.* Die Antagonisten werden zur (palliativen) Therapie von Leukämie verwendet.

13.8.2

13.9 Cobalamin

13.9.1
13.9.2

▶ Vitamin B_{12}-aktive Nahrungsbestandteile werden nicht direkt resorbiert, sondern nur gebunden an *„Intrinsicfaktor",* ein normal von der Magenschleimhaut gebildetes Glykoprotein, stets im Magensaft vorhanden, Neuraminsäurehaltig, MG 60×10^3, als Bestandteil eines Mucoproteidgemisches. Der Komplex ist gegen Proteasen des Magendarmtrakts beständig. Im Ileum wird der Komplex an einen spezifischen Rezeptor fixiert und Cobalamin durch das Darmepithel eingeschleust, vermutlich pinocytotisch transportiert. − Höhere Pflanzen und Tiere sind zur Synthese von Vitamin B_{12}-aktiven Verbindungen nicht befähigt, sondern ausschließlich eine Reihe *von Bakterien.*

13.9.3 Herkunft

Pflanzen müssen ihren B_{12}-*Bedarf aus bakterieller Herkunft* beziehen, ebenso Säugetiere und Menschen aus bakterieller und pflanzlicher Herkunft. Hier liegt B_{12} in Coenzymform vor: am Zentralatom ein 5'-Desoxyadenosylrest, Co^+! Das „Cobamid-Coenzym" nimmt an folgenden Enzymreaktionen in tierischen Geweben teil: *a) Methylmalonyl-CoA-Mutase:* Methylmalonyl-CoA $\rightleftharpoons$ Succinyl-CoA (Einschleusen eines Katabolintermediats verzweigtkettiger Fettsäuren in den Metabolhauptstrom). *b) Methioninsynthetase:* Homocystein + H_3C-FH_4 → Met + FH_4 (Einschleusen von C1-Einheiten in den Metabolismus; Wirkungssynergismus von FH_4 und Cobamid-Coenzym!). *c) Ribonucleotid-Reductase:* Ribonucleotide → Desoxyribonucleotide. − Bei der *perniciösen Anämie* (Megaloblasten-Anämie) ist die Bildung des Intrinsicfaktors in der Magenschleimhaut gestört, so daß die B_{12}-Resorption behindert ist. Ein B_{12}-Mangel zeigt sich dann an verminderter Erythropoese, ferner an nervalen Degenerationserscheinungen. Mangelresorption von B_{12} kann auch noch andere Ursachen haben, zum Beispiel Magenresektion, Sprue. Bei parenteraler Cobalaminverabreichung bilden sich die Mangelsymptome rasch zurück.

13.9.4
Enzymatische
Funktionen

13.9.5
Substitution

13.10 ▶ *Ascorbat* ist die *Endiol-Form des 2-Ketogulonsäurelactons:*
Ascorbinsäure -C(OH)=C(OH)-. *Dehydroascorbat* ist die Diketoform: -C
13.10.1 (=O)-C(=O)-. Infolge des energetisch günstigen Übergangs zwischen beiden Formen tendiert Ascorbat zur Ab-
13.10.2 gabe von H, d.h. $H^+ + e^-$, und wirkt damit als Reduktans. –
13.10.3 Nahrungsmittel sollten daher unter Luftsauerstoffabschluß wegen Autoxidation des Ascorbats gelagert werden, s. auch die Ascorbat oxidationsschützenden Agentien unter (13.1.13), doch ist bei der Nahrungszubereitung mit einem bestimmten oxidativ erfolgenden Vitamin C-Schwund immer
13.10.4 zu rechnen. – Ascorbat *reduziert* Fehlingsche Lösung und *stört* somit den *Glucosenachweis.* –

13.10.5 ▶ Der *Ascorbat-Anabolismus:* 1. Glucuronat + $NADPH_2 \rightarrow$ L-Gulonat + NADP (Glucuronsäure-Reductase). – 2. L-Gulonat – $H_2O \rightleftharpoons$ L-Gulonolacton (L-Gulonsäurelactonlactonase). – 3. L-Gulonolacton → 2-Ketogulonolacton = Ascorbat (L-Gulonolacton-Oxidase). – 4. Ascorbat-[H] $\rightleftharpoons$ Dehydroascorbat. Beim Menschen und höheren Primaten fehlt die L-Gulonolacton-Oxidase. Der Syntheseweg von Galaktose aus erfolgt über UDP-Galaktose → UDP-Glucose → UDP-Glucuronat → D-Glucuronat → L-Gulonat, s. oben 1. Reaktionsschritt und ff.

13.10.6 ▶ Das Ascorbat $\rightleftharpoons$ Dehydroascorbat-System ist im wesent-
Funktionen lichen bei den enzymatischen Hydroxylierungen von *Steroiden* (durch streng stereospezifische Steroid-Hydroxylasen), *Prolin* (nur in Peptidbindung im Protokollagen durch Protokollagen-Hydroxylase), *Dopamin* (3,4-Dihydroxyphenyläthylamin-β-Hydroxylase zu Noradrenalin) bzw. von *Arzneistoffen* im Zuge ihrer ausscheidungsgerechten Zurichtung beteiligt. Die Hydroxylasen sind Multienzymkomplexe. Sie verwenden *Ascorbat als H-Donator* und *Substrat* sowie ein O von O_2 als H-Acceptor. Aus R·H wird R·OH, aus Ascorbat + O_2 werden Dehydroascorbat + H_2O. Dehydroascorbat (oder Semidehydroascorbat) werden durch die Semidehydroascorbat-Reductase ($NADH_2$ → NAD^+) wieder zu Ascorbat. – Ascorbat hat nichtenzymatisch antioxidative Schutzfunktionen gegenüber anderen O_2-empfindlichen Vitaminen, s. (13.1.13).

13.11 ▶ Retinol und Retinal können sowohl in der *all-trans-Form*
Retinol als auch in der *ll-cis-Form* vorliegen. – Die *hellgelbe Farbe*
13.11.1 des Vitamins kommt von den *5 konjugierten Doppelbin-*
13.11.2 *dungen.* Sind mehr als 5 vorhanden, wie bei den Carotinen, vertieft sich die Farbe über orange bis rot. In Bezug auf die Farbintensität entspricht eine Carboxylgruppe (Retinsäu-

re) 1 ½ Doppelbindungen. – In der Nahrung kommen zwei Provitamintypen vor: Vitamin A-Ester und Carotine. *Vitamin A-Ester* werden bereits im Darmtrakt durch Esterase in Vitamin A_1 und Fettsäuren gespalten und der *Vitamin A_1-Alkohol (all-trans-Retinol)* resorbiert. In der Leber wird er als *Vitamin A_1-Palmitat* gespeichert.

13.11.3, 13.11.4
Biosynthese, Provitamine

▶ *Provitamine A* sind: das symmetrische, zwei terminale β-Iononringe enthaltende β-*Carotin,* das bei oxidativer Spaltung durch *Carotinase* (15,15'-Dioxigenase) in Darmmucosa, besonders aber in der Leber in zwei Moleküle all-trans-Retinal gespalten wird, sofort zu all-trans-Retinol reduziert, in der Mucosazelle verestert und via Lymphe abtransportiert wird. α-Carotin enthält einen β-Iononring und einen α-Iononring, liefert bei der carotinatischen Spaltung also nur eine Molekel all-trans-Retinal, ebenfalls γ-Carotin, das nur einen β-Iononring besitzt, am anderen Molekelende aber ringoffen ist, und Lycopin besitzt gar keinen Iononring, ist also auch kein Provitamin A. – all-trans-Retinol ist ein primärer Alkohol. Durch Alkohol-Dehydrogenase steht er im Gleichgewicht: *all-trans-Retinol + NAD^+ ⇌ all-trans-Retinal + $NADH_2$.*

13.11.5
Reversible Dehydrierung

13.11.6
Sehvorgang

▶ *Beim Sehvorgang:* Durch eine Retinal-Isomerase wird all-trans-Retinol in ll-cis-Retinol übergeführt. Dieses wird durch Alkohol-Dehydrogenase ($NAD^+ \to NADH_2$) zu ll-cis-Retinal, welches in den Stäbchenzellen der Retina von einem spezifischen Protein = *Opsin* als Bindungspartner erkannt wird: ll-cis-Retinal + Opsin → *Rhodopsin*. Unter Lichteinwirkung lagert sich das hochmolekular gebundene ll-cis-Retinal in all-trans-Retinal um *(Prälumirhodopsin, Lumirhodopsin)* und verläßt die Bindungsstelle. Die damit verbundene *allosterische Umlagerung des Opsins* löst einen nervösen Impuls aus. all-trans-Retinal wird nun wieder zu all-trans-Retinol enzymatisch reduziert. Damit ist der Funktionscyclus geschlossen. Alle diese Reaktionen – mit Ausnahme der Bildung von Prälumirhodopsin – sind vom *Licht unabhängig* und laufen gleich gut bei Licht wie bei Dunkelheit ab. Die in den Receptoren vorhandene Rhodopsinmenge ist der einfallenden Lichtintensität umgekehrt proportional. *Rhodopsin ist das für das Dämmerungs- und Nachtsehen verantwortliche Stäbchenpigment* (erste Symptome von A-Mangel: Nachtblindheit). – Drei *Zapfen-Typen* kennt man bei den Primaten, und offenbar auch drei *Zapfen-Pigmente: Jodopsin:* der für rotes Licht empfindliche Farbstoff, enthält ebenfalls Retinal, – *Photopsin:* enthält ein von Opsin verschiedenes Apoprotein. Die

13.11.7
Sehpigmente

13.11.8

13.11.9

anderen Zapfenpigmente dürften ebenfalls Retinal enthalten, sie unterscheiden sich durch die Apoproteine voneinander. Die *phototopische Sichtsbarkeitskurve* (s. Physiologie) ist die Kombinationskurve der Empfindlichkeiten der drei Zapfensysteme. – *Retinsäure* kann nicht zu Retinal →Retinol reduziert werden, so daß es, einmal oxidativ entstanden, nicht wieder in den vorbeschriebenen Funktionscyclus eingebracht werden kann. Sie wird als Glucuronid rasch über die Galle ausgeschieden. Wohl aber übt sie die

13.11.10 Rolle des *Wachstumsfaktors* aus, indem sie bei den Regulationen der Osteoblasten- und Osteoklasten-Aktivitäten mitwirkt. – Alle A-wirksamen Substanzen sind *Schutz-*

13.11.11 *stoffe für das gesamte Ektoderm:* Haut, Cornea des Auges, Schleimhäute des Atmungs- und Verdauungs- und Urogenitaltraktes benötigen zu den Normalfunktionen Vitamin A, dessen molekulare Wirkungsmechanismen in diesem Zusammenhang noch unklar sind. – Die Gefahr einer

13.11.12 *Überdosierung an Vitamin A:* gastrointestinale Störungen, Schuppendermatitis, fleckförmiger Haarausfall, Knochenschmerzen. Akute Vitamin A-Intoxikation: Kopfschmerzen, Diarrhöen, Schwindel, nach Genuß der besonders Vitamin A-reichen Eisbärleber. – Bei erhöhtem Angebot an Carotin kommt es nicht zu Hypervitaminosen, da die carotinatische Spaltung gehemmt ist und außerdem Nahrungs-β-Carotin überhaupt nur zu 30% resorbiert wird.

13.12 Calciferol
13.12.1 Provitamine
13.12.2 Biosynthese
13.12.3
13.12.4
13.12.5
13.12.6

▶ *Ergosterin* ist Provitamin des *Ergocalciferol* = Vitamin D_2, *7-Dehydrocholesterin* ist Provitamin des *Cholecalciferol* = Vitamin D_3. Die Photoreaktion zur Umwandlung von Provitaminen in die Vitamine wurde bereits unter (13.1) beschrieben. Sie erfolgt in der Haut. Auf dem Blutweg, gebunden an Albumin und α_2-Globuline, gelangt es zur Leber. Dort wird Cholecalciferol zu *25-Hydroxy-cholecalciferol* hydroxyliert, dieses anschließend in der Niere in die physiologisch aktive Form: *1,25-Dihydroxy-cholecalciferol* umgewandelt. Dieser Metabolit wirkt auf die Zellkerne der Epithelzellen und erhöht die mRNA-Synthese. Dies veranlaßt wieder die Mehrsynthese eines Proteins, das die Aktivierung des Ca^{2+}-Transportmechanismus erhöht. Hierdurch wird die intestinale Resorption von Ca^{2+} und von Phosphat erhöht, ferner das enchondrale Wachstum der Röhrenknochen und ihre Mineralisation. – Die Bildung von 1,25-Dihydroxy-cholecalciferol wird durch den Plasma-Ca^{2+}-Pegel reguliert: Absinken steigert die Bildung und umgekehrt. In diese Regulation sind die Nebenschilddrüsenhormone einbezogen, die dann als „trope" Hormone auf den *enzymatischen Bildungsmechanismus der*

Niere für 1,25-Dihydroxy-cholecalciferol wirken. Der Ca^{2+}-Pegel des Blutes wird aber auch durch die Nebennieren-Glucocorticoide und STH beeinflußt. Die ersteren vermindern den Ca^{2+}-Pegel aufgrund eines stabilisierenden Einflusses auf lysosomale Membranen im Knochen und in der Folge verminderter Ca^{2+}-Resorption im Knochen. Sie führen zum Abbau der Proteinmatrix des Knochens, hemmen die Wirkung des Vitamins D auf den Darmtrakt. Das Wachstumshormon erhöht einerseits die Ca^{2+}-Ausscheidung im Harn, andererseits auch die Ca^{2+}-Resorption im Darm. Dieser Effekt dürfte größer sein, so daß eine positive Ca^{2+}-Bilanz resultiert. – *Überhöhte exogene Dosen*

13.12.7 Hypervitaminose

an *Vitamin D* können *toxisch* wirken: Mobilisierung des Skelett-Ca, Erhöhung von Ca^{2+}- und Phosphatpegel im Blut, vermehrte Ausscheidung im Harn, Ablagerung von mobilisiertem Ca^{2+} in Niere und Blutgefäßen: Kopf- und Gelenkschmerzen, Muskelschwäche, Störungen im Magen- und Darmtrakt, Exitus durch Nierenversagen.

13.13 Phyllochinon

▶ Die allen natürlichen und synthetischen K-wirksamen Substanzen gemeinsame Stammverbindung ist das ebenfalls schon wirksame *2-Methyl-1,4-naphthochinon* (Vitamin K_3). Der tierische und menschliche Organismus vermag die Isopentenylseitenkette ans Isopentenylpyrophosphat in 3-Position anzuhängen. – *Herkunft:* Phyllochinonsynthesen

13.13.1 Biosynthese

können Bakterien und Pflanzen durchführen: Bakterien bilden Farnochinon (Vitamin K_2), Pflanzen Farnochinon

13.13.2 Herkunft

und Phyllochinon (Vitamin K_1). Die Darmbakterien synthetisieren soviel Vitamin K_2, daß die Versorgung des menschlichen Organismus allein aus dieser Provenienz nahezu gesichert ist. Ist die Darmflora aber gestört (Antibioticatherapie), dann wird ausreichende Versorgung durch die Nahrung wichtig.

13.13.3 ▶ *Wasserlösliches Vitamin K:* Alle K-wirksamen Verbindungen sind lipidlöslich. Durch Anfügen eines Schwefelsäurerestes erhält man aber wasserlösliche, K-wirksame Substanzen.

13.14 Tokopherol

▶ ist insofern ein Redoxsystem, als durch Aufnahme einer Molekel H_2O und Abgabe von 2 H an einen Acceptor das aromatische Ringsystem und Bildung einer HO-Gruppe in Position 2 des Pyronringes eine chinoide Konfiguration entsteht. Aufnahme von 2 H und Abgabe von H_2O führt

13.14.1

reversibel dann wieder zur Tokolstruktur zurück. Durch diese Reversion erklärt sich die bereits behandelte Antioxidanswirkung der Tokopherole.

14 Ernährung und Verdauung

14.1 Allgemeine Grundlagen und Begriffe

14.1.1 Energiebilanz, Brennwert

▶ *Brennwert der Hauptnährstoffe.* Bei der *physikalischen Brennwertbestimmung* liefert 1 g Kohlenhydrat 4,1, 1 g Lipid 9,4 und 1 g Protein 5,6 kcal im Durchschnitt. – Bei der *physiologischen Brennwertbestimmung* erhält man 4,0 bzw. 9,0 bzw. 4,0 kcal/g. – Nach der Umsatzgleichung

$$C_6H_{12}O_6 + 6\ O_2 \rightarrow 6\ CO_2 + 6\ H_2O$$

180,17   192,00   264,07   108,10

entstehen aus 1 g Glucose 4,0 kcal und 0,6 g H_2O.

14.1.2 ▶ *Respiratorischer Quotient.* Nach obiger Gleichung sind unter Verbrauch von 6 Mol O_2 zum Endabbau von einem Mol Glucose 6 Mol CO_2 entstanden. Bildet man für Glucose den Quotienten der Mole gebildeten CO_2 pro Mol verbrauchten O_2, dann beträgt der R.Q. 1,0.

14.1.3 ▶ *Direkte und indirekte Calorimetrie.* Die erstere ist Energie (Wärme)-Bildung bei der Verbrennung von Nahrungsstoffen *außerhalb des Körpers,* im Calorimeter (s. obige Meßdaten). Die letztere ist die Messung der Energiefreisetzung beim Endabbau von Nahrungsstoffen *im Körper.* Versuchstier oder -person müssen in einen großen Calorimeter gebracht werden, gemessen wird außer verbrauchtem O_2 und gebildetem CO_2 die abgegebene Wärmemenge. Die Energieproduktion kann zumindest theoretisch auch aus der Messung des O_2- bzw. CO_2-Umsatzes und den Produkten des Proteinkatabolismus außerhalb eines großen Calorimeters bestimmt werden. Auch die Messung des O_2-Verbrauchs allein ergibt brauchbare Werte: die Menge des verbrauchten O_2 in der Zeiteinheit ist der freigesetzten Energie proportional = *calorischer „Brennwert" des O_2*.

14.1.4 ▶ *Grundumsatz* (GU) ist definiert als die Energieumsetzung eines Menschen bei vorsätzlicher Ruhe von Muskel- und Geistestätigkeit, 12-14 h nach der letzten Mahlzeit und konstanter, „behaglicher" Umgebungstemperatur von 20°C. Einige Tage vor der Untersuchung sollte eine proteinarme Standarddiät verabreicht worden sein (Grundumsatzbedingungen). – GU ist abhängig von Alter, Geschlecht, Rasse, psychischem Zustand, Klima, Körpertemperatur, Blutpegel an Adrenalin, Noradrenalin, Trijodthyronin und Thyroxin. GU ist Parameter für Zustand der Schilddrüse.

14.1.5 ▶ *Calorienbedarf bei körperlicher Arbeit.* (Im internationalen Maßsystem ist die *Einheit der Kraft* das *Newton*, welches 1 kg die Beschleunigung von $1 \text{ m} \times \text{sec}^{-2}$ erteilt, die *Einheit der Energie* das *Joule* (J), welche aufgewendet werden muß, wenn 1 kg durch 1 Newton bewegt wird. Man sollte jetzt alle Formen der Energie in Joule-Einheiten ausdrücken. Umrechnung: 1 kcal = 4,184 kJ; 1 kJ = 0,239 kcal). Der Joule-Umsatz eines Menschen setzt sich zusammen aus *Grundumsatz und Leistungszuwachs*.

Joule/Tag (Min–Max)

Körperruhe	406-526	Schwerarbeit	956 u. mehr
vorwiegend sitzende Beschäftigung	526-574	Fußballspielen	717-1195
leichte Muskelarbeit	621-670	Schwerstarbeit	1195 u.m.
mäßige Muskelarbeit	ca. 717	Skilanglauf	837-1195
stärkere Muskelarbeit	837	6-Tagefahrt	1434-2150
Kurzstreckenlauf	717-956		

14.1.6 ▶ *Isojoulesche (isocalorische) Diät.* Die Nährstoffe können sich gegenseitig nach ihrem Energiegehalt vertreten. Isojoulesche Mengen der Hauptnährstoffe: 1 g Fett ≙ 2,27 g Kohlenhydrat ≙ 2,27 g Eiweiß; 1 g Kohlenhydrat ≙ 1 g Eiweiß ≙ 0,44 g Fett.
Diese *Isodynamik* hat, energetisch gesehen, nur in relativ engen Grenzen Gültigkeit: a) wegen der metabolen Bedeutung der essentiellen Aminosäuren ist ein völliger isojoulescher Ersatz von Eiweiß durch Fette oder Kohlenhydrate unmöglich. b) Kohlenhydrate lassen sich nur sehr begrenzt durch Fette ersetzen. (s. Mangel an Oxalacetat, Anstau von Acetyl-CoA → Ketonkörper), besonders wegen Unmöglichkeit der Gluconeogenese aus Fettsäuren infolge Fehlens des

Glyoxylatcyclus im höheren Säugetier. c) Gluconeogenese aus Aminosäuren (glucogene oder -plastische) ist de facto zwar möglich, aber unökonomisch: zur Bildung von 100-120 g Glucose sind 175-200 g Protein nötig, zu denen noch die wünschenswerte Proteinmenge zur Aufrechterhaltung eines normalen Eiweißstoffwechsels zu 70 g hinzukommen. – Außer diesen stofflichen Einschränkungen der „Isodynamik" gibt es auch Bedenken aus energetischer Sicht. Entscheidend für die Beurteilung der *Wertigkeit eines Nährstoffs* ist, wieviel Joule zugeführt werden müssen, um die Synthese von 1 Mol energiereichem Phosphat zu ermöglichen. Setzt man unter diesem Aspekt Glucose = 100, so ist die Effizienz von Tristearat 97,7%, von Myosin 83%. So ließe sich der *Isojoulesatz* definieren: *Die Nährstoffe können sich als Energielieferanten ersetzen im Verhältnis zu dem Ausmaß, in dem ihre Katabolismen über ATP mit energieverbrauchenden Prozessen gekoppelt sind.*

14.1.7 Zusammensetzung, essentielle Faktoren

▶ Der *physiologische Wert einer Nahrung* ist nicht ausschließlich aus ihrem Gehalt an den Hauptnährstoffen Kohlenhydrat, Fett und Eiweiß zu beurteilen, sondern auch unter dem Aspekt zu sehen, in welchem *Nativitätsgrad* sie vorliegt. Längeres Lagern der Frischnahrung führt zum partiellen Verlust an Vitaminen infolge enzymatischen Abbaus oder durch Luftoxidation, auch durch bakteriellen Abbau. Die Zubereitungsgewohnheiten denaturieren partiell außer den Hauptnährstoffen auch die Vitamine zusätzlich und führen zu Mineralstoffverlusten. Auch Konservierungsmethoden können sich in diesem Sinne auswirken, zum Beispiel vermindert die Anwendung von Sulfit den Vitamin B_1-Gehalt ganz beträchtlich. Verluste durch Hitzekonservierung zwischen 100 und 120°C hängen von Temperatur × Zeit ab. Kürzeres Erhitzen auf höhere Temperaturen ist schonender als längeres Erhitzen auf niedrigere Temperaturen. Bei Eiweiß kommt es hierbei nur zur Konformationsänderung ohne Veränderung der Aminosäurcsequenz. Die Löslichkeit wird vermindert, reaktive Gruppen (H_2N-, HOOC-, HO-, HS-) werden aus der Molekelkrypta freigesetzt, hierdurch die proteolytische Spaltbarkeit durch Verdauungsenzyme verbessert. – Liegt neben Protein noch Kohlenhydrat vor, kommt es zur *Maillard-Reaktion* = nichtenzymatische Bräunungsreaktion mit stärkeren ernährungsphysiologischen Auswirkungen: a) die biologische Wertigkeit der Proteine wird vermindert, b) Bildung charakteristischer Geruchs- und Geschmacksstoffe, die erwünscht (Backen und Braten) oder unerwünscht (Kochen) sein können. Die Maillard-Reaktion kann auch schon beim Lagern von Nahrungsmitteln bei Normaltemperatur ablaufen, aber viel langsamer. Sie ist in Einzelabläufen nicht aufklärbar, da zu komplex. Am reaktionsfähigsten sind die basischen Aminosäuren, durch Abnahme an Lys ist die biologische Wertigkeit von Nahrungsproteinen am stärksten limitiert. Bei ordnungsgemäßem Kochen, Braten oder Backen oder sachgemäß hergestellten Dosenkonserven sind Lysinverluste praktisch gleich Null. − *Erhitzen von Fetten* über längere Zeit auf hohe Temperaturen an der Luft führt zu einschneidenden chemischen Veränderungen mit starker Nährwertabnahme und Auftreten *toxischer* Substanzen = *Oxipolimere* und cyclische Verbindungen. Solche Fette werden meist als ranzig abgelehnt (200°C sollten beim Frittieren nicht überschritten werden; cancerogene Stoffe entstehen erst bei 500-600°C).

14.1.8 ▸ *Endogenes Wasser* ist „Oxidationswasser". Bei einem 28 Jahre alten Mann mit 72 kg Körpergewicht beträgt es 290 ml pro Tag. Ein Mol Glucose liefert 6 Mol (s. erste Seite dieses Kapitels) = 108 g, ein Mol Palmitinsäure 16 Mol Wasser = 288 g. Damit ist nur das in der Atmungskette entstehende Wasser gemeint, das bei der Oxidation des ursprünglichen Substrat-H entsteht. Nun lagern Metabolite intermediär aber auch H_2O an, dessen H bei späteren Dehydrierungen abgespalten und wieder zu H_2O oxidiert wird. So beträgt die tatsächliche in der Atmungskette entstehende Wassermenge 600-700 ml. Bilanzmäßig dürfen aber nur die obigen, etwa 300 ml berücksichtigt werden.

14.1.9 ▸ Bei *Störungen des Wasserhaushaltes* infolge Nieren- oder Herzinsuffizienz (Hyper-, Oligo-, Hypohydrie) muß zur Aufstellung einer *Wasserbilanz* nicht nur die Höhe des Oxidationswassers berücksichtigt werden, sondern auch die Ausscheidung durch Lunge und Haut zu 200-300 ml, die Menge des Trinkwassers mit normal zu rund 800 ml, des Wassergehaltes fester Speisen zu rund 980 ml täglich. Die Nieren scheiden 1050 ml aus, der Darm 180 ml und Haut + Lunge 820 ml.

14.1.10 ▸ *Unverdauliche Nahrungsbestandteile.* Pflanzenfasern und -zellwände mit Cellulose, ferner Pektin (methyliertes Polymer der α-1-Galakturonsäure; Bestandteil vieler Früchte) Alginsäure (unverzweigtes Polymer aus D-Mannuronsäure und L-Guluronsäure; in Braunalgen) − beide als Gelier- und Verdickungsmittel, Inulin (Polyfructosan; Zichorie; Tompinamburknolle), ferner Polyphosphate (dienen zum Enthärten von Wasser und als Schmelzzusatz für Schmelzkäse, resorbiert wird aber Diphosphat, das zur Herstellung von Brühwürsten verwendet wird) und anorganisches Phosphat, zum Beispiel Calciumphosphat.

14.1.11 ▸ *Speicherung.* Resorbierte und metabol verwertbare Nahrungsbestandteile bilden kurzzeitig den *metabolic pool,* aus dem Einzelstoffe in Fließgleichgewichte für Neubau, Umbau oder Betrieb (Energieproduktion) entnommen werden. Diskontinuierlich (Mahlzeiten) zugeführte *Kohlenhydrate werden nach metaboler Umwandlung in Glucose,* wenn nicht in dieser bereits vorliegend, in der Leber als zentralem Speicher in die Speicherform *Glykogen* übergeführt und gespeichert, von hier aus dann die *peripheren Speicher* = Muskelglykogen, aufgefüllt. – *Fette* werden nach Hydrolyse in Fettsäuren und Glycerin partiell in der Darmmucosa zu Neutralfett oder Phospholipiden resynthetisiert, partiell auch als freie Fettsäuren zur Leber transportiert, die sie als Neutralfette wieder verlassen, um in den im Körper weit verbreiteten Adipocyten (Fettgewebe) deponiert zu werden. – *Proteine,* nach Hydrolyse zu Aminosäuren, können am wenigsten gespeichert werden, wenn alle Gewebs- und Blutproteine optimal aufgefüllt sind. Die Leber besitzt schon eine bestimmte Lagerfähigkeit für Proteine, doch nicht so ausgeprägt, wie für Glykogen und, in relativ anderen Größenordnungen, auch für *Vitamine* und *Spurenelemente.*

14.1.12 ▸ *Ineinander umgewandelt* werden: a) Glucose $\rightleftharpoons$ glucogene (nichtessentielle) Aminosäuren und damit Kohlenhydrat und (unter Einbezug exogener, essentieller Aminosäuren) Proteine. b) Glucose $\rightarrow$ Fettsäuren (mit Ausnahme der essentiellen Fettsäuren) und damit Kohlenhydrat und Fett, aber nicht umgekehrt Fett in Kohlenhydrat, s. obige Begründung. c) einige Aminosäuren aus α-Ketosäuren als Amphibolite von Glucose- und Acylkatabolsequenzen.

14.1.13 ▸ *Essentielle Nahrungsbestandteile* – eben gebrauchter Terminus – sind: *a) Aminosäuren:* Val (0,8), Phe (1,1), Leu (1,1), Ile (0,7), Thr (0,5), Try (0,25), Met (1,1), Lys (0,8) – in Klammern der Minimalbedarf in Gramm pro Tag; die empfohlene Zufuhr beträgt das Doppelte, „semiessentiell" sind Arg und His (für den Säugling). *b) Fettsäuren:* praktisch am wichtigsten ist *Linolsäure* ($\Delta^{9,12}$-Octadecadiensäure). Sie wird im Organismus durch Kettenverlängerung in *Arachidonsäure* ($\Delta^{5,8,11,14}$-Eicosatetraensäure) überführt, sowie *Linolensäure* ($\Delta^{9,5,15}$-Octadecatriensäure). Sie dienen vor allem zum Aufbau von Phospholipiden mit spezifischen Funktionen, besonders in der Mitochondrienmembran. – Gegenüber diesen essentiellen Nahrungsbestandteilen, die in der Größenordnung eines Gramms pro Tag benötigt werden, sind die Vitamine in der Größenordnung von Gamma oder Milligrammen notwendig. – Zu den essentiellen Aminosäuren,

Fettsäuren und Vitaminen kommen noch Mineralstoffe und Spurenelemente als ebenfalls essentiell hinzu.

14.2 Proteine

14.2.1

▶ Die *wünschenswerte Eiweißzufuhr* beträgt bei Männern und Frauen 1,0 g pro kg Körpergewicht, vom 65. Lebensjahr ab 1,2 g, bei Schwangeren vom 6. Monat ab 1,5 g, bei Knaben und Mädchen 15-18 Jahre: 1,5 g, 10-14 Jahre: 1,8 g, Kinder 7-10 Jahre: 2,0 g, 4-6 Jahre: 2,2 g, 1-3 Jahre: 2,4 g.

14.2.2 Stickstoffbilanz

▶ *Stickstoffgleichgewicht.* Zum Ersatz des Protein- und Aminosäurenverlusts muß täglich Eiweiß zugeführt werden, s. oben. Da der Protein- und Aminosäurenverlust im Stuhl normalerweise vernachlässigt ist, ist die N-Ausscheidung im Harn ein zuverlässiges Maß für den irreversiblen Protein- und Aminosäurenkatabolismus.

Ist N-Menge im Harn gleich N-Menge der aufgenommenen Nahrung, besteht N-Gleichgewicht. Wenn N-Aufnahme größer ist, werden die überschüssigen Aminosäuren desaminiert und die Harn-N-Ausscheidung steigt an: das N-Gleichgewicht bleibt bestehen. – Bei erhöhter Sekretion *kataboler* Nebennierenrindenhormone, verminderter Sekretion von Insulin, während des Fastens oder bei längerer Bettlägerigkeit übersteigen die N-Verluste die N-Aufnahme = *negative N-Bilanz.* – Während Wachstum, Rekonvaleszenz, nach schwerer Krankheit oder als Applikationsfolge *anaboler* Steroide (Testosterone) übersteigt die N-Aufnahme die N-Verluste = *positive N-Bilanz.* Jeweilige Meßwerte sind Gesamt-N von Gesamtnahrung und Gesamtharn von 24 h.

14.2.3

▶ *Absolutes N-Minimum der Nahrung (Abnutzungsquote).* Bei calorisch ausreichender aber *proteinfreier Ernährung* fällt die Harnstoff-N-Ausscheidung ab und erreicht nach 10-14 Tagen das untere Limit von 2,5-3,0 g pro Tag, infolge der durch Mangelzufuhr an essentiellen Aminosäuren erwirkten negativen N-Bilanz. Hinzu kommen noch N-Verluste durch den Darm. Bei solcher Ernährung werden insgesamt 3,5 g N, entsprechend 22 g Eiweiß (3,5 × 6,25, da Eiweiß-N-Gehalt~ 16%), ausgeschieden.

Bilanzminimum (physiologisches N-Minimum) ist die unterste Grenze der Proteinzufuhr, unterhalb der ein N-Gleichgewicht nicht mehr zu erreichen ist = *Minimalbedarf an Eiweiß,* ist für die einzelnen Proteine unterschiedlich, abhängig von

14.2.4 Wertigkeit

deren *biologischer Wertigkeit.* Deren Ursache ist die differente Zusammensetzung an Aminosäuren, insbesondere der essentiellen. In Wirklichkeit hat der Organismus keinen Bedarf an Eiweiß, sondern an Aminosäuren. Bei etwa gleichem calorischem Wert unterscheiden sich Nahrungseiweißkörper stark in ihrer biologischen Wertigkeit. Methoden zu ihrer Bestimmung: a) diejenige N- bzw. Eiweißmenge (N × 6,25) zu ermitteln, bei der gerade noch ausgeglichene N-Bilanz besteht, b) Gewichtszunahme eines jungen Tieres unter Standardbedingungen durch 1 g Nahrungseiweiß pro Tag zu bestimmen. − Beispiel zu a) Bilanzminimum beim Erwachsenen in g Protein pro kg Körpergewicht durch Vollei 0,5, Milch 0,55, Kartoffeln 0,56, Rindfleisch 0,60, Mais 0,65, Weizen 0,85.

14.2.5 ▶ *Eiweißmangel.* Fehlt nur eine der essentiellen Aminosäuren, **Mangel** kann ein diese benötigendes Protein nicht synthetisiert werden. Die übrigen, nicht verwendeten Aminosäuren werden desaminiert und ihr N als Harnstoff ausgeschieden = *negative N-Bilanz beim Fehlen nur einer einzigen essentiellen Aminosäure* in der Nahrung. − Chronische Unterernährung bei relativ kohlenhydratreicher und absolut eiweißdefizienter Nahrung führt zur Abnahme von Muskel- und Blutplasmaprotein mit Kreatinurie, im Plasmaprotein-Verteilungsmuster zur Verminderung an Albumin und relativer Vermehrung von β- und γ-Globulin, ferner zur Fettleber infolge Mobilisierung der peripheren Fettdepots − Kwashiorkor (protein-caloric deficiency disease) = eine in den Tropen häufige Erkrankung mit Anämie, Fettleber, Ödemen und weiteren irreversiblen Störungen.

14.3 ▶ Die *wichtigsten Nahrungskohlenhydrate: Stärke,* (Getreide, **Kohlenhydrate** Kartoffel), Saccharose (Rohr-, Rübenzucker), Lactose (Milchzucker), Fructose (Lävulose, Fruchtzucker). Ihre Strukturen wurden früher behandelt: (6.1). − *Gekochte Stärke* wird immer fast völlig ausgenutzt, rohe Stärke weit weniger.

14.3.1 Durch die hydrolatische Spaltung der Stärke im Verdauungstrakt wird das Körperinnere nicht mit Glucose plötzlich überflutet wie beim direkten Glucoseverzehr. Glucose spielt bei normaler Ernährung kaum eine Rolle. Aus *Saccharose* werden Glucose und Fructose schneller frei als aus Stärke. − *Lactose* ist für den Säugling monatelang praktisch das einzige Nahrungskohlenhydrat; die hohe β-Galaktosidaseaktivität nimmt nach Übergang zu mehr stärkehaltiger Gemischtnahrung stark ab. Der Erwachsene verwertet Lactose bei hohem Milchverzehr nicht mehr ökonomisch (sie verfällt den Darmbakterien: Flatulenz). − *Fructose* kommt auch in Früchten vor und wird bereits während der Resorption durch die Darmmucosazellen in Glucose (und Milchsäure) metabolisiert. Die Leber ist praktisch das einzige fructosemetabolisierende Organ.

14.3.2 ▶ Der *wünschenswerte Anteil an Kohlenhydraten* soll 50-55% der Gesamtkalorienzufuhr betragen und zwar hauptsächlich in Form von Stärke. Der Saccharoseverbrauch ist im westlichen

Europa und in den USA auf 100 g und mehr am Tage gestiegen, das sind 15-20% des Calorienbedarfs körperlich nicht schwer arbeitender Menschen. Diese einseitige Verschiebung korreliert mit Übergewicht, Diabetes, Zahncaries, wahrscheinlich auch mit Arteriosklerose und Herzinfarkt.

14.3.3 ▸ *Kohlenhydratfreie Ernährung* bewirkt einschneidende Metabolaberrationen: Hypoglykämie, verminderte Glucosetoleranz, starker Blutpegelanstieg an freien Fettsäuren, Ketose. Die Organe haben einen Mindestbedarf an Glucose. Zu seiner Deckung werden zunächst die glucogenen Aminosäuren herangezogen. Hierdurch wird der Proteinanabolismus vermindert, der Proteinkatabolismus überwiegt. Der Energiebedarf wird hauptsächlich durch Acylkatabolismus gedeckt. Kohlenhydratarme und -freie Ernährung verursacht auch Aberrationen des Wasser- und Mineralhaushaltes.

14.4 Fette und Lipide 14.4.1 ▸ Menge und Zusammensetzung des *Depotfettes* werden durch Menge und Zusammensetzung des *Nahrungsfettes* vorübergehend beeinflußt, doch stellt sich bei normaler Stoffwechsellage bald ein dynamisches Gleichgewicht im Acylaustausch ein. Die verschiedenen Körperdepots halten eine ihren multiplen Aufgaben (s. 7.1.4) entsprechende Acylzusammensetzung der Triglyceride relativ gut konstant. Die *Strukturlipide* der Zellen einzelner Organe haben dagegen eine viel konstantere Zusammensetzung, besonders an den mehrfach ungesättigten Fettsäuren, s. spezifische Bestandteile von Zellmembranen und -organellen (15.7).

14.4.2 14.4.3 ▸ *Essentielle Fettsäuren* wurden bereits mehrfach erwähnt, s. unter (14.1): essentielle Nahrungsbestandteile. *Linolsäure* kann nicht de novo synthetisiert werden; sie wird durch Kettenverlängerung und Bildung neuer Doppelbindung zur *Arachidonsäure:* $\Delta^{5,8,11,14}$-Eicosatetraensäure, die beide zur Synthese von Phospholipiden dienen, welche Zellmembranbestandteile sind. *Linolensäure* wird oft auch als essentiell bezeichnet, weil Wachstumstillstand von Ratten nach bestimmter Lipidmangeldiät durch Linolensäurezusatz wieder in Gang kommt. Metabol entstehen aus ihr höher ungesättigte Fettsäuren mit 3, 4, 5 und 6 Doppelbindungen. – Alle essentiellen Fettsäuren enthalten die Doppelbindungen in all-cis-Konfiguration, die Linolsäure ihre beiden Doppelbindungen durch eine Methylenbrücke getrennt. – Erstes Mangelsymptom sind Hautveränderungen, schwere Störungen des Wasserhaushaltes, der Fortpflanzung und Organveränderungen (Niere: Hämaturie). – Essentielle Fettsäuren sind auch Ausgangssubstanzen zur Synthese der Prostaglandine, wozu praktisch alle Gewebe befähigt sind, s. (11.7). –

14.4.5 *Ölsäure ist nicht essentiell.* Sie ist die verbreitetste aller ungesättigten Fettsäuren, sie kann auch aus Stearinsäure gebildet werden. – *Besonders reich an essentiellen Fettsäuren* sind Pflanzenöle, wie Baumwollsamenöl, Sonnenblumenöl, Sojaöl, Maisöl, Fischöl, Leinöl (enthalten höhere Polyensäuren).

14.4.6 ▶ Cholesterin wird als ausgesprochenes Zoosterin nur mit tierischen Nahrungsmitteln aufgenommen. Je nach Ernährungsgewohnheiten beträgt die exogene Zufuhr 0-1 g pro Tag, meist 0,5-0,7 g. Aus dem Darm werden 300-400 mg resorbiert, der Rest geht weiter. Die tägliche endogene Cholesterinsynthese des Menschen beträgt 0,4-1,2 g, der turnover 1,0-1,5 g. Durch exogenes Cholesterin wird die endogene Synthese limitiert. Der Serumcholesterinpegel ist ein Risikofaktor für die Arteriosklerose, damit für den Herzinfarkt. Mittlere Normalwerte: bis 30 Jahre 180 mg%, 30-39 Jahre: 210 mg%, 40-49 Jahre: 245 mg%, 50-59 Jahre: 250 mg%, bei erheblicher Streubreite. Werte über 260 mg% bedeuten ein dreifach größeres Risiko gegenüber Werten unter 200 mg%. – Außer durch Nahrungscholesterin wird der Serumcholesterinpegel auch durch Menge und Fettsäurenzusammensetzung der Nahrungsfette bestimmt. Niedrige Fettzufuhr ist auf alle Fälle günstig, ebenso die Zufuhr „mittelkettiger" Fettsäuren sowie höher ungesättigter (in Pflanzenölen), und unter solchen alimentären Gesichtspunkten kontrolliert hergestellter Margarinen.

14.5 ▶ Hungerstoffwechsel
14.5.1 Bei *völligem Nahrungsentzug,* aber ausreichender Flüssigkeitszufuhr, stellt sich der Metabolismus charakteristisch auf diese neue Umweltsituation ein. Die *Glykogenreserven* (~400 g = 1600 kcal) reichen nur für wenige Stunden zur Blutglucosehomöostase, es wird als nächstes das Triacylglycerindepot in den Adipocyten mobilisiert (~150 g in 24 h), dann die *Gluconeogenese* bevorzugt aus Aminosäuren nach Muskelproteinkatabolismus (~75 g in 24 h) angekurbelt. Oxidativer Acylkatabolismus führt bei relativem Kohlenhydratmangel zum Anstau an Ketonkörpern, welche allerdings zum Teil von der Muskulatur und adaptativ vom Zentralnervensystem terminal metabolisiert werden können. Da Protein- und Acylkatabolismus nun im Vordergrund stehen, sinkt der respiratorische Quotient auf 0,8 ab, die Harnstoff-N-Ausscheidung steigt in den ersten Tagen auf 10-12 g pro Tag an und sinkt dann kontinuierlich auf ~3 g pro Tag ab, die Calciumphosphat- und Mg-Bilanz wird negativ. – Alle Energiereserven reichen bei körperlicher Ruhe eines normalernährten Menschen etwa 45-50 Tage, bei Übergewicht entsprechend länger.

14.5.2 ▶ *Gehirn, Nierenmark* und *Erythrocyten* benötigen primär Glucose als ausschließliche Energielieferanten unter Normalbedingungen. Das Gehirn verbraucht 100-120 g Glucose pro Tag; RQ = 0,95-0,99. Mehr als 30% der aufgenommenen Glucose dienen zum metabolen Transfer in Aminosäuren (dadurch in Proteine) und Lipide. Zwar nimmt das Gehirn auch Aminosäuren aus dem Blute auf, aber nur wenig (sehr kleine arterio-venöse Aminosäure-Differenz). Die meisten Gehirnzellen brauchen zur Glucoseutilisierung kein Insulin.
– Hypoglykämie verursacht neurale Störungen: Ataxie, Schweißausbruch, Koma, Krämpfe. Der Cortex wird eher durch Hypoglykämie geschädigt als die vegetativen Zentren im Hirnstamm.

Chronische Unterernährung besteht bei 50 - 66% der Weltbevölkerung (WHO) (außer Eiweißmangel auch Vitaminmangel), in unseren Breiten recht häufig bei schweren Erkrankungen des Intestinaltraktes: Malabsorptions- und Maldigestionssyndrome, Oesophaguscarcinom, Toxinämien bei Infektionen (Sepsis, Tuberkulose, chronische Eiterungen, Hyperthyreose, Leber- und Niereninsuffizienz).

14.5.3
Überernährung
▶ Generell tritt *Adipositas* nur dann auf, wenn die Nahrungsaufnahme an den Hauptcalorienlieferanten Kohlenhydrat und Fett den Bedarf übersteigt. Überschußcalorien können im Gegensatz zu Wasser und Mineralsalzen nicht ausgeschieden, sondern müssen in Form von Fett gespeichert werden. Die Speicherfähigkeit für Kohlenhydrat und Eiweiß ist relativ begrenzt. Bei nur 5% aller Adipösen bestehen endokrine Störungen; primäre Metaboldefekte als Ursache der Adipositas sind bis jetzt nicht bekannt. – Bei *Überangebot an Kohlenhydrat* hängen die Metabolstörungen vom Zeitlauf des Blutglucosepegels ab. Glucose und Fructose verursachen steilen Anstieg, Saccharose weniger steilen und Stärke den flachsten Anstieg. Erste Reaktion ist *erhöhte Insulinausschüttung* aus der Pankreas, Folgen sind Ankurbelung der *Lipogenese,* sowohl durch *Enzymaktivitätssteigerung* der Schlüsselenzyme von Glucosekatabolismus und Acylanabolismus (in Leber und Adipocyten) als auch durch *Enzyminduktion,* ferner *Hemmung des Glucoseanabolismus,* aber *Aktivierung von Pentosephosphatcyclus* (NADPH$_2$-Bildung für Acylanabolismus). Auch die Metabolsequenz des *Fructosekatabolismus wird aktiviert.* Der Blutpegel an *freien Fettsäuren steigt an,* dadurch wieder *Bremsung der Insulinwirkung* (Insulinantagonistische Wirkung der freien Fettsäuren), hierdurch *Verschlechterung der Glucosetoleranz* und *Erhöhung der prädiabetischen Metabolsituation.* – Durch erhöhten Blutinsulinpegel gibt die Nebennierenrinde *vermehrt Glucocorticoide* ab,

dadurch Produktion von *Insulinantagonisten* und nun wieder, als Reizantwort, *weiter erhöhte Insulinbildung.* Sinkt nun regulativ der Blutzuckerpegel ab, wird wieder das Hungerzentrum stimuliert — und der Teufelskreis geht weiter: die Homöostase des inneren Körpergeschehens ist in einer fehlgeleiteten Beziehung zur Umwelt verformt.

Erhöhte Fettzufuhr führt zu erhöhtem Blutlipidpegel, sowohl an Neutralfetten, Phospholipiden als auch freien Fettsäuren. Abgesehen von allen hormonellen und enzymatischen Regulationsaberrationen im einzelnen kommt es zur direkten Depotlegung von Triacylglycerin in Adipocyten, aber auch zur erhöhten Terminalmetabolisierung, so daß der Blutpegel an Ketonkörpern erhöht und damit die Belastung des „Anionentransportsystems" (Ketoacidose) des Blutes verstärkt ist und Ketonkörper auch vermehrt ausgeschieden werden.

Einseitig erhöhte Proteinzufuhr kurbelt den *Gesamtenergieumsatz* an = *spezifisch-dynamische Wirkung,* für Assimilation der Nahrungsprotein-Aminosäuren und deren Terminalmetabolisierung. Eine Proteinmenge mit 100 kcal Energiegehalt steigert den Energieumsatz bei ihrer Assimilation um 30 kcal, eine calorisch äquivalente Kohlenhydratmenge um 6 kcal und eine entsprechende Fettmenge um 4 kcal. Die Wirkung der mit diesen Nahrungsstoffen zugeführten Energiemengen vermindert sich also um (100-30) = 70 kcal; (100-6) = 94 kcal; (100-4) = 96 kcal. Die hervorstechende spezifisch-dynamische Wirkung der Aminosäuren erklärt sich aus der Desaminierung und der stark endergonischen Harnstoffsynthese.—Hierbei sind also *Blutharnstoffpegel* und *Harnstoffausscheidung* erhöht, ferner der *Glucoseanabolismus aus glucogenen Aminosäuren.* Die spezifisch-dynamische Wirkung erhöhter Proteinzufuhr reicht nicht aus, die Fettdeponierung (auf dem Wege glucogene Aminosäuren → Glucose → Fettsäuren) zu verhindern.

14.5.4 ▶ Angeborene Anomalien

Hierzu s. auch (4.7.3). Abgesehen von den dort erwähnten, diätetisch zu behandelnden Anomalien: *Galaktosämie,* eine recessiv erbliche Krankheit; Galaktose (als Bestandteil der Lactose) kann nicht normal metabolisiert werden; Lebercirrhose, Katarakt, Schwachsinn. Man läßt Galaktose aus der Nahrung weg und die Kinder entwickeln sich normal. — *Fructoseintoleranz:* Saccharose (Fructose-Glucose)-Zufuhr bewirkt schwere hypoglykämische Anfälle mit Übelkeit, blutigem Erbrechen, Zittern, Schwitzen und Somnolenz. Die Nahrung darf keine Fructose (Rohrzucker, Rübenzucker) enthalten. — Bei *Alactasie* fehlt das Milchzucker spaltende Enzym, die Lactase. Die Säuglinge haben Gärungsstühle und gedeihen schlecht. Milchzucker muß durch einen anderen

Zucker ersetzt werden. – *Essentielle Hyperlipämie* mit krisenartigen heftigen Bauchschmerzen, Milz- und Leberschwellungen. Besserung durch fettarme Nahrung.

14.5.5 ▸ *Parenterale Ernährung* = extreme Form einer bilanzierten synthetischen Diät. Sie enthält keine polymeren bzw. fast keine oligomeren Nährstoffe sondern monomere, also solche, die auch durch die Darmmucosa zu resorbieren wären: Monosaccharide, mehrwertige Alkohole (Sorbit, Xylit), Aminosäuren, Äthanol, Fettemulsionen (die auch von der Darmmucosa an die Lymphe abgegeben werden), Mineralsalze, Vitamine, in jeweils den Patienten und ihren Krankheiten angepaßten Mischungsverhältnissen. Das Aminosäurengemisch muß sehr sorgfältig bilanziert sein, insbes. soll es nicht am N-Minimum orientiert sein und die essentiellen Aminosäuren im Bedarfsüberschuß vorliegen. Minimale Bedarfsdeckung garantiert nicht optimale Organfunktion, zudem arbeitet der kranke Organismus nicht im Zustand ökonomischer Homöostase. Auch K^+ und Mg^{2+} sind ausreichend zuzuführen, auch Spurenelemente, besonders Zn^{2+}.

14.6 ▸ *Speichel*, täglich zu 1500 ml gebildet in den Gll. parotis, **Verdauung** submandibularis, sublingualis und vielen kleineren Drüsen **14.6.1** ▸ in der Mundhöhle, enthält in 0,5% Trockensubstanz HCO_3^-, Cl^+, HPO_4^{2-}, SCN^-, Na^+, K^+; ferner *Mucine* = *Glykoproteine* (Schleimstoffe mit N-Acetylaminohexosen, Hexosen, Neuraminsäure, Fucose, bis zu 50%), ferner Sekretoren = Blutgruppendeterminanten, besonders wichtig aber α-*Amylase* (spaltet ausschließlich α-1,4-glykosidische Bindungen); Ca^{2+} und Cl^- als Aktivatoren; pH-Optimum 5,5-6,5, Inaktivierung beim Magensaft-pH.

Magensaft: Zellen der Magendrüsen produzieren täglich etwa 3000 ml; aus der *pylorischen Region* und den *Neben*zellen der übrigen Magendrüsen kommen Mucine (Glykoproteine, darunter der Intrinsicfaktor, s. (13.9), Schutzfunktion für die Magenschleimhaut), aus den *Belegzellen der Fundusdrüsen* hauptsächlich *HCl.* – Pepsinogen (Vorstufe der drei Pepsine, MG $42,5 \times 10^3$; IP 3,7) wird in den Hauptzellen des Magens freigesetzt, seine Aktivierung erfolgt spontan unter HCl-Wirkung: Abspaltung von fünf Polypeptiden mit je MG 1×10^3 → *Pepsin-Inhibitor-Komplex,* zerfällt in *aktives Pepsin* (MG 35×10^3; pH-Optimum 1,5 – 2,5) und Inhibitor (MG $3,1 \times 10^3$), ferner geringe Mengen (Aktivitäten) von Lipase, Lysozym, Kathepsine).

Pankreassaft mit einer Reihe von Enzymen und Enzymogenen: Proteasen, Peptidasen, Nucleasen, Lipasen, α-Amylase. – *Trypsin:* in den Pankreas-Acinuszellen als *Trypsinogen*

mit MG 24 × 10³ gebildet, durch *Enterokinase* (proteolytisch wirksames Glykoprotein aus der Duodenum-Mucosa) + Ca^{2+} in aktives Trypsin mit MG 23,8 × 10³ übergehend (Abspaltung eines Hexapeptids Val-(Asp)$_4$Lys und Konformationsänderung), pH-Optimum: 7,5-8,5. − α-*Chymotrypsin:* aus α-Chymotrypsinogen, Spaltung einiger Peptidbindungen durch Trypsin und autokatalytische Weiterreaktion. − *Carboxypeptidase:* Aktivierung der inaktiven Vorstufe durch Trypsin. Zwei Enzyme: A und B.
Dünndarmsaft. Enthält zahlreiche Enzyme neben Elektrolyten: Endopeptidasen, Exopeptidasen.
Obigleich in geringem Umfang auch noch zusammengesetzte Nahrungsbestandteile resorbiert werden können, ist ihre Spaltung bis auf die Basiskomponenten im Magendarmvolumen Voraussetzung für optimale Resorption und ökonomische Ausnutzung der Nahrung sowie Beseitigung des artfremden Charakters (Antigenität).

14.6.2 − 14.6.11 ▶ Polymere *Kohlenhydrate* (Stärke, Glykogen) werden durch die α-Amylase des Speichels beginnend und durch dasselbe Enzym des Pankreassekrets im Duodenum fortsetzend, über Zwischenstufen = *Dextrine* (Endoglykosidase, spaltet α-1,4-glucosidische Bindungen von Amylose, Amylopektin und Glykogen) bis zu *Maltose* und *Isomaltose* zerlegt. Wie andere alimentäre Disaccharide (Saccharose, Lactose) werden diese durch Glykosidasen (Disaccharidasen), die fest in den Zellen der Duodenum-Mucosa verankert sind, bei Beginn der Resorption in Monosaccharide hydrolysiert. *Maltase* (α-Glucosidase) liegt in fünf isomeren Formen mit verschiedenen Substratspezifitäten vor (einige spalten auch Saccharose und eine spaltet Isomaltose, also α-1,6-glucosidische Bindungen), *Lactase:* zwei isomere Formen.
Die alimentären Hauptmengen an *Lipiden* sind *Triacylglycerine,* sie werden im Magensaft in die sogenannte *Ölphase* übergeführt = beginnende Verflüssigung. Sie wird im Duodenum durch Gallensäuren aus dem Gallensaft (s. 17.8.3,u.4) + Ca^{2+} fortgesetzt. Pankreaslipase spaltet successive zwei laterale Acylreste ab, so daß 2-Monoacylglycerine verbleiben. Triacylglycerinlipase: pH-Optimum 8,0 durch Gallensäuren aktiviert. Resorption von Fettsäuren und 2-Monoacylglycerinen als Einschlußkomplexe mit Gallensäuren (Choleinsäuren). Resynthese zu Triacylglycerinen in den Mucosazellen.
Die *Nahrungsproteine* liegen infolge *Zubereitung* fast immer in *denaturierter Form* vor. *Natives Eiweiß* wird beim *Magensaft-pH denaturiert.* Verschiedene Proteasen und Peptidasen bilden eine Wirkungseinheit zur Proteolyse, die einzelnen Enzyme

haben verschiedene Wirkungsspezifitäten. Pepsin bevorzugt die Peptidbindungen -Glu-Tyr- und -Glu-Phe; Trypsin die Peptidbindungen -Arg-R- und -Lys-R-; Chymotrypsin: -Tyr-R- und -Phe-R-; Carboxypeptidase A: Peptidyl-Phe, Peptidyl-Tyr, Peptidyl-Try und Peptidyl-Leu; Carboxypeptidase B: Peptidyl-Lys und Peptidyl-Arg; Leucin-Aminopeptidase: Leu-Peptid und R-Peptid; Amino-Tripeptidase: R-Dipeptid; Prolidase: Gly-Pro; Prolinase: Pro-Gly u.a. –

14.7 Bakterienflora

14.7.1 ▶ Normalerweise sind *wenig Darmbakterien im Jejunum, etwas mehr im Ileum* und die *Hauptmenge im Colon.* Hier sind vorhanden: Escherichia coli, Aerobacter aerogenes, verschiedene Typen nichtpathogener Kokken. Beim Neugeborenen sind keine Bakterien im Colon, in den ersten Monaten entwickelt sich eine typische Flora, unter der aber Lactobacillen (bifidus) überwiegen. Alimentär und metabol ist die Darmflora für den Erwachsenen nicht entscheidend wichtig, wohl aber nützlich, insoweit, als sie den symbiontischen Träger mit nennenswerten Mengen Phyllochinon und vielleicht auch noch mit anderen Vitaminen versorgen. – Beim Menschen

14.7.2 können in therapeutischen Dosen oral verabreichte *Antibiotica* und *Sulfonamide* die *Darmflora empfindlich stören:* wegen fehlender Kompetition mit den apathogenen Symbionten wird die Voraussetzung für das Überwuchern pathogener Keime geschaffen. Hier hilft Zufuhr normaler Darmbakterien.

14.8 Resorption der Nahrungsstoffe

14.8.1 ▶ Durch Zusammenwirken von Hydrolasen aus Speichel, Magensaft und Pankreassaft sind polymere Nahrungsbestandteile in ihre Monomere zerlegt. Hinzu kommt noch das alkalische mucopolysaccharidreiche Sekret der Brunnerschen Drüsen des Duodenums, die desquamierten Mucosazellen des Duodenums. Sie haben beträchtlichen Anteil an der enzymatischen Zubereitung der Nahrungsstoffe durch ihren eigenen Enzymgehalt als auch an der weiter zu verarbeitenden Stoffmenge nach ihrer Selbstzerlegung. Die Halbwertzeit der Mucosazellen beträgt ~1,8 Tage, die täglich abgestoßene Zellmasse beim Menschen 250 g mit rund 25 g Protein. Durch die Verdauungssekrete kommen noch rund 140 g Protein hinzu. Die Gesamtmenge an Protein aus Verdauungssekreten + Mucosazellen beträgt das 2-3fache der normalen Tageszufuhr an Nahrungsprotein. Deren Aminosäurenzusammensetzung wird, sofern sie von den erwünschten relativen Mengenverhältnissen abweicht, auf diese Weise etwas modifiziert.

Begrenzender Faktor für die Nahrungsaufnahme ist das Fassungsvermögen des Magen-Darmkanals, nicht die hydrolatische Leistung der Verdauungsenzyme und auch nicht die

Resorptionskapazität. Sie würden das 100-1000fache der Nahrungspolymere monomerisieren. So können täglich maximal auf die Dauer nicht mehr als 6000 kcal aufgenommen werden. Die Resorptionskapazität ist durch die starke (Kerkringsche) Faltung und durch Villi und Mikrovilli allein schon infolge Oberflächenvergrößerung beträchtlich. Die resorptionsaktive Oberfläche des Duodenums beträgt bei 280 cm Länge und 4 cm Durchmesser etwa 200 m^2. Gegenüber einem glatten Rohr ist die Oberfläche durch Faltung, Zotten und Mikrovilli um den Faktor 600 vergrößert.

14.8.2 – 14.8.8 ▶ Wir kennen drei *Resorptionsmechanismen: a) einfache Diffusion:* Transportgeschwindigkeit ist proportional der Konzentrationsdifferenz, sie wird Null bei Konzentrationsausgleich (zu unterscheiden wäre ionale, nichtionale Diffusion und Lösungsmittelsog). *b) Aktiver Transport:* erfolgt gegen Konzentrationsgradienten, verläuft schneller als Diffusion und verbraucht ATP-Energie aus dem Katabolismus der Transportleistungszellen. Beteiligt sind Träger (carrier)-Systeme, spezielle enzymatische Reaktionen und Atmungskette. Limitation bei O$_2$-Mangel und Gegenwart von Entkopplern. *c) Erleichterte (geförderte) Diffusion:* Mittelstellung zwischen einfacher Diffusion und aktivem Transport: erfolgt nicht gegen Konzentrationsgradienten, hat aber Phänomene mit aktivem Transport gemeinsam, zum Beispiel Sättigungseinfluß, Konkurrenz und Betätigung von Trägermechanismen. *d) Pinocytose:* Aufnahme von mikroskopischen (polymolekularen) Gebilden („Tröpfchen") in die Zelle durch Einstülpung und Abschnüren eines Plasmamembransäckchens. – *Resorptionsorte* sind hauptsächlich die proximalen Dünndarmabschnitte und, als „Reserve", das Ileum. Die Resorption des Äthanols beginnt aber bereits im Magen und endet im Duodenum, die des Vitamin B$_{12}$ und der Gallensalze erfolgt im Ileum, der freien Glucose und der kürzer- bis mittelkettigen Fettsäuren im Duodenum, der aus Stärke frei gewordenen Glucose und der partiell hydrolysierten Lipide erst im Jejunum. *Transportwege für die resorbierten Stoffe: a) Blutgefäßsystem:* aus dem Duodenalgebiet, Vereinigung in der zur Leber führenden Vena portae; aus dem Colongebiet über den Plexus hämorrhoidalis direkt in den allgemeinen Kreislauf. *b) Lymphgefäßsystem:* über den Ductus thoracicus ins Venenblutsystem. – Die Durchflußrate des Blutes durch das resorbierende Darmgebiet ist etwa 1000mal größer als die der Lymphe. *c) Enterohepatischer (enterobiliärer) Kreislauf:* Cholesterin, Gallensäuren, Urobilinogen und viele Pharmaka gelangen nach Resorption über die Pfortader in die Leber und werden über die Galle ins Darmlumen abgegeben.

Aminosäuren. Ihre Resorption ist eine *stereospezifische aktive Transportleistung* durch drei verschiedene Systeme für: a) neutrale Aminosäuren, freie Carboxyl- und L-α-NH_2-Gruppe, α-H und ungeladene Seitenkette sind Voraussetzung; b) basische Aminosäuren, spezifisch für Lys, Arg, Orn und Cys; c) Pro, Hypr, Sarkosin, Dimethylglycin und Betain. – Glu und Asp werden nicht aktiv transportiert, dafür in den Mucosazellen intensiv zu Transaminierungen verbraucht. Die H_2N-Gruppe des Glu erscheint zum Beispiel zum größten Teil als Ala, Glu, ferner zum Teil als Glutathion und nur ein kleiner Teil unverändert im Blut. – Pyridoxalphosphat ist am aktiven Transport beteiligt. – Dipeptide werden nur in sehr geringen Mengen resorbiert, Proteine in noch kleineren Spurenmengen (Lymphweg; Ursache von Nahrungsmittelallergien).

Kohlenhydrate. Sie werden teils aktiv transportiert, teils durch Diffusion aufgenommen, doch mit großen Resorptionsgeschwindigkeitsunterschieden: Relationen beim Menschen: a) aktiv transportiert: Galaktose 110 – Glacose 100, b) erleichterte Diffusion: Fructose 70, c) einfache Diffusion: Xylit 36 – Sorbit 29 (bei 30 min Prüfzeit). – Die Erleichterung der Fructoseaufnahme besteht in der Umwandlung zu Glucose und Metabolisierung zu Lactat in den Mucosazellen. – Langsam resorbierte Zucker verweilen länger im Darm, wandern weiter abwärts und binden osmotisch Wasser, wirken also abführend (laxierende Wirkung der Lactose). – Disaccharide werden ungespalten kaum resorbiert.

Lipide. Resorbiert werden freie Fettsäuren und Monoacylglycerine, weniger Di- und Triacylglycerine. Die Mucosazellen resynthetisieren Triacylglycerine und aus der Vorstufe Diacylglycerinphosphat (Phosphatidat) auch Phospholipide. Beide Substanzgruppen werden in Form von *Chylomikronen* (s. 7.7.3, 7.10 und 16.5.2), zu deren Entstehen β-Lipoprotein notwendig ist, an die Lymphe weitergegeben. Chylomikronen: Tröpfchen von 0,5-1 μ Durchmesser, 85-90% Triacylglycerinen, 6-9% Phospholipiden, 3% freiem + verestertem Cholesterin und 2% Protein als Hüllsubstanz. Nach einer Fettmahlzeit ist das Serum milchig-trübe; die Chylomikronen werden in Leber, Adipocyten, Muskulatur und Lunge durch Lipoproteinlipasen zerlegt. Mit den Lipiden in Chylomikronen werden auch die lipidlöslichen Vitamine transportiert, auch lipidlösliche Pharmaka. Mittel- und kurzkettige Fettsäuren werden vom Duodenum direkt an das Blut abgegeben und hier an Albumin gebunden transportiert.

Cholesterin. Seine Resorption ist kapazitiv beschränkt auf täglich 300-400 mg, begünstigt durch Gallensäuren, gehemmt durch Phytosterine.

Wasser, Mineralstoffe: Wasserverschiebung durch die Mucosa erfolgt in beiden Richtungen. – *Na$^+$* wird in Dünn- und Dickdarm aktiv einwärts transportiert: Na$^+$-K$^+$-ATPase („Natriumpumpe", im Bürstensaum der Mucosazellen). Die Osmolabilität des Dünndarminhaltes kann hypo- oder hyperton sein, im Jejunum hat sie die Osmolabilität des Plasmas erreicht. Mit der Resorption wasserlöslicher, osmotisch wirksamer Stoffe wird auch Wasser resorbiert, dem osmotischen Gradienten folgend, bis zum Dickdarm. – *Ca^{2+}* wird durch einen aktiven Transportmechanismus im oberen Duodenum, dem Bedarf des Organismus entsprechend und dadurch limitiert, aufgenommen, gefördert durch Vitamin D, Lactose und Eiweiß, gehemmt durch Phosphat und Oxalat. – *Mg^{2+}*: analog Ca^{2+}. – *Fe^{2+}*: die Resorption erfolgt ebenfalls aktiv und begrenzt durch den Bedarf: täglich vom Mann rund 6 mg, von der Frau 12 mg, das sind rund 3-6% des Nahrungs-Fe-Gehaltes. Dieses ist Fe^{3+} und muß zu Fe^{2+} reduziert werden: durch Ascorbat u.a. im anaeroben Darminhaltmilieu reduzierend wirkende Nahrungsstoffe. Resorptionshemmend wirken Phytat, Phosphat, Oxalat (in Gemüsen), da die Fe-Komplexe dieser Anionen schwerlöslich sind. Das resobierte Fe wird direkt an das Blut abgegeben, dort von *Apoferritin* aufgenommen = *Ferritin* (Fe-Hydroxyphosphat-Micellen, umgeben von 24 Untereinheiten Apoferritin).

14.8.9 ► *Exkretion.* Die Faeces des Menschen enthalten rund 30% Trockensubstanz, diese besteht zu 50% aus organischen, zu je 25% aus anorganischen Bestandteilen und Bakterien. Kotfarbstoff ist Bilifuscin (+ Gallenfarbstoffderivate), -geruch besteht aus bakteriellen Aminosäurenkataboliten: Skatol, Indol (aus Try) u.a. Aus anderen Aminosäuren entstehen bakteriell *biogene Amine*, s. (4.5.1). – Die Faeceszusammensetzung ist von der Diät ziemlich unabhängig, da die Bestandteile vorwiegend nicht aus der Nahrung stammen. Auch während des Hungerns werden Faeces in größerer Menge gebildet. Nur der Gehalt an Cellulose ist variabel. Über die Galle werden auch Pharmaka bzw. deren Metabolite in das Darmlumen sezerniert, und manche werden auch durch Darmbakterien weiter metabolisiert. In den Faeces findet man dann oft mehrere Fremdstoffmetabolite.

15 Topochemie der Zelle

15.1 Allgemeines ▶ Die allgemeine Biologie lehrt uns zwei Typen selbständiger, morphologisch und funktionell in sich abgeschlossener Lebenseinheiten mit spezifischen Teleonomien zu unterscheiden: *Protocyte* und *Eucyte*. Der Typus *Protocyt* ist gegeben bei *Protocaryonten:* Blaualgen, Bakterien; der Typus *Eucyt* bei *Eucaryonten* = allen ein- und mehrzelligen Lebenseinheiten, mit deren Topochemie wir uns im folgenden beschäftigen. Die Protocaryonten seien deshalb erwähnt, weil nach einer plausiblen Hypothese in einer bestimmten Evolutionsphase Vorstufen heutiger Blaualgen mit bereits voll funktionsfähigem Photosynthesemechanismus in Vorstufen heutiger Eucaryonten invadiert und sich im weiteren Adaptationsverlauf zu Chloroplasten umgebildet haben sollen. Dieses Geschehen war die Voraussetzung für die Evolution höherer pflanzlicher Lebewesen. Nach der gleichen Hypothese sollen Vorstufen heutiger Bakterien mit bereits voll funktionsfähigem, katabol aktivem Atmungskettenmechanismus in Vorstufen heutiger Eucaryonten invadiert und sich im weiteren Adaptationsverlauf zu Mitochondrien umgebildet haben: Voraussetzung für die Evolution höherer tierischer Lebewesen.

15.1.1 ▶ *Ultrastruktur der Eucyte.* Cellulär gegliederte „lebende" Materie = *Protoplasma,* bei der tierischen Zelle von einer *Plasmamembran* eingehüllt, bestehend aus *Cytoplasma* und *Nucleus* (Zellkern). Cytoplasma besteht aus Grundsubstanz = *Hyaloplasma* und *Zellorganellen:* endoplasmatisches Reticulum, Golgi-Apparat, Lysosomen, Microbodies, Mitochondrien, Ribosomen (Polysomen), Centriolen und Fibrillen (dazu Sekretionsgranula, Pinocytosebläschen u.a. Zelleinschlüssen als Reservestoffe oder metabole Endprodukte). In biochemischer Sicht sind die genannten Zellorganelle *metabole Kompartimente* mit genau abgegrenzten Leistungen. Die metabole Teleonomie einer Zelle ist nur auf diese Weise möglich, insbesondere die regulative Umstellung metaboler Vektoren, zum Beispiel die Verteilung des Acylkatabolismus auf Mitochondrien, dagegen den Acylanabolismus auf Multien-

15.1.2

zymsysteme im Cytoplasma, die genetische „Archivierung" auf die DNA des Zellkerns und die Proteinbiosynthese auf die Ribosomen: scharfe Trennung zwischen Legislative und Exekutive.

15.1.3 ▶ *Die präparative Trennung subcellulärer Partikel* beruht auf der partiellen Zentrifugierung von *Organhomogenaten:* 1. Homogenisierung des Organs durch a) schnell rotierende Messer oder b) Scherkraft eines sich drehenden Teflonstempels in einem innen aufgerauhten Glaszylinder. − 2. Zentrifugieren 10 min bei 600g; Sediment: *Zellkern.* − 3. Überstand zentrifugieren 10 min bei 8×10^3 g; Sediment: *Mitochondrien.* − 4. Überstand zentrifugieren 10 min bei 25×10^3 g; Sediment: *Lysosomen.* − 5. Überstand zentrifugieren 60 min bei 105×10^3 g; Sediment: *Mikrosomen* (Ribosomen, Endoplasmatisches Reticulum); Überstand: *Cytoplasma* mit allen löslichen Enzymen.

15.1.4 ▶ Hierbei spielt die Aktivitätsbestimmung von *Leitenzymen* = solche, die nur in bestimmten Partikeln vorkommen, eine entscheidende Rolle:

a) Zellkern: NAD-Pyrophosphorylase.

b) Mitochondrien: Cytochromoxidase, Glutamat-Dehydrogenase, Succinat-Dehydrogenase.

c) Lysosomen: Saure Phosphatase, β-Glucuronidase.

d) Ribosomen (Mikrosomen): Glucose-6-Phosphatase.

e) Zellmembran: Na-aktivierbare ATPase.

f) Cytoplasma: Glykolyse-Enzyme.

15.2 Zellkern
15.2.1 Aufbau

▶ Gegen das Cytoplasma ist das *Caryoplasma* durch eine mit zahlreichen Löchern durchsetzte Kernhülle abgegrenzt. Sie besteht aus zwei *Elementarmembranen*. Die äußere Membran ist mit dem endoplasmatischen Reticulum verbunden und trägt, wie ein Teil des letzteren, zahlreiche Ribosomen. Der Raum zwischen den beiden Elementarmembranen = *perinucleärer Raum*, steht in Verbindung mit dem „Lagunensystem" des endoplasmatischen Reticulums. Durch die Foramina der Kernhülle steht das Caryoplasma mit dem Cytoplasma im Stoffaustausch. − Die *Chromosomen* des Zellkerns bestehen (zu 20% der Kernmasse) aus DNA ($\approx 6 \times 10^{-12}$ g je Säugetierzellkern mit $\approx 6 \times 10^9$ Nucleotidpaaren) zu 37% aus *Histonen* und zu 37% aus anderen Proteinen. Die basischen Histone (bei den Spermien Protamine) sind in Salzbindung an die DNA gebunden. Weitere saure Proteine = *Gerüstproteine* (Chromosomin).

15.2.2 ▶ Der *Nucleolus* enthält Vorstufen von Ribosomen und damit *RNA-Typen*. − An Enzymen sind DNA-Polymerase, RNA-Polymerase, NAD^+- und ATP-synthetisierende Systeme, NAD-Pyrophosphorylase, DNA-Nucleasen, DNA-Ligasen, Adenosin-Desaminase und Guanase vorhanden. DNA ist das genetische Material. Die Doppelhelixstruktur garantiert weitgehende *molekularstrukturelle Invarianz*. Die Funktion des Zellkerns besteht in der a) Abgabe von *Informationen zur extranuclearen Proteinsynthese* in qualitativer, quantitativer und zeitlicher Ordnung, durch Synthese der RNA-Typen. (*Transkription:* 5.5.5). b) *Replikation* der Codon-DNA (5.5.1). − Die Funktion der Nucleinsäuretypen s. gesamtes Kapitel 5. − *Histone und Protamine* enthalten 30 bzw. 85% Arg = Arg-Histon, die Lys-Histone dafür Lys, sind Polybasen und Gegenionen der DNA. Den Arg-Histonen sollen sich Lys-Histone anlagern. Die Histonbelegung der DNA veranlaßt eine starke Verdrillung der DNA-Elementarfibrille, entspricht *Heterochromatin,* wodurch sie bis 0,1 ihrer Länge verkürzt wird. − Lys-Histon wird durch Histonkinase + ATP an einem Serylrest phosphoryliert = Histon-Ⓟ. Die Histon-Kinase wird durch A-3:5-MP aktiviert. Im Histon-Ⓟ ist die Basizität vermindert, der DNA-Strang wird durch die verringerte Salzbindung zum „Ablesen" der genetischen Information zugänglich = histologisch nachweisbares Puffing-Phänomen (Aufblähen) der Chromosomen. Die spiralig aufgelockerte Form entspricht dem *Euchromatin* der Histologie. Biochemisch ist sie die funktionelle Form in bezug auf die RNA-Synthese. − Der Zellkern ist auch Ort der NAD-Synthese (s. oben aufgeführte Enzyme). NAD wirkt hier infolge seiner Pyrophosphatbindung als Energiedonator für die Verknüpfung zweier DNA-Bruchstücke = *DNA-Reparatur* (s. 5.5). Vielleicht wirkt dieser Mechanismus auch bei der DNA-Synthese im Verlauf der Chromosomenreplikation (s.5.5) im Interphasekern (S-Phase) mit.

15.3
Mikrosomen
15.3.1 − 15.3.5
▶ Bei der präparativen Gewinnung subcellulärer Partikel aus einem Organhomogenat durch Partialzentrifugierung fällt nach dem Abtrennen der Mitochondrien und Lysosomen bei 105×10^3 g über 60 min eine als Mikrosomen bezeichnete Rundpartikelfraktion an. Sie besteht aus: a) dem kugelig zusammengeballten endoplasmatischen Reticulum, b) dem Golgi-Apparat und c) den Ribosomen und enthält 20% des gesamten Zellproteins und 60% der cellulären RNA.
a) Endoplasmatisches Reticulum: aus Elementarmembran bestehendes, in allen tierischen Zellen (mit Ausnahme reifer Erythrocyten) vorhandenes Netz, dessen gegen das Cytoplasma abgegrenzter Innenraum mit demjenigen der durch die Doppelmembran des Zellkerns gegebenen Innenraum

kommuniziert. Diese Membransysteme grenzen Metabolkompartimente gegeneinander ab, dienen dem pericellulären Stoffaustausch und auch als Membrandepot zum Aufbau neuer Membranen. Es erfüllt Metabolfunktionen durch Oberflächenvergrößerung recht intensiv. − Das *rauhe endoplasmatische Reticulum* trägt auf der dem Cytoplasma zugekehrten Seite Ribosomen in wechselnder, den jeweiligen metabolen Aufgaben angepaßter Zahl und willkürlicher Verteilung. Das *glatte endoplasmatische Reticulum* besteht aus den nicht mit Ribosomen besetzten Teilen der Reticularmembran. Es hat andere Metabolaufgaben als das rauhe. − In viel Protein synthetisierenden Zellen (zum Beispiel den Exoenzyme produzierenden des Darmtrakts) trifft man auf eine reichlich rauhe Reticularmembran. Sie ist mit basischen Farbstoffen besonders stark anfärbbar (Basophilie) = *Ergastoplasma.* Die glatte Reticularmembran dient mehr der Stoffspeicherung, in ihrer Nähe häufen sich in den Hepatocyten die Glykogengranula an, in ihrem Röhreninhalt sind Lipidtröpfchen. In steroidsynthetisierenden Zellen ist es besonders ausgeprägt. In der Tat werden an dieser Membran *Steroide synthetisiert,* ferner *Phospholipide* und *Heteroglykane* der *Glucuronid-* und *Estersulfat-Verbindungen.* Hier liegt auch die *„mischfunktionelle Oxidase", Glucose-6-Phosphatase*(Leber) und *Nucleosiddiphosphatase. Spezielle Enzymsysteme der Mikrosomen:* Sauerstoff aktivierende Enzyme 8.5.1 − 8.5.2. Fremdstoffmetabolismus: 17.4.1 − 17.4.4.

b) Der Golgi-Apparat kommt in allen Zellen vor: Stapel aufgehäufter, glatter Membranen, wahrscheinlich bestehend aus Elementarmembranen des endoplasmatischen Reticulums. Sie synthetisieren Mucopolysaccharide, Glykoproteine oder Glykolipoproteine.

c) Ribosomen kommen aber nicht nur als Addukte der rauhen endoplasmatischen Reticularmembran vor, sondern auch frei im Hyaloplasma, einzeln oder, durch RNA zusammengehalten, als Polysomen. Sie haben keine Membran. Die Ribosomen der Membran synthetisieren Proteine, die von der Zelle nach außen abgegeben werden, die freien Ribosomen das zellfunktionelle Protein. − Zur Proteinsynthese im Einzelablauf s. (5.7).

Spezielle Enzymsysteme der Mikrosomen: Sauerstoff aktivierende Enzyme: 8.5.1 - 8.5.2; Fremdstoffmetabolismus: 17.4.1-17.4.4.

15.4 Mitochondrien
15.4.1
15.4.2

▶ *Struktur und Funktion* s. auch (8.3). Zellorganellen a) des Acylkettenkatabolismus (und der Acylkettenverlängerung) b) des oxidativen Aminosäurenkatabolismus c) der Biosynthese von Phospholipiden und Porphyrinen d) des Citratcyclus als dem „Verkehrsknotenpunkt der Hauptmetabolwege" e) der damit assoziierten Energieproduktion ATP aus ADP + ℗ im Junktim Elektronentransport-„Atmungsketten"-Phosphorylierung (merken Sie: geringere ATP-Bildung bei der Substratphosphorylierung im Cytoplasma) – f) der Terminalmetabolite H_2O, CO_2, Harnstoff und Urat.

15.4.3 ▸ Die *diamembranösen Transportsysteme:* a) „Antiport": ADP/ATP (Translocase), Phosphat/OH^-, Malat/Succinat, Malat/Phosphat, Citrat/Malat, Citrat/Phosphat, Ca^{2+}/H^+, Na^+/H^+ b) „Uniport": α-Ketoglutarat, Glutamat, Acylanionen (an Carnitin gebunden) c) Freipassage: Pyruvat, Glycerin-3-℗.

15.4.4 ▸ *Die Metabolbeziehung Kohlenhydrat → Fettsäuren* beginnt mit
Wechselwirkung der oxidativen Decarboxylierung des Pyruvats zu Acetyl, gebunden an CoA. Ins Cytoplasma (über die Carnitin-Bindung) transportiertes Acetyl-CoA muß zum ersten Schritt des Acylanabolismus zu Malonyl-CoA carboxyliert werden. Dies ist ein endergonischer Prozeß. Ausmaß und Geschwindigkeit des Acylanabolismus hängt also auch von der Bereitstellung genügend cytoplasmatischer ATP-Energie ab. Die Hauptmenge des ATP entstammt den Mitochondrien und muß auswärts transportiert werden.

15.4.5 ▸ Die *Mitochondrienzahl der Gewebe* spiegelt deren Energieumsatz wider. Im proximalen Schwanzteil der meisten Spermatozoen sind etwa 20 Mitochondrien um die Spermiengeißel angeordnet, in der Nierentubuluszelle etwa 300, der Hepatocyte 800-2000, zwischen den Fibrillen arbeitender Muskelzellen sind dicht gepackt Mitochondrien eingelagert, die sich eng an die Muskelfilamente anlagern, ebenso an Zellmembranen mit intensiven Transportaufgaben.

15.5 ▸ Sie sind von einer Elementarmembran (Protein-Glykolipid-
Lysosomen Phospholipid) umhüllte Zellorganellen. Sie unterscheiden
15.5.1 sich von den Ribosomen durch ihre hohe optische Dichte bei
Struktur und elektronenmikroskopischer Untersuchung und biochemisch
Enzyme durch ihren Gehalt an Enzymen in gebundener (inaktiver) Form. Sie werden erst nach Membranzerstörung aktiv bzw. intralysosomal durch Anwesenheit von Fremdmaterial. Entstehungsort der Lysosomen ist entweder das rauhe endoplasmatische Reticulum oder der Golgi-Apparat. Ihre Funktion: intracelluläre Verdauung von Material intra- und extracellu-
15.5.2 lärer Herkunft. *Primäre Lysosomen* sind noch nicht mit sol-
Funktion chem Material angefüllt. *Sekundäre Lysosomen* (Phagosomen) enthalten entweder zelleigenes (Autophagie) oder zellfremdes (Heterophagie; durch Pinocytose = gelöste Makromoleküle,

oder Phagocytose = umflossene Partikel) Material. – Lysosomen enthalten Desoxyribonuclease, Ribonuclease, Kathepsine A-D, Peptidasen, Glykosidasen, Esterasen, Saure und Alkalische Phosphatasen und Sulfatasen.

15.6 Cytosol
15.6.1, 15.6.2

▶ Cytosol ist Ort vieler Metabolsequenzen: Glucosekatabolismus (6.2.1), Glykogenanabolismus (6.7.1), Pentosephosphatcyclus (6.6), Acylanabolismus (7.2.6), Aminoacyl-tRNA-Synthese (5.7.3; 5.7.4), Aminosäurenkatabolismus (4.2 ff), Pyrimidinana- und katabolismus (5.3.1). Alle Metabolsequenzen und -cyclen sind wahrscheinlich auch im optisch homogen erscheinenden Cytosol kompartimentiert.

15.7 Membranen

▶ *Biomembranen* sind makromolekulare Organisations- und Funktionseinheiten lebender Zellen. Sie trennen Metabolkompartimente und nehmen selbst an Metabolprozessen teil. Struktur und Funktion sind dynamisch: qualitativ und quantitativ variabel, stets den augenblicklichen Metabolerfordernissen autoregulativ adaptiert.

15.7.1, 15.7.2 Bestandteile, Aufbau

▶ Biomembranen sind 7,5-10 nm dick und bestehen aus mindestens zwei einander entgegengesetzt orientierten Schichten. Jede Schicht enthält geordnete, aber topologisch unterschiedliche, zweidimensional angeordnete Proteinbereiche. Unter diesen gibt es *Strukturproteine* und *Funktionsproteine.* – Die globulären Strukturproteine sind von relativ gleicher oder ähnlicher Primär- und Sekundärstruktur. Primär bestehen sie aus hydrophoben und hydrophilen Aminoacylresten. Die *hydrophoben Aminoacylreste* sind jedoch einseitig gehäuft und so angeordnet, daß diese Proteine beidseitig an die hydrophoben Anteile einer Phospholipid-Doppelschicht durch hydrophobe Bindungen assoziiert sind = „Sandwich"-Struktur. Die *hydrophilen Aminoacylreste* auf den anderen Seiten der Strukturproteine sind stark hydratisiert, dem wäßrigen Milieu exponiert: Zellaußenfläche, Zell-Zell-Grenze, Cytoplasma und polare Gruppen können Salzbindungen eingehen. Die *Tertiärstruktur* besteht in der Ausbildung zweidimensionaler Gitter, planarer Konjunktionen, linearer Überstrukturen. Entweder sind diese Bauelemente homogen oder sie bilden alternativ angeordnete verschiedene Oligomere. Ein so entstehendes Bauplattenraster ist nicht starr fixiert, sondern variabel, zudem werden alle oligomeren Molekelbauteile metabol stetig ausgewechselt. Allein aus dieser Strukturvariabilität ablesbar, bestehen viele Freiheitsgrade von Anpassungen an funktionelle Aufgaben.

Die *funktionelle Dominanz* geht nicht ausschließlich zu Lasten der Membranproteine, sondern den *Phospholipiden* in der hydrophoben Zwischenschicht kommt eine ebenso große funktionelle Bedeutung zu. Sie sind durch Konstitution, Konformation und Micellenbildung ideale Bausteine für Kompartimentgrenzflächen, sowie infolge Konformationsänderung auch funktionelle Adaptionseinheiten. An Phospholipiden kommen Lecithin (relativ konstanter Gehalt: 30±5%) Kephalin, Cholesterin, Ganglioside und Triacylglycerin, sowie Glykolipide (variable Gehalte) und andere in Spurenmengen vor. Die Phospholipidverteilung ist unsymmetrisch, die Natur der Acylreste nicht ohne Einfluß auf Membranstruktur und -funktion: „starre" Membranen, wie die der Erythrocyten und der Myelinscheiden enthalten Phospholipide mit vorwiegend gesättigten Acylresten, „dynamische" Membranen mit hohen Metabolleistungen Phospholipide mit vorwiegend ungesättigten Acylresten. Zur *Membranfestigung* trägt wesentlich die *Kondensation der Lipidanteile mit Cholesterin* bei: die Beweglichkeit der Acylreste wird hierdurch wesentlich eingeschränkt, die membraninterne Lipiddoppelschicht hat eine geringere Raumbeanspruchung. Manche Membranen sind quer von hydrophilen Kanälen durchzogen.

Zur Ausbildung der *Funktionsmembran* assoziieren zusätzlich funktionelle Proteine, Nichtproteinsubstanzen oder prosthetische Gruppen an das Gitterprotein. Diese funktionellen Proteine sind statistisch über die Membranaußenflächen verteilt und können auch transversal wandern: dynamisch fluktuierendes Mosaik. Zuweilen erstrecken sich Funktionsproteine (insbesondere Glykoproteine) auch durch die Lipiddoppelschicht hindurch, von einer Gitterproteinschicht zur anderen. Solche Funktionsproteine sind zum Beispiel ATPasen für den *aktiven Transport* von Na^+, K^+, Mg^{2+} und Ca^{2+}, Monaminoxidasen, Adenylcyclase, *spezielle aktive Transportsysteme für* L-*Aminosäuren*, Monosen u.a. Metabolite, dann Receptoren für Hormone, zellgebundene Antikörper, Glykoproteine mit nach außen gerichteten Kohlenhydratkomponenten, welche bei der Zell-Zell-Toleranz, Zelladhäsion oder der Zellrepulsion (Erythro-, Leukocyten) bzw. der Zellintoleranz (heterologe Transplantation) und Immunreaktionen mitwirken. Die funktionellen Einheiten unterwerfen sich gegenseitigen Reaktionserleichterungen oder -beschränkungen: *Kooperativität.*

15.7.3 ▶ *a) Aktiver Transport.* Komplexe Molekularmechanismen
Transport transportieren Ionen oder Nichtionen in die Zelle mit Konzentrationsgradienten zum Extracellulärraum bzw. umgekehrt. Sie benötigen ATP-Energie. Na^+-„Efflux", *Natriumpumpe,* sorgt für 1/4 der Na^+-Konzentration im Intracellu-

lärraum gegenüber dem Extracellulärkompartiment. Im Gegenzug erfolgt durch das gleiche Transportsystem K^+-„Influx". Die Fließgeschwindigkeiten zeigen *Sättigungskinetiken* (Carriersättigung). *b) Passiver Transport* ist 1. freie, 2. behinderte, 3. erleichterte Diffusion. *1. Freie Diffusion:* diamembranöser Stoffaustausch ungeladener Molekeln mit viel kleinerem Durchmesser als die Membrankanäle, in beiden Richtungen proportional dem Konzentrationsgradienten, unbehindert durch Membraneigenschaften. *2. Behinderte Diffusion* liegt vor, wenn die Teilchendurchmesser so groß sind, daß die Membrankanäle im Einbahnverkehr passiert werden müssen. Die Fließgeschwindigkeit ist der Stoffkonzentration nicht proprotional sondern der Relation von Teilchendurchmesser zu Membrankanaldurchmesser. *3. Erleichterte Diffusion* ist eine Übergangsform zum aktiven Transport. Teilchen mit größerem Durchmesser als die der Membrankanäle werden über eine Carrier-Zwischenbindung durch die Membran im „Pendelverkehr" weitergegeben, meist im Austausch gegen Teilchen zum Rücktransport. Die Carrierkapazität begrenzt die Fließgeschwindigkeit. Es erfolgt kein Transport entgegen dem Konzentrationsgradienten, daher benötigt dieses System keine ATP-Energie. Triebkraft ist die sofortige intrazelluläre Metabolisierung und damit die Konzentrationsabnahme des Transportgutes („Metaboliesog").

16 Blut

**16.1
Häm und
Hämoglobine
16.1.1
Chemie und
Struktur**

▶ Dem planaren Häm liegt das *Porphinskelett* zugrunde: ein aus vier Pyrrolringen bestehendes, durch vier Methinbrücken verbundenes *mesomeres Molekelsystem* mit neun fluktuierenden, konjugierten Doppelbindungen. Die N-Atome der Fünfringe sind zum Zentrum gerichtet und koordinativ mit dem *zentralen Fe^{2+}* verbunden. – Im Häm enthalten die Ringe I und II petal gerichtete *Vinylgruppen*, die Ringe III und IV *Propionsäuregruppen*.

**16.1.1.1
Bauprinzip
des Häms**

▶ Vier Koordinationsbindungen des Zentral-Fe^{2+} erstrecken sich planar zu den N-Atomen, die 5. und die 6. Koordinationsbindung ober- oder unterhalb der Ringsystemebene zu Imidazolgruppen von *Histidylresten* des *Globins*.

16.1.1.2 ▶ *Quartärstruktur des Erwachsenen-Hämoglobin.* Es besteht aus vier Peptidketten: 2 α- und 2 β-Ketten. Die α-Kette enthält 141, die β-Kette 146 Aminoacylreste. Jede Kette trägt ein Häm als prosthetische Gruppe, alle vier sind zu einer tetrameren molekularen Funktionseinheit verbunden. MG der Peptidketten ~17×10^3, des Hb $64,5 \times 10^3$. – Das Gesamt-Hb des Erythrocyten besteht zu 97,5% aus $\alpha_2\beta_2$-Hb = *HbA_1*, und zu 2,5% aus $\alpha_2\delta_2$-Hb (mit etwas anderer Aminoacylsequenz der δ-Kette) = *HbA_2*.

16.1.1.3 ▶ *Quartärstruktur des fetalen Hämoglobin.* Im Erythrocyten liegen 10% $\alpha_2\gamma_2$-Hb = HbF vor. Die γ-Polypeptidkette enthält auch 146 Aminosäuren, von ihnen sind 37 gegenüber der β-Kette verschieden. Vom 4. Entwicklungsmonat tritt auch HbA_1 auf, bei der Geburt liegen 20-40% davon vor, im 5. Lebensmonat sind nur noch 10% HbF vorhanden. Durch die γ-Kette im HbF wird im Vergleich zu anderen Polypeptidketten *2,3-Diphosphoglycerat* viel schwächer gebunden, wodurch HbF bei niedrigem pO_2 mehr O_2 binden kann als HbA_1. Die *physiologisch wichtigen Hb-Formen* sind somit HbA_1, HbA_2 und HbF.

16.1.1.4 ▶ *Pathologisch mögliche Zustandsformen* des Hb sind a) *Kohlenmonoxid-Hb (CO-Hb):* Die Affinität des Hb zu CO ist etwa

300 × höher als zu O_2, was die O_2-Transportfähigkeit des Blutes vermindert. Das *Rauchen* einiger Zigaretten bewirkt *deutlich CO-Hb-Anstieg* von 0,55% des Gesamt-Hb auf Werte um 10%. Auch durch Abgase im Straßenverkehr findet man CO-Hb-Werte bis zu 12%. Klinische Symptome treten auf bei CO-Hb-Werten von 15-25% des Gesamt-Hb. − Da es sich um eine Gleichgewichtsreaktion handelt, verdrängt O_2 langsam wieder CO. *b) Hämiglobin (Met-Hb):* Durch bestimmte Pharmaka oder Oxidationsmittel wird Fe^{2+} zu Fe^{3+} *in vivo* oxidiert. Die 6. Koordinationsstelle ist dann durch OH^- valenzmäßig besetzt. Met-Hb ist dunkel gefärbt, und bei Anwesenheit großer Met-Hb-Mengen im Blut verfärbt sich die Haut cyanotisch. Auch normalerweise entstehen geringe Mengen Met-Hb spontan, doch sorgt ein *NADH(NADPH)-Met-Hb-Reductase-System* für die Rückverwandlung von Met-Hb zu Hb. Dieses Enzymsystem kann fehlen = erbliche Methämoglobinämie.

16.1.1.5 ▶ Der *Fe-Gehalt des Hb* = 0,34%, der Einzelerythrocyt enthält 30-32 pg Hb, bei ~3 × 10^3 Erythrocyten zirkulierende Hb Menge von ~900 g (10,4-16,0 g Hb/100 ml beim Mann, 14,5 g bei der Frau).

16.1.2.1 ▶ *Allosterische Konformationsänderung und O_2-Bindungskurve.* Hb bindet in druckdissoziabler Form O_2 an die 5. Koordinationsstelle jedes Häm reversibel. Fe^{2+} bleibt unverändert. Die *O_2-Bindungskurve* ist S-förmig: Ausdruck für die kooperative Wirkung der 4 Polypeptidketten des Hb. Wird das Häm einer Kette mit O_2 beladen = Hb($Häm_4O_2$), ändert sich ihre Konformation allosterisch. Hierdurch werden die Konformationen der anderen Polypeptidketten ebenfalls verändert (die 2 β-Ketten rücken näher zusammen). Als Folge: die sequentialen Reaktionen Hb ($Häm_4O_2$) → Hb ($Häm_4O_4$) → Hb ($Häm_4O_6$) → Hb ($Häm_4O_8$) verlaufen immer schneller (insgesamt in <0,01 sec), weil die O_2-Affinität stufenweise größer wird. So belädt sich Hb in der Lunge bis zur Sättigung mit O_2 bis Hb ($Häm_4O_8$), und es gibt in O_2-ärmeren Geweben O_2 ebenso stufenweise schneller ab bis Hb($Häm_4$).

16.1.2.2 ▶ Mit dem vorstehend beschriebenen *O_2-Bindungsprinzip* infolge kooperativer Polypeptid-Konformationsänderung treten weitere Verhaltensänderungen der Globinkomponente ein: *a) H^+-Bindung.* Hb($Häm_4$) bindet mehr H^+ als Hb ($Häm_4O_8$); letzteres ist also eine stärkere, ersteres eine schwächere Säure. Die O_2-Beladung ist also mit einer *pH-Erniedrigung* verbunden = *Bohr-Effekt. b) Bindung von 2,3-Diphosphoglycerat.* Es entsteht im Erythrocyt bei der Glykolyse entweder aus 1,3-Diphosphoglycerat durch Diphosphoglyceratmutase oder aus 3-Phosphoglycerat durch 2,3-Diphosphoglyceratase. – 2,3-Diphosphoglycerat ist ein starkes Anion und lagert sich an die β-Ketten von Hb(Häm$_4$), aber nicht von Hb(Häm$_4$O$_8$) an. Metabole Konzentrationserhöhung erleichtert die O$_2$-Abgabe. – Das in die Erythrocyten diffundierende CO$_2$ wird durch Carboanhydrase schnell zu H$_2$CO$_3$ hydratisiert, welches nach H$_2$CO$_3$ ⇌ HCO$_3^-$ + H$^+$ reagiert; H$^+$ wird in erster Linie durch Hb (Häm$_4$) gepuffert, und HCO$_3^-$ diffundiert ins Plasma zurück. Der Abfall der O$_2$-Sättigung des Hb beim Durchfluß des Blutes durch die Gewebscapillaren verbessert seine Pufferkapazität, weil (s. oben) Hb(Häm$_4$) mehr H$^+$ bindet als Hb(Häm$_4$O$_8$).

16.1.2.3 ▶ Während die O$_2$-Bindungskurve des Hb S-förmig ist, ist die *O$_2$-Bindungskurve des Myoglobins* hyperbolisch. Bei niedrigem pO$_2$ ist die O$_2$-Affinität des Mb größer als die des Hb. So nimmt Mb des Muskels vom Hb(Häm$_4$O$_8$)des Blutes O$_2$ auf. Mb(HämO$_2$) gibt O$_2$ bei noch niedrigerem pO$_2$ ab. pO$_2$ des arbeitenden Muskels ist ≧ Null.

16.1.3 ▶ *Hämoglobinopathien: a) Sichelzellenanämie – Sichelzell-*
16.1.3.1 *Hb (HbS):* Die Aminosäurensequenz der Positionen 1-6 der β-Kette des normalen Hb: Val·His·Leu·Thr·Pro·*Glu*·Glu·Lys, diejenige des HbS: Val·His·Leu·Thr·Pro·*Val*·Glu·Lys. Durch genetisch bedingten Ersatz von Glu durch Val ist die Löslichkeit des Hb(Häm$_4$)S auf 0,02 des Hb(Häm$_4$O$_8$)S herabgesetzt. Es flockt aus, und die Erythrocyten verformen sich sichelartig. *b) β-Ketten-Thalassämie:* hierbei fehlen die β-Ketten völlig; HbF 85-95%, HbA$_2$ 5-15%.

16.1.4.1 ▶ *Anabolismus des Häms.* 1. Kondensation von Succinyl-CoA
16.1.4.2 mit Gly unter Abspaltung von CoA durch δ-Aminolävulinsäure-Synthetase → δ-Aminolävulinat. – 2. Kondensation von zwei Molekülen δ-Aminolävulinat durch δ-Aminolävulinsäure-Dihydratase → Porphobilinogen. – 3. Vier Moleküle Porphobilinogen unter Abspaltung von 4 [NH$_3$] (Transaminierung) durch Porphobilinogen-Desaminase und gleichzeitig Wirkung von Uroporphyrinogen-Cosynthetase → Uroporphyrinogen III – (3a. Dehydrierung von Uroporphyrinogen III unter Übertragung von 6 H → Uroporphyrin III). – 4. Vierfache Decarboxylierung des Uroporphyrinogen III durch Uroporphyrinogen-Decarboxylase → Koproporphyrinogen III. – (4a. Dehydrierung von Koproporphyrinogen III unter Übertragung von 6 H → Koproporphyrin III). – 5. Zweifache Decarboxylierung und

Übertragung von 4 H aus Koproporphyrinogen III durch Koproporphyrinogen-Oxidase → Protoporphyrinogen 9. 6. Übertragung von 6 H aus Protoporphyrinogen 9 durch Protoporphyrinogen-Oxidase → Protoporphyrin 9. − 7. Einbau eines Fe^{2+} und Übertragung von 2 H durch Ferrochelatase zu Häm = Ferroprotoporphyrin 9.

16.1.4.3 ▶ *Pathologische Formen.* Die bei Reaktionsschritt 3 erwähnte Cosynthetase ist eine Isomerase. Sie sorgt dafür, daß bei der Kondensation der vier Porphobilinogenringe mit den beiden Seitenketten Essigsäure (E) und Propionsäure (P) ein Ring „herumgedreht" wird. An der Ringperipherie bei Typ III besteht daher die Reihenfolge der Seitenketten E-P-E-P-*E-P-P-E*. Fehlt die Isomerase, so entsteht (pathologisch) der Typ I mit E-P-E-P-*E-P-E-P,* d.h. *Uroporphyrinogen I,* das für den Hämanabolismus *nicht verwendbar* ist. Es wird in Uroporphyrin I und Koproporphyrin I übergeführt und diese bis zu 0,6 g pro Tag mit dem Harn ausgeschieden = *Erythropoetische Porphyrie,* eine infauste Stoffwechselanomalie. Diese beiden anomalen Metabolite werden in allen Organen und in der Haut abgelagert, wo sie gegen Licht sensibilisieren = Photodermatose, ferner treten schwere Hautnekrosen und Nekrosen anderer Organe auf.

16.1.4.4 ▶ *Anabolregulation.* δ-Aminolävulinat entsteht in den Mitochondrien der Erythrocytenvorstufen, synthesegeschwindigkeitslimitierend ist der Pegel an Succinyl-CoA (Intermediat des Citratcyclus). − Die Anabolendstufe Häm reprimiert die Synthese der δ-Aminolävulinsäure-Synthetase und teilweise auch der δ-Aminolävulinsäure-Dehydratase, die letztere wird durch Häm auch allosterisch gehemmt. − Hypoxie stimuliert die Hämsynthese (Höhenakklimatisation).
Eine *Folge der Regulationsstörung* − Erythropoetische Porphyrie − wurde oben erwähnt. *Protoporphyrie* (ausgeschieden werden Uroporphyrin III, nach Reaktion 3a entstanden, sowie Koproporphyrin III, nach Reaktion 4a entstanden, ist erbbedingt, aber in der Ursache unbekannt. − Bei der *akuten intermittierenden Porphyrie* entsteht in der Leber, als Fehler im genetischen Informationsübermittlungsgang, zuweilen δ-Aminolävulinat, obgleich normalerweise die Biosynthese der δ-Aminolävulinsäure-Synthetase vollständig reprimiert ist. Im Harn erscheinen Porphobilinogen und Uroporphyrinogen III. − *Symptomatische Porphyrinurie:* durch toxische Fremdstoffe (chronische Vergiftung mit Barbituraten, Phenylhydrazin, Blei, Arsen, Alkohol u.a.) kann eine Porphyrinsynthese in der Leber ausgelöst werden. Auch bei Einwirkung von Darmbakterien auf Hb- oder Mb-haltige Nah-

rungsmittel (Blutwurst) erscheinen Intermediate und Katabolite im Harn.

16.1.4.5 ▶ *Hämoglobinmangel* kann aus verschiedenen Ursachen auftreten: alimentärer Mangel an Fe, Folsäure u.a. Vitaminen, Eiweißmangel, Regulationsstörung des Hämanabolismus durch Intoxikation mit Benzol, P, As, Hypophysenvorderlappeninsuffizienz u.a. Dysfunktionen. Die Folge ist verminderter O_2-Transport.

16.1.5 ▶ *Katabolismus des Hämoglobins.* Bei der Hämolyse gealterter
Abbau Erythrocyten (Lebensdauer ~120 Tage) oder nach einem
16.1.5.1 Trauma frei werdendes Hb wird durch *Haptoglobin* (α_2-Glo-
Haptoglobin bulin, drei genetische Formen) gebunden und nicht im Harn ausgeschieden. Katabolismus des Hb anschließend in Leber, Knochenmark und Milz: 1. Ringöffnung des Häm auf dem intakten Hb durch Oxidation der α-Methinbrücke und Abspaltung als CO_2 – 2. Abtrennung des Fe, Übernahme durch Gewebsferritin. Dient zu neuerem Häm-Anabolismus. Total-
16.1.5.2 katabolismus der Globinkomponente – *Gallenfarbstoffe:*
Zwischenprodukte 3. Hierbei entstandenes *Biliverdin* wird enzymatisch zu *Bilirubin* (NAD-abhängige Bilirubin-Reductase) hydriert. Extrahepatisch entstandenes Bilirubin wird ans Blut abgegeben, dort an *Serumalbumin gebunden* und von der Leber absorbiert. – 4. In Hepatocyten vorhandene zwei bilirubinspezifische Proteine nehmen Bilirubin an, dieses wird durch eine mikrosomale UDP-Glucuronsäure-Glykosid-Transferase zu
16.1.5.3 *Bilirubin-Diglucuronid* (esterglykosidische Bindung an Carb-
Bilirubin oxylgruppen der Propionsäureseitenketten), welches wasserlöslich und ausscheidungsgerecht ist, Weitertransport des Bilirubindiglucuronids via Gallenkanälchen durch aktiven Transport. – 5. Im Darmtrakt werden die Glucuronsäurereste zum Teil wieder abgespalten. Darmbakterien bilden: *Bilirubin* (diglucuronid) → *Mesobilirubin* (diglucuronid) (Reduktion der Vinylgruppen zu Äthylgruppen). – 6. Mesobilirubin → *Urobilinogen* (Reduktion der Methinbrücken zu Methylenbrücken). – 7. Urobilinogen → *Stercobilinogen* (weitere Reduktion von Ring-Doppelbindungen). – 8. Urobilinogen → *Urobilin* und Stercobilinogen → *Stercobilin* (durch Dehydrierung der γ-CH_2-Gruppe). – Nebenbei entstehen außer den vorgenannten Kataboliten mit jeweils vier Pyrrolringen bakteriell auch noch solche mit zwei Pyrrolringen = *Dipyrrole:* Mesobilileukan, Mesobilifuscin, Bilifuscin. – Täglicher Hb-Abbau des normalen Erwachsenen: 6,5 g, aus Häm gebildetes Bilirubin: ~220 mg, Urobilinogen (oder dessen bakteriellen Kataboliten) ~250 mg. – Ein Teil der Hämkatabolite wird aus dem Darm rückresorbiert, erschei-

nen im Blut (Blutpegel ist diagnostisch wichtig) und werden wieder über die Leber ausgeschieden = *enterohepatischer Kreislauf.*

16.1.5.4 ▸ *Pathologische Störungen.* a) Bei akuter oder chronischer *infektiöser Hepatitis,* exogener *Hepatose* oder (Alkohol) *Lebercirrhose* ist die Leber metabol partiell funktionsuntüchtig. b) Es kann ein Gallengangverschluß bestehen. c) Es wird vermehrt Hb abgebaut, zum Beispiel bei inneren Blutungen. Hierbei steigt der Blutpegel an Gallenfarbstoffen übernormal an. 1 mg Bilirubin pro 100 ml Blut ist etwa der Normalpegel. Bei Ausscheidungshemmung oder Glucuronidierungsinsuffizienz erfolgt Ablagerung von Bilirubin in Skleren, Haut und Schleimhaut: Gelbpigmentierung = *Gelbsucht (Ikterus).* *Klinische Formen: a) Hämolytischer Ikterus:* konstitutionell erhöhter Hb-Abbau, Bilirubinpegelanstieg im Serum, Bilirubinablagerung auch in den Basalganglien (Kernikterus). *b) Bilirubinkonjugationsikterus:* verminderte Aktivität der UDP-Glucuronsäure-Bilirubin-Transferase, besonders beim *Neugeborenen,* zum Beispiel bei *Erythroblastose,* Bilirubinpegelanstieg bis 20 mg/100 ml, infolge toxischer Bilirubinwirkung häufig tödliche Hirnschäden. c) *Hepapathogener Ikterus* besteht dann, wenn Transport, Konjugation oder Exkretion (s.o.) gestört sind. Erhöhte Ausscheidung von Bilirubindiglucuronid im Harn. d) *Verschlußikterus* durch Gallenstein, Pankreaskopftumor, infektiöse oder toxische Leberschwellung, Rückstau der Galle. Übertritt von Gallenfarbstoffen in den Harn, es fehlen aber die durch Darmbakterien

16.1.5.5 gebildeten Urobilinogen und Urobilin, doch ist, wie bei den anderen Ikterusformen, Bilirubin und -diglucuronid nachweisbar: Differentialdiagnose der verschiedenen Ikterusformen.

16.2 Andere Hämoproteine

16.2.1 Myoglobin ▸ *Myoglobin* mit MG $17,8 \times 10^3$ enthält nur eine Polypeptidkette ähnlicher Aminosäurensequenz wie die β-Kette des Hb, längere Helixabschnitte (starre Abschnitte) sowie kürzere nichthelicale Zwischenstücke (biegsame Abschnitte), und bindet nur 1 O_2: Mb(HämO_2). Es ist der besondere O_2-Reservator der Muskulatur.

16.2.2 ▸ *Katalase, Peroxidasen.* Struktur und Funktion s. (8.6.) = *Häminenzyme,* wirken auf H_2O_2. Entweder wird es zu O_2 dehydriert = katalatische Wirkung, oder O wird auf einen Acceptor übertragen = peroxidatische Wirkung. Beispiel für metabole H_2O_2-Bildung: a) Aminosäureoxidation durch L- und D-Aminosäure-Oxidasen (Flavoproteine). b) Acetaldehyd-Oxidation zu Acetat durch O_2^- unter Aldehyd-Oxidase. –

Beispiel für metabolen H_2O_2-Verbrauch: Äthanol-Oxidation zu Acetaldehyd durch Peroxidase.

16.2.3 ▶ *Cytochrome.* Sie sind ausführlich unter (8.4) beschrieben.

16.3 ▶ In unreifen, kernhaltigen Vorstufen (Proerythroblast, Erythroblast, Reticulocyt) herrscht *Energie- und Synthesemetabolismus* (unter O_2-Verbrauch: Hb-Anabolismus) vor; in reifen, kernlosen Erythrocyten (Kern, Ribosomen und Mitochondrien sind verschwunden) nur noch *Glucose-Katabolismus,* gekennzeichnet durch *minimalen O_2-Verbrauch* und *hohe Lactatbildung.* Das durch Substratphosphorylierung gebildete ATP wird zu einigen Funktionen verwendet: a) „Natriumpumpe". b) Aufrechterhaltung der funktionellen Integrität der Zellmembran (Konstanz des intracellulären Ionenmilieus, Konstanz der Zellform). c) Bildung von *2,3-Diphosphoglycerat* im Nebenweg der Phosphoglyceratkinase-Reaktion, s. O_2-Bindung an Hb. d) Pentosephosphatcyclus, liefert $NADPH_2$ für e) *Glutathion*(-S-S-) + $NADPH_2$ → 2 Glutathion(-SH) + $NADP^+$ durch Glutathion-Reduktase. − f) das Glutathion(-SH) wird zur permanenten Reduktion *spontan gebildeten Met-Hb* durch Methämoglobin-Reduktase gebraucht. − *Glutathion*(-SH) ist ein Tripeptid: Glu-Cys-Gly. Es geht in eine dimere Form durch H-Entzug aus dem -SH des Cys über: Glutathion(-S-S-): Redoxsystem, da reversibel. − *Geringfügige* Met-Hb-Bildung erfolgt normalerweise auch im intakten Erythrocyten. Das Met-Hb wird aber kontinuierlich durch die Methämoglobin-Reductase zu Hb reduziert. − *Verstärkte* Met-Hb-Bildung erfolgt bei genetisch bedingtem partiellen Ausfall der Glutathion-Reductase, Vergiftungen mit nitrithaltigem Pökelsalz, Phenacetin, Phenylhydrazin, einigen Sulfonamiden, Nitrobenzol, Chlorat u.a. Therapie durch i.v. Injektion hoher Dosen von Reduktionsmitteln: Ascorbat, Methylenblau, $Na_2S_2O_3$ u.a.

Erythrocyten
16.3.1
Stoffwechsel
16.3.1.1

16.3.1.2

16.3.1.3

16.3.1.4 ▶ *Enzymdefekte* in Erythrocyten: außer dem der erwähnten Glutathion-Reductase noch: Argininosuccinase, Hexokinase, insbesondere Glucose-6-phosphat-Dehydrogenase, wobei es zum Ausfall von $NADPH_2$ kommt. Die Folgen sind hämolytische Anämien.

16.3.2 ▶ *Erythropoese.* Zur Zellbildung: *Vitamin B_{12}* und *Folsäure.* Fehlen in der Nahrung oder Nichtresorption zu *megaloblastären Anämien* (megaloblastäre Erythropoese, hyperchrome megalocytäre Anämie). Beide Vitamine sind für die Synthese der DNA unreifer Knochenmarkzellen notwendig. − Zur Hb-Synthese: Pyridoxin (Vitamin B_6), Ascorbinsäure (Vitamin C). Bei Pyridoxinmangel ist die δ-Aminolävulinsäure-Synthetase funktionsschwach. In hyperplastischem Knochenmark findet man Erythroblasten, in denen das für die Hämsynthese vorhandene, aber nicht verwertbare Fe abgelagert ist = Sideroblasten bzw. Siderocyten = *sideroachrestische Anämie*.

16.3.3 ▶ *Blutgruppeneigenschaften.* Die determinanten Gruppen der blutgruppenspezifischen Glykoproteine und Glykolipide des ABO-Blutgruppensystems, sowie die Rh-Antigene wurden bereits ausführlich unter (12.4): „Blutgruppen und Blutgruppenfaktoren" beschrieben.

16.4 Andere zelluläre Bestandteile des Blutes

▶ *Granulocyten* entwickeln sich aus ihren Stammzellen im Knochenmark. Sie sind stoffwechselaktiv, enthalten Histamin, Heparin und Peroxidase, hohe Aktivitäten der Atmungs- und Glykolyseenzyme sowie der Hydrolasen. Die Granula der neutrophilen Granulocyten haben zum Teil die Funktion von Lysosomen. Sie lysieren durch *Phagocytose* in die Zelle aufgenommenes Material. Die Aktivität der Alkalischen Phosphatase ist Merkmal ihres Reifegrades. Eosinophile Granulocyten phagocytieren wahrscheinlich Antigen-Antikörper-Komplexe und synthetisieren Plasminogen (Profibrinolysin).

Lymphocyten werden ursprünglich von aus dem Knochenmark stammenden Vorstufen entweder hier oder vorwiegend in Lymphknoten, Thymus und Milz gebildet. Sie enthalten relativ hohe Konzentrationen an γ-Globulinen (Immunglobuline), die in ihnen synthetisiert und bei der Lysis freigesetzt werden. *T-Lymphocyten* (thymusabhängige) sind für die *celluläre spezifische Abwehr* (delayed hypersensitivity, Allergie vom Spättyp), *B-Lymphocyten* (bursa-abhängige) für die *humorale spezifische Abwehr* verantwortlich. Eine Kategorie des letztgenannten Typus übt ihre Funktion selbständig aus, die andere braucht bei ihrer Immunreaktion die Mithilfe von T-Lymphocyten.B-Lymphocyten tragen auf ihrer Oberfläche Receptorproteine, die strukturell mit Immunglobulinen identisch sind. *Monocyten* phagocytieren wie die neutrophilen Granulocyten, enthalten aber, wie die Lymphocyten, keine Peroxidase. Wahrscheinlich sind sie bei der Antikörperbildung indirekt beteiligt.

16.4.1 ▶ *Trombocyten* entstehen durch Abschnürung aus Riesenzellen des Knochenmarks. Sie enthalten beträchtliche Mengen an Serotonin, Noradrenalin, Histamin, ADP, Ca^{2+}, K^+, Blutgerinnungsfaktoren. An der Oberfläche sind Blutgerinnungsfaktoren des Plasmas adsorbiert. Im Zellinnern umschließt ein äußeres homogenes Hyalomer ein inneres Granulomer, das Lipoproteine, Enzymsysteme des Energiestoffwechsels, Mitochondrien und Glykogen-Speichervacuolen enthält. Bei Blutgefäßverletzung aggregieren die Thrombocyten, zerfallen und setzen Serotonin, ADP und thrombocytäre Gerinnungsfaktoren frei.

16.5 Blutflüssigkeit, Plasma bzw. Serum
16.5.1
16.5.1.1

▶ *Plasma-Proteinfraktionen.* Gesamtproteingehalt des Plasmas: 6-8 g pro 100 ml; weit über 100 Protein- und Proteidspecies, unter letzteren Glyko- und Lipoproteide. – Unterfraktionen (nach elektrophoretischer oder ultrazentrifugaler Separierung, s. (2.3): *1. Präalbumin* mit 0,03 g pro 100 ml, MG 61×10^3 und 1,3% Kohlenhydratgehalt, bindet Thyroxin. – 1a:*Albumin* mit 3,45 g pro 100 ml, MG 69×10^3, ist Transportvehikel für zahlreiche Fettsäuren und Lipide, niedermolekulare Metabolite, Bilirubin, Ca^{2+}, Glucocorticoide, Thyroxin, Arzneimittel (z.B. Penicillin) u.a., und ist an der Osmoregulation beteiligt. *2.α_2-Fraktion-, 2a.α_1-Globulin* (Orosomucoid) mit 0,075 g pro 100 ml, MG 41×10^3 und 40% Kohlenhydratbestandteil. 2b. saures α_1-Glykoprotein mit 0,03 g pro 100 ml, MG 54×10^3 und 14% Kohlenhydratbestandteil, bindet Corticoide. *2c.α-Lipoprotein* (high density lipoprotein) mit 3-5 g pro 100 ml, MG $300\text{-}460 \times 10^3$, enthält 50% Lipid und ist am Lipid- und Hormontransport maßgeblich beteiligt. *2d. Prothrombin* mit schwankendem Gehalt des Plasmas, MG $\sim 60 \times 10^3$ und 11% Kohlenhydratbestandteilen, Proenzym des Thrombins. – *3. β-Lipoproteine. 3a. Prä-β-Lipoprotein* (very low density lipoprotein, D 1,006) mit 0,13 g pro 100 ml, MG bis 50×10^6, enthält 90% Lipid (Lipidtransport). *3b. β-Lipoprotein* (low density lipoprotein, D bis 1,063) mit 0,4 g pro 100 ml, MG 2×10^6 und 80% Lipid (Lipidtransport). *3c. β-Metall-bindendes Protein* (Transferrin) mit 0,4 g pro 100 ml, MG 90×10^3 und 5,5% Kohlenhydratgehalt (Fe-Transport). *4. Bei der Plasmaelektrophorese* erscheinen jetzt: *Antihämophiles Globulin* (Blutgerinnung); (dann) *5.: γ-Globuline (Immunglobuline)* mit 1,5 mg pro 100 ml, MG $160\text{-}1000 \times 10^3$ und 3-12% Kohlenhydratbestandteilen: γG-Globulin (IgG, γ_2-, 7S-γ-Globulin) mit 1,25 g pro 100 ml (Antikörper). – γA-Globulin (IgA; γ_1A-, β_2-A-Globulin) mit 0,21 g pro 100 ml, MG 160×10^3 und Polymere. – γM-Globulin (IgM; β_2M-, 19S-γ-Globulin) bei Männern 0,125 g pro 100 ml und MG $\sim 1 \times 10^6$ sowie Polymere; bei Frauen Isohämagglutinine. – γD-Globulin (IgD) mit 0,03 g pro 100 ml, MG 150×10^3 (Antikörper) und γE-Globulin (IgE) mit 0,03 g pro 100 ml, MG 190×10^3 (Antikörper, Reagine).

16.5.1.2 ▶ *Albumin* dominiert mengenmäßig und wird in der Leber synthetisiert. Seine Plasmakonzentration schwankt zwischen 3,5 und 4,0 g pro 100 ml, der gesamte austauschbare Albumin„pool" beträgt 4,0-5,0 g pro kg Körpergewicht (insgesamt 200-300 g), davon 38-45% ($\sim$100 g) intravasculär, der Rest in der übrigen Extracellulärflüssigkeit (besonders im Bereich der Haut). 6-10% des pools werden pro Tag abgebaut (biologische Halbwertszeit $\sim$14 Tage). Die Leber synthetisiert $\sim$120-200 mg pro kg Körpergewicht pro Tag. – Albumine sind, wie oben vermerkt, wichtige Transportvehikel für eigene und fremde Metabolite sowie für Wasser. Das *effektive hydrodynamische Volumen* (ml Wasser/g Substanz) gibt das Raumgebiet an, innerhalb dessen das Makromolekül die Wassermoleküle beherrscht. Es liegt meist zwischen 5 und 10 ml pro Gramm.

16.5.2 ▶ *Lipoproteine* wurden bei obiger Serumproteinaufzählung
16.5.2.1 mitbehandelt. Die Verteilung einzelner Lipidspecies auf
16.5.2.2 die Lipoproteinfraktionen: a) in den „very low density": 50% Triglyceride, 19% Cholesterin und 18% Phospholipide; b) in den „low density": 10% Triglyceride, 45% Cholesterin und 23% Phospholipide; c) in den „high density": 1-5% Triglyceride, 18% Cholesterin und 30% Phospholipide.

16.5.3 ▶ Für die klinische Diagnostik ist die *Enzymaktivitätsbe-*
Enzyme *stimmung* in Plasma oder Serum von allergrößter Bedeutung. *a) Sekretionsenzyme* werden in einem Organ gebildet und normalerweise ins Blut abgegeben, um an anderem Ort ihre Wirkung auszuüben: Pseudo-Cholinesterase aus der Leber, α-Amylase und Lipase aus dem Pankreas (Hauptaktivität wird durch den Ductus pancreaticus ins Duodenum abgegeben) *b) Zellenzyme* sind zellgebunden, und normalerweise tritt kaum eine Enzymaktivität dieser Gruppe ins Blut über. Bei Zellschädigung trifft man dagegen auf höhere Zellenzymaktivitäten im Serum, auch mitochondriale Enzyme, zum Beispiel bei Schädigung des Herzmuskels (Infarkt) LDH des H-Typus, GOT, GPT, CPK, bei traumatischer Schädigung der Skelettmuskulatur LDH des M-Typus, Kreatin-Phosphokinase, bei Pankreaserkrankung: α-Amylase, der Prostata: Saure Phosphatase.

16.5.4 ▶ An N-haltigen Verbindungen: Harnstoff 25 mg, Kreatinin, Kreatin, Guanidinacetat 1-8 mg, Harnsäure 4,5 mg, freie Aminosäuren 40-50 mg, Peptide 7 mg, jeweils pro 100 ml,
16.5.4.1 dazu Spuren von NH_3, Indikan, Cholin, Histamin. Diese Verbindungen machen insgesamt den *Reststickstoff* aus = Finalkatabolite des Protein- (Aminosäuren-) und Purinme-

tabolismus, sind *harnpflichti* wenn ihre Konzentration die *Nierenschwellen* überschreiten. Erhöhter Rest-N bei Nierenerkrankungen (Konkremente, Tumoren, Prostatahypertrophie). Diagnostisch bedeutungsvoll sind Harnstoff, Kreatinin, Harnsäure.

16.5.4.2 ▶ *Normalkonzentrationen.* Na^+: 315-340 mg pro 100 ml, = 137-147 mVal pro 1 Serum; K^+: 14-21 mg pro 100 ml = 3,6-5,4 mVal pro 1 Serum; Ca^{2+}: 9,0-10,8 mg pro 100 ml = 4,5-5,4 mVal pro 1 Serum; Fe^{2+}: 80-150 µg pro 100 ml = 14,3-26,9 µMol pro 1 Serum (Männer) bzw. 60-140 µg pro 100 ml = 10,7-25,1 µMol pro 1 Serum (Frauen); Harnstoff 10-50 mg pro 100 ml Serum; Harnsäure: 3,4-7,0 mg pro 100 ml Serum (Männer) bzw. 2,4-5,7 mg pro 100 ml Serum (Frauen); Kreatinin: 0,6-1,1 mg pro 100 ml Serum (Männer) bzw. 0,5-0,9 mg pro 100 ml Serum (Frauen); Triglyceride (Neutralfett): 74-172 mg pro 100 ml Serum; Gesamt-Cholesterin: 180-250 mg pro 100 ml Serum (alters- und geschlechtsabhängig).

16.5.4.3 ▶ Die *Blutglucose-Pegelkonstanz* wird durch die Kybernetik von Insulin und seinen Wirkungsantagonisten Glukagon, Adrenalin, Glucocorticoide, STH und Thyroxin aufrechterhalten. Im Grunde geht es dabei um Ana- und Katabolismus des Leberglykogens sowie um die Wechselbeziehungen zu den Sequenzen von Lipid- und Aminosäurenmetabolismus. *a) Insulin (s.11.7):* Induktor von Schlüsselenzymen des Glucosekatabolismus und des Glykogenanabolismus; verstärkter Glucose-6-Ⓟ-Katabolismus + Tricarbonsäurecyclus sowie Pentosephosphatcyclus, erhöhter Glykogenanabolismus; s. auch Wirkungen des Insulins auf Lipid- und Proteinmetabolismus (11.7): *Erniedrigungstrend des Blutglucosepegels. b) Glukagon:* analog Adrenalin, jedoch selektiv auf Leber und nicht auf Muskulatur: aktiviert Adenylcyclase, dadurch Aktivierung der Leberphosphorylase = Glykogenmobilisierung, fördert Gluconeogenese: *Erhöhungstrend des Blutglucosepegels. c) Adrenalin:* Aktivierung der Adenylcyclase, dadurch Aktivierung der Phosphorylase in Leber und Muskulatur (s.11.6): *Erhöhungstrend des Blutglucosepegels. d) Glucocorticoide:* Förderung der Gluconeogenese aus Proteinen (Aminosäuren), der Bildung von Glucose-6-Ⓟ und Glykogen: *Erhöhungstrend des Blutglucosepegels,* aber auch von Aminosäuren, freien Fettsäuren, Harnstoff. *e) STH:* Glucoseutilisation in der Muskulatur ist gehemmt, dadurch der Wirkungsgrad des Insulins vermindert, es wird mehr Insulin benötigt, damit Glucose die Zellmembranen penetriert, in der Leber Glykogenanabolismus infolge Förderung der Gluconeogenese: *Erhöhungstrend des Blutglucosepegels. f) Thyroxin:* Bei Überangebot herabgesetzte Glucosetoleranz, katabole Wirkung auf den Protein- und Lipidmetabolismus, Glykogenkatabolismus, Zunahme der Glucose-6-Phosphataseaktivität, erhöhte Adrenalinempfindlichkeit, und erhöhter Insulinkatabolismus: *Erhöhungstrend des Blutglucosepegels,* bei Erniedrigung des Blutlipid- und Cholesterinpegels.

16.6 Blutgerinnung ▸ Zahlensymbole der Gerinnungsfaktoren (Faktor VI wird nicht mehr als gesonderter Faktor angesehen und wurde daher nicht in die Tabelle aufgenommen), dessen Bezeichnungen und Halbwertzeiten[3].

16.6.1 ▸ *Phasen der Blutgerinnung. 1. Fibrinogen → Fibrin.* Fibrinogen besteht aus 2 α-, 2β- und 2 γ-Polypeptidketten. Unter Wirkung von Thrombin werden von den α- und β-Ketten je ein Peptid mit MG $1,8 \times 10^3$ (Fibrinopeptide A und B) abgespalten. Die so entstandenen *Fibrinomonomere* lagern sich spontan zu Ketten zusammen (Fibrin$_S$). Sie sind noch in 5 molarer Harnstofflösung löslich. Durch Wirkung des *aktiven Faktors XIII* (Transaminase) werden unter H_3N-Abspaltung covalente Bindungen zwischen den δ-Carbamidgruppen von Glutaminylresten des einen und ε-Aminogruppen von Lysylresten des anderen Fibrinomonomers hergestellt. Das so entstandene Fibrin ist nun nicht mehr in 5 molarer Harnstofflösung löslich. *2. Thrombinogen → Thrombin.* Aus der im Blut vorhandenen Vorstufe entsteht Thrombin durch Einwirkung des *Prothrombin-Umwandlungs-Faktors = aktivierter Faktor X*. Seine Aktivierung erfolgt auf zwei Wegen: *a) endogener Mechanismus:* Umwandlung von inaktivem in aktiven Faktor XII, entweder *in vitro* durch Kontakt des Blutes mit elektronegativen benetzbaren Oberflächen (Glas, Micellen langkettiger gesättigter Fettsäuren, Kollagenfasern) oder *in vivo* durch Kontakt des Blutes mit der freigelegten subendothelialen Kollagenschicht von Blutgefäßen (Mitwirkung von Phospholipid). – Weiter kommt es in einer noch nicht völlig aufgeklärten Reaktion zu einer *Aktivierung des Faktors XI*. Er bewirkt die *Aktivierung des Faktors IX*, der sodann in einem Komplex mit dem *Faktor VIII*, Ca^{2+}, und einem Phospholipid (zum Beispiel

---

[3] Aus Ganong: Lehrbuch der Medizinischen Physiologie, S-470ff. Berlin-Heidelberg-New York: Springer-Verlag 1974,

Faktor	Bezeichnung (Synonyme)	Molekulargewicht			Halbwertszeit
		Proenzym		Enzym	
I	Fibrinogen		360×10^3		4–4,7 d
II	Prothrombin	68×10^3		30×10^3	50–60 h
III	Gewebe-Faktor (tissue factor, TF)		160×10^6		
IV	Calcium		–		
V	Proaccelerin (Accelerator-Globulin, labiler Faktor)		180×10^3		35 h
VII	Proconvertin (SPCA, stabiler Faktor)		35×10^3		5–6 h
VIII	antihämophiles Globulin (AHG, antihämophiler Faktor A)		180×10^3		6–20 h
IX	antihämophiler Faktor B (Christmas-Faktor, Plasma Thromboplastin Component, PTC)	120×10^3		60×10^3	18–30 h
X	Stuart-Faktor (Prower-Faktor)	56×10^3		21×10^3	40–60 h
XI	PTA (Plasma Thromboplastin Antecedent, antihämophiler Faktor C)	?		?	48–60 h
XII	Hagemann-Faktor	?	80×10^3	?	52–70 h
XIII	Fibrin-stabilisierender Faktor (FSF, Laki-Lorand-Faktor)	?	111×10^3	?	3–4 d

Thrombocyten-Faktor 3) die *Aktivierung des Faktors X* bewirkt. Der aktive Faktor X bildet mit dem Faktor V, Ca^{2+} und einem Phospholipid den Prothrombin-Umwandlungsfaktor X; *b) exogener Mechanismus.* Aus einem verletzten Gewebe wird ein Gewebefaktor (tissue factor, TF) freigesetzt, der mit Phospholipid und Faktor VII einen Komplex bildet. Er kann ebenso wie der im endogenen System gebildete Komplex (Faktor IX, Faktor VIII, Phospholipid, Ca^{2+}) den Faktor X aktivieren. – Die nach a) (endogen) oder b) (exogen) gebildeten Prothrombinumwandlungsfaktoren führen *Präthrombin* in *Thrombin* über. Präthrombin wird in noch nicht geklärter Weise aus *Pro-*
16.6.2 *thrombin* gebildet. *3. In-vivo- und in-vitro-Beeinflussungen des Blutgerinnungssystems.* a) *In-vivo:* Physiologische Inhibitoren limitieren die Aktivität des Gerinnungssystems: obligate Plasmaproteine: Antithrombin III, $α_2$-Makroglobulin, C_1-Inaktivator. Auch Substanzen, die während des Gerinnungsablaufs entstehen, hemmen: Thrombin selbst hemmt die Faktoren VIII und V; bei der Spaltung des Prothrombinkomplexes entsteht ein den Faktor X hemmendes „Antiplasmathromboplastin". – *Heparin* (Mucopolysaccharid aus Sulfonylaminoglucose und Schwefelsäureestern der Glucuronsäure) blockiert die Thrombinwirkung und ist Cofaktor der Lipoproteinlipase (Clearing factor) und wirkt mit dem Proteinaseinhibitor Antithrombin III (Heparin-Cofaktor) zusammen, d.h. es wird die Bindung von Thrombin an Antithrombin III beschleunigt. *b) In vitro: Dicumarol* (Derivat des Dicumarin) hemmt Vitamin K kompetitiv und unterdrückt damit die letzte Stufe der Biosynthese der Faktoren Prothrombin, VII, IX und X in der Leber. Die Heparinwirkung kann durch Protamin sofort aufgehoben werden. Vitamin K beeinflußt nicht die gesamte Synthese der Faktoren des Prothrombin-Komplexes II, VII und X, sondern die Überführung dieser Faktoren in ihre physiologisch wirksamen Formen. – *Ancrod = Arvin* oder *Reptilase:* Enzyme aus Schlangengiften spalten nicht alle vier Fibrinopeptide vom Fibrinogenmolekül ab, sondern nur die zwei Fibrinopeptide A. Das Restmolekül wird durch Thrombin nicht mehr angegriffen und polymerisiert nicht zu Fibrin. *c) In-vitro:* Entfernung von Ca^{2+} aus dem Blut durch Oxalat, Citrat, oder dem Komplexbildner Äthylendiamintetraacetat (EDTA) verhindert die Gerinnung. – Auch Heparin, Ancrod oder Reptilase oder die Verwendung nichtbenetzbarer Gefäße wirken gerinnungshemmend, da die Thrombocyten nicht zerfallen und die Aktivierung des Faktors XII verhindert wird.

16.7 Fibrinolyse ▸ Aktives Prinzip ist *Plasmin,* ein proteolytisches Enzym mit hoher Affinität für Fibrin. – *Plasminogen → Plasmin.* Bildungsort der Vorstufe: Leber, Niere, eosinophile Granulocyten. Natürliche Aktivatoren kommen in verschiedenen Geweben vor: in Lunge, Uterus, Prostata, Capillarendothelien, Venen, Harn (Urokinase), Blut. Im Blut: *Plasminogen-Proaktivator,* seine Aktivierung durch aktiven Faktor XII zum Plasminogen-Aktivator. Weitere Proaktivator-Aktivatoren: *Kallikrein* (in Pankreas, Speicheldrüsen, Darmwand, Zunge, Blut ist Präkallikrein oder Kallikreinogen vorhanden, das selbst aktiviert werden muß), *Erythrokinase* (in Erythrocyten) und in Thrombocyten, auch in Bakterien: *Staphylokinase, Streptokinase.* – Zu unterscheiden zwischen endogener und exogener Fibrinolyse: *a) endogene Fibrinolyse.* Aktivierung des Plasminogens im Innern des Thrombus durch Aktivatoren, die in ihm entstehen. Diese Fibrinolyse ist lokal begrenzt. *b) exogene Fibrinolyse.* Thrombus wird von der Oberfläche her durch circulierendes Plasmin angegriffen. Hierbei treten auch allgemein proteolytische Effekte auf: Abbau der Gerinnungsfaktoren VIII, V und des Fibrinogens. – *Fibrinolyse-Inhibitoren:* α_2-Makroglobuline, α_1-Antitrypsin u.a. Klinisch *wirksame* Inhibitoren: Proteaseinhibitoren aus Sojabohnen, ε-Aminocapronsäure, p-Aminomethylbenzoesäure.

17 Leber

17.1 Generelle Leistungen

▶ *Anabolie. Glykogen* aus Nahrungsglucose, glucogenen Aminosäuren und Lactat (Gluconeogenese); *Glucose* aus Fructose, Galaktose; *Pentosen* aus Hexosen (Pentosephosphatcyclus); – *Fettsäuren* aus Kohlenhydraten, längerkettige Fettsäuren aus kürzerkettigen, *Neutralfette* aus Glycerin-3-Ⓟ und Acyl-CoA (über Phosphatidat); *Phosphatide* aus Phosphatidat; *Cholesterin* aus Acetyl-CoA (über Acetoacetyl-CoA, Isopentenyl-di-Ⓟ); *Gallensäuren* aus Cholesterin; – nichtessentielle Aminosäuren; *Organproteine, Blutplasmaproteine, hepatogene Gerinnungsfaktoren;* 17-Ketosteroide; Harnstoff; Kreatin.

Sekretion. Glucose an das Blut: Glucosehomöostase; Aminosäuren an das Blut: Aminosäure„profile"-Homöostase; *Lebergalle.*

Exkretion. Harnstoff, Harnsäure, Bilirubin(diglucuronid); β-Glucuronide von Phenolen, Alkoholen, aromatischen und verzweigten aliphatischen Säuren, Schwefelsäureester, Glycinkonjugate, acetylierte Produkte, Mercaptursäuren, N-Methylderivate, „entgiftete" Steroide.

17.1.1 ▶ *Die wichtigsten Intermediate.* Glucose, Aminosäuren, Kreatin, Cholesterin, 17-Ketosteroide, Nucleoside, Nucleotide, NAD^+, $NADP^+$, Ketonkörper.

17.2 Spezifische Funktionen im Gesamtstoffwechsel

17.2.1 ▶ *N-Verbindungen.* Die Leber kann vom Darmtrakt ankommende Nahrungsprotein-Aminosäuren nur unvollkommen speichern. Je nach Gesamtmetabollage hält sie: a) das Aminosäurenprofil des Peripherblutes in individuell fluktuierenden Grenzen konstant („Aminosäurenprofil"), um die anderen Organe für Eigenmetabolismen optimal zu versorgen. Hierzu benötigt sie aber die essentiellen Aminosäuren aus den Nahrungsproteinen in optimalen Mengen; b) desaminiert sie Aminosäuren und führt deren C-Gerüste amphibolen oder katabolen Abläufen zu, die H_2N-Gruppe der Harnstoffbildung; c) (z.B.) Umbau bestimmter Aminosäuren in andere Metabolite mit Regulationsfunktionen (zum Beispiel Serin → Äthanolamin

→ Cholin → Acetylcholin) bzw. Ausgangsstoffe für Anabolprozesse (Cholin → Phosphorylcholin → Cholindiacylglycerinphosphat = Lecitin; Aspartat + Carbamylphosphat → Dihydroorotat → → Pyrimidinnucleoside(tide); 5-Phosphoribosyl-l-pyrophosphat + GluN → + Gly → + GluN → → Inosinsäure → Purinnucleoside(tide)); d) schließlich verwendet sie den Aminosäurepool selbst zu vielen Anabolprozessen mit dem Endziel der Plasmaproteine. − Aminosäurenkatabolite sind in jedem Fall: Harnstoff und, indirekt, Harnsäure, Kreatinin.

17.2.2 ▶ *Lipide.* Die Leber anabolisiert ungesättigte Fettsäuren aus Acetyl-CoA (zum Beispiel aus Pyruvatkatabolismus) im Acylsynthetase-Mulitienzymkomplex des Cytoplasmas, verlängert Acylreste im Enzymkomplex in den Mitochondrien, baut ungesättigte Fettsäuren um (zum Beispiel C20:4 aus C18:2), synthetisiert Triacylglycerine aus Glycerin-3-℗ und freie Fettsäuren aus dem Blut-Antransport, bildet Phosphatide für Eigengebrauch und zum Bluttransport. Zur optimalen Lipidhomöostase werden ausreichend exogene essentielle Fettsäuren benötigt.

17.2.3 ▶ *Cholesterin.* Die Synthesesequenz wurde in (7.7) beschrieben. Nahrungscholesterin wird resorbiert, und dessen Menge reprimiert den Eigenanabolismus in der Leber bis Null (in der Haut bleibt er unbeeinflußt). Schrittmacherenzym und der allosterischen Regulation durch Cholesterin zugänglich ist die β-Hydroxy-β-methylglutaryl-CoA-Reductase (s.7.7). Übermäßige Cholesterinzufuhr mit der Nahrung erhöht das Serumcholesterin, aber auch kohlenhydrat- und fettreiche Nahrung, auch Diabetes mellitus, stimulieren die de-novo-Synthese in der Leber; Schilddrüsenhormone und Östrogene senken ihn.

17.2.4 ▶ *Kreatinsynthese:* 1. Gly + Arg → Guanidinacetat + Orn durch Arginin-Glycin-Transamidinase. 2. Guanidinacetat + [-CH$_3$ aus S-Adenosylmethionin] → Kreatin durch Methyltransferase.

17.2.5 ▶ An der *Glucose-Homöostase des Blutes* ist die Leber beteiligt mit 1. *glucoseliefernd,* a) Glykogenkatabolismus unter Kontrolle von Insulin, Glucagon, Adrenalin und Cortisol. b) Umbau von glucogenen Aminosäuren (aus Körperproteinkatabolismus) zu Glucose unter Kontrolle von Cortisol; 2. *glucoseverbrauchend,* c) Glucosekatabolismus bis Finalstadium CO_2 + H_2O in Muskulatur, unter Kontrolle von Insulin und Adrenalin; d) im peripheren Gewebe dieselbe Sequenz unter Kontrolle von Insulin, Thyroxin und STH; e) im Fettgewebe Überführung in Fettsäuren und Triacylglycerin unter Kontrolle von Insulin und STH.

17.2.6 ▸ *Galaktose* der Nahrung wird durch *Galaktose-Kinase* unter ATP-Verbrauch in Galaktose-1-Ⓟ übergeführt, dieses mit Uridindiphosphatglucose umgesetzt, dabei die Hexosereste herausglykosidiert (Galaktose-1-phosphat-UDPG-Transferase). Unter Wirkung der UDP-Galaktose-4-Epimerase erfolgt Epimerisierung an C4 und es entsteht UDP-Glucose.

17.2.7 ▸ Bei der *erblichen Galaktosämie* steigen infolge Fehlens der vorerwähnten Transferase die Blutpegel an Galaktose und Galaktose-1-phosphat an, sie treten auch ins Gewebe über und verursachen Metaboldefekte und Organanomalien. – Der *Galaktosediabetes* ist durch Fehlen der Galaktose-Kinase gekennzeichnet. Ähnliche Symptome wie bei der Galaktosämie, nur staut sich Galaktose allein an. Man analysiert die Blutgehalte an den erwähnten Blutbestandteilen dünnschichtchromatographisch und die Aktivität an Galaktose-1-phosphat-UDPG-Transferase in Erythrocyten.

17.2.8 ▸ *Fructose* wird bei Diabetes mellitus durch Fructokinase zu Fructose-1-Ⓟ. Das Enzym ist nicht Insulin-abhängig wie die Glucokinase. Fructose-1-Ⓟ unterliegt der Spaltung
17.2.9 durch 1-Phosphofructoaldolase in Dihydroxyaceton-Ⓟ + Glycerinaldehyd. Der ATP-Gewinn beträgt beim Fructosekatabolismus nur 2 ATP pro Mol Fructose, doch ist die Katabolsequenz Fructose → Pyruvat um zwei Metabolschritte kürzer als diejenige Glucose → Pyruvat.

17.3 ▸ *Die in der Leber gebildeten und an das Blut abgegebenen*
Protein- *Enzyme: a) Sekretionsenzyme* aus den Parenchymzellen: die
synthesen Gerinnungsenzyme Prothrombin, Faktor II. V. VII. VIII
17.3.1 und X, Coeruloplasmin, Pseudocholinesterase. b) *Exkretionsenzyme* (zum Teil auch aus anderen Organen): Alkalische Phosphatase, Leucinamino-Peptidase. c) *Zellenzyme der Hepatocyten,* von denen normalerweise kaum, aber bei Leberschädigung zum Teil beträchtliche Aktivitäten ins Blut übertreten: GOT, GPT, Quotient GOT/GPT bei akuter Hepatitis meist <1,3, SDH, GLDH, Isocitrat-Dehydrogenase und Isoenzym 5 der LDH, ferner γ-Glutamyl-Transpeptidase (Aktivitätsbestimmung besonders wichtig für Verlaufskontrolle von Lebererkrankungen).

17.3.2 ▶ *Blutplasmaproteine und Leberfunktion.* Das mengenmäßig dominierende Albumin wird neben den vorerwähnten Gerinnungsfaktoren und den Enzymen in der Leber synthetisiert. Im einzelnen ist zu vermerken: *a) Präalbumin* bindet Thyroxin und ist bei schweren Leberleiden vermindert. *b) Albumin* ist ebenfalls bei Lebercirrhose vermindert, so daß die osmotische Funktion, der Transport von Ionen, Pigmenten u.a. sowie die allgemeine Eiweißreserve vermindert sind. *c)* α_1-*Lipoprotein* zum Transport von Lipiden, lipophilen Hormonen u.a. ist auch bei Lebererkrankungen vermindert (Tangier-Krankheit); *d)* desgleichen *Prothrombin* als Proenzym des Thrombins, α_1-*Antithrombin* (Antithrombin III, Thrombin-Inhibitor), sowie *e) das Cu-bindende Coeruloplasmin; f) das Hb-bindende Haptoglobin; g) Plasminogen* als Proenzym des Plasmin; *h) Fibrinogen* (Gerinnungsfaktor I) – Dagegen sind bei Leberleiden vermehrt: *a)* α_2-*Makroglobulin,* ein Proteinase-Inhibitor, der auch Hormone bindet, *b)* γ*G-Globulin,* γ*A-Globulin* und γ*M-Globulin,* früher (12.2) behandelte Antikörper.

17.4
Fremd-
stoffwechsel
17.4.1
-17.4.4

▶ *Oxidativer Fremdstoffmetabolismus* durch das fremdstoffmetabolisierende Enzymsystem des endoplasmatischen Reticulums (Multienzymsystem s. (8.5.1, 8.5.2)) ist eine von O_2- und $NADPH_2$-Gegenwart abhängige Mehrstufenreaktion. Die Neosynthese der einzelnen Komponenten ist durch Fremdstoffe induzierbar, am aktivsten sind Barbiturate, DDT und polychlorierte Biphenyle. – Es wird von O_2 nur *ein* O in das Substratmolekül eingeführt, das zweite zu H_2O reduziert. Hierzu liefert $NADPH_2$ das H. Die Aktivierung des O_2 erfolgt am Cytochrom P 450. Viele Pharmaka, Insektizide und krebserzeugende Kohlenwasserstoffe werden nach diesem Mechanismus *hydroxyliert,* und zwar an einer theoretisch nicht vorhersagbaren Molekelstelle. Daneben gibt es stereomer- und stellungshochspezifische Hydroxylierungen von Steroiden.

Reduktiver Fremdstoffmetabolismus. Nitrogruppen werden zu H_2N-Gruppen, Disulfidgruppen zu HS-Gruppen, Ketogruppen zu sekundären HO-Gruppen, Aldehydgruppen zu primären HO-Gruppen, Azofarbstoffe zu Hydrazoverbindungen und ungesättigte zu gesättigten Alkylverbindungen hydriert. Die Fremdstoffhydroxylierung bietet die Grundlage zur *Konjugation* mit Metaboliten, die die Aglykone wasserlöslich und damit ausscheidungsfähig machen: a) Umsatz von *UDP-Glucuronsäure* mit Phenolen, primären und sekundären Alkoholen sowie verzweigten aromatischen Säuren = *Glucuronide* (Enzym: UDP-Glucuronyl-Transferasen). Zu unterscheiden sind *O-Glucuronide* (von Phenolen, Menthol und Steroidhormonen) und *Esterglu-*

curonide (Konjugate der Benzoesäure, Salicylsäure und Derivate, Bilirubin, -diglucuronid über die Propionsäurereste).
Schwefelsäureester kennt man von Phenolen, Alkoholen, Indoxyl und Steroidhormonen (Enzym: Transsulfatase). Es wird also wahlweise aktivierte Glucuronsäure (UDP-Glucuronsäure) oder aktivierte Schwefelsäure *(3'-Phosphoadenosin-5'-Phosphosulfat, PAPS)* verwendet.
Glycinkonjugate. Aromatische Säuren, zum Beispiel Benzoesäure, Zimtsäure u.a. werden analog der Fettsäurenaktivierung zunächt mit *ATP + CoA* zu Acyl-CoA (+ AMP + ⓟ-ⓟ) umgesetzt, dadurch auf ein höheres Reaktionspotential gebracht, und darauf unter CoA-Abspaltung mit Glycin umgesetzt. Aus Benzoat entsteht hierdurch Hippurat.
Acetylierung. Durch Umsatz mit *Acetyl-CoA* werden zum Beispiel p-Aminobenzoesäure, p-Nitranilin und Sulfamide acetyliert. Obgleich die Sulfonamide auf diese Weise entgiftet werden, ist aber auch die Wasserlöslichkeit vermindert, so daß die Gefahr der Konkrementbildung in den ableitenden Harnwegen besteht.
Mercaptursäuren. Einige aromatische Verbindungen treten mit einem der „beweglichsten" Wasserstoffen durch H-Entzug zunächst in Reaktion mit der *HS-Gruppe des Glutathions.* Dann werden die Glu- und Gly-Reste entfernt und die H_2N-Gruppe des über eine Thioätherbrücke gebundenen Cys acetyliert. So entstehen *N-Acetyl-S-aryl-cysteine = Mercaptursäuren.*
Methylierungen. Unter Verwendung von *S-Adenosylmethionin* werden einige Verbindungen physiologisch unwirksam gemacht, z.B. Nicotinamid → N-Methyl-nicotinamid und Phenylacetat nach Bindung an Glu → Methylderivat, und diese ausgeschieden.

17.4.5 ► *Äthylalkohol* wird entweder durch *Alkohol-Dehydrogenase* (reversibel) oder durch eine H_2O_2-*benötigende Peroxidase* (irreversibel) zu Acetaldehyd oxidiert. – *Acetaldehyd* unterliegt der Weiteroxidation durch eine Aldehyd-Dehydrogenase (reversibel) oder durch eine Aldehyd-Oxidase (Xanthin-Oxidase, irreversibel), die H_2O_2 bildet, das wieder durch die Peroxidase verbraucht wird.

17.5 ►
Lebertoxische Substanzen
Für die Volksgesundheit am wichtigsten: Äthylalkohol; gewerbehygienisch: CCl_4, $CHCl_3$, Blei, gelber Phosphor; allgemein: Knollenblätterpilzgifte, unter Antibiotica insbesondere Tetracycline. – Zur experimentellen Leberschädigung CCl_4, D-Galaktosamin, Äthionin (das Äthylanaloge des Met), Thioacetamid.

17.6 Leberfunktionsproben ▸ Für den Kliniker von großer Bedeutung zur Differentialdiagnose der Lebererkrankungen. *a) Serumproteinelektrophorese.* Da einige Serumenzyme aus der Leber kommen, kann man aus den Serumprotein-Elektropherogrammen verminderte Syntheseleistungen von Prothrombin, Fibrinogen und Haptoglobin ablesen. *b) Cholesterin.* Die Hauptmenge des Cholesterins wird in der Leber synthetisiert. Der Blutpegel an Gesamtcholesterin ist ein weiterer Hinweis auf Leberfunktionsstörung. – Nahrungscholesterin unterliegt der Acylierung durch Lecithin-Cholesterin-Acyltransferase: freies Chol + Lec → CholE + LysLec (Lysolecithin). Bleibt diese Veresterung aus, kommt es zu Cholesterinesterabnahme = Esterstürz, charakteristisch für eine akute Lebererkrankung. *c) Galaktose-Toleranztest.* Belastet man einen Menschen mit 30 g Galaktose oral, so führt die gesunde Leber in 5 h < 90% über UDP-Galaktose in UDP-Glucose über und metabolisiert dieses weiter. Nicht mehr als 3 g freie Galaktose dürfen mit dem Harn ausgeschieden werden. Bei Leberfunktionsstörung (hepatogener Ikterus) ist dieser sich aus der Erfahrung ergebende Normalwert erhöht. *d) Sekretionsinsuffizienz.* Die Leber gibt normalerweise Bilirubin, Cu, und über die Galle Medikamente (nach evtl. Metabolisierung) und Enzyme ans Blut ab. Bei Verschluß des Gallenganges sind Bilirubin und Cu (pathologischer Übertritt ins Blut) im Serum erhöht, Enzyme infolge Syntheseinsuffizienz im Serum vermindert. *e) Bromsulphaleintest.* Heute wegen Nebenwirkungsgefahr weniger gebraucht ist der *Bromsulphaleintest*. Man injiziert eine vom Körpergewicht des Patienten abhängige Menge dieser Substanz intravenös. Die Leber entfernt sie als Fremdstoff rasch und scheidet sie über die Galle aus. Man bestimmt die Farbstoffkonzentration 60 min post inj. und schließt aus dem dann noch vorhandenen Blutpegel auf die Funktionstüchtigkeit der Leber.

17.7 Serumenzymdiagnostik
17.7.1 ▸ Bei allen Erkrankungen der Leber sind *Enzymaktivitätsbestimmungen* im Serum indiziert, und zwar: GOT (Glutamat-Oxalacetat-Transaminase) und GPT (Gluamat-Pyruvat-Transaminase) bei Verdacht auf eine akute Virus-Hepatitis, γGT (γ-Glutamyl-Transpeptidase) bei Verdacht auf alkoholischen Leberschaden, GPT und ChE (Cholinesterase) bei Verdacht auf Fettleber, GOT und ChE bei Verdacht auf chronische Leberentzündungen, GPT, GLDH (Glutamat-Dehydrogenase) und AP (Alkalische Phosphatase) bei Verdacht auf einen Verschlußikterus, GOT, GLDH und γGT bei Verdacht auf Lebertumoren.

17.7.2 und 17.7.3 ▶ *a) Sekretionsenzyme.* In Leberparenchymzellen gebildet und ins Blutplasma abgegeben werden, außer den Gerinnungssystem-Enzymen, Coeruloplasmin (das Phenoloxidaseaktivität besitzt) sowie eine Pseudo-ChE. Sie reguliert mit einer Acetylase zusammen den Blutpegel an freiem Cholin im Serum. *b) Exkretionsenzyme* werden über die Gallencapillaren mit der Galle ausgeschieden: AP. Die Serumaktivität entstammt normalerweise den Osteoblasten, sie ist aber bei Leberzellnekrose (s.o.) durch die Leberzell-AP erhöht. *c) Zellständige Enzyme:* GOT zu 61% im Cytoplasma und zu 39% in Mitochondrien, GPT zu 89% im Cytoplasma und zu 11% in Mitochondrien, GLDH zu 0% im Cytoplasma und zu 100% in Mitochondrien. Aber diese Enzyme sind nicht pezifisch für die Leber, da sie auch in anderen Organen gebildet (zum Beispiel Herz) und bei deren Traumatisierung ans Blut abgegeben werden können. Größere Leberspezifität hat SDH (Sorbit-Dehydrogenase), die oben noch nicht erwähnt wurde, die GLDH, ferner Isoenzym 5 der LDH (LDH_5). − Zur Differentialdiagnose von Lebererkrankungen sind die Quotienten GOT/GPT, (GOT+GPT)/GLDH sowie γGT/GOT von Bedeutung.

17.7.4 ▶ Die *Halbwertszeiten* der Enzymaktivitäten im Plasma: GOT 17±5 h, GPT 47±10 h, GLDH 18±11 h, LDH_5 10±2 h, AP 3-7 Tage, GT 3-4 Tage, ChE ca. 10 Tage.

17.8 Zusammensetzung der Galle

17.8.1 ▶ Die Blasengalle besteht zu 80-95% aus Wasser, darin gelöst *a) Gesamtlipide,* Cholesterin bis 5%. *b) konjugierte Gallensäuren* bis 10%. *c) Bilirubin-diglucuronid* bis 1,5%. *d)* bis 3% *Proteine* und Glykoproteine, sowie *e)* anorganische Bestandteile (K^+, Na^+, Ca^{2+}, Mg^{2+} u.a.) bis 1%. − Gallensäuren und Lipide werden in den Leberzellen selbst gebildet = *Sekretionsstoffe* (wozu auch die AP gehört, s.o.) sowie Bilirubin und noch andere Gallenfarbstoffe: Urobilin,

17.8.2 Stercobilin sind Katabolite der Porphyrine = *Exkretionsstoffe;* die anorganischen Substanzen der Lebergalle (vor der Konzentrierung zur Blasengalle) entsprechen etwa denen des Serums. Weitere Exkretstoffe der Galle sind Medikamente bzw. deren Metabolite, Schwermetalle (außer dem vorerwähnten Cu noch Zn, Hg). Verschiedene Steroidhormone und -konjugate (wie Medikamente) und Bilirubin-diglucuronid werden mit der Galle ausgeschieden und zusammen mit den Gallensäuren rückresorbiert = *enterohepatischer Kreislauf* (hauptsächlich im Ileum, glycingepaarte Gallensäuren im Jejunum).

17.8.3 ▸ *Gallensäuren.* Die wichtigsten Strukturen leitet man am besten von der Synthesesequenz ab, die vom *Cholesterin* ausgeht. − 1. Durch Hydroxylierung (7α), Hydrierung (Δ5) und Isomerisierung (3β) entsteht zunächst *3α,7α-Dihydroxykoprostan*. 2a) Durch β-Oxidation wird Propionsäure abgespalten und eine Carboxylgruppe in der Seitenkette gebildet → *Chenodesoxycholsäure* (3α,7α-Dihydroxycholansäure). 3a) Nun tritt ATP und CoA in Reaktion, es entstehen Chenodesoxycholyl-CoA sowie AMP und Ⓟ-Ⓟ. 4a) Unter Abspaltung von CoA wird der Chenodesoxycholylrest an Taurin oder an Glykokoll angehängt, es entstehen *Taurochenodesoxycholsäure* bzw. *Glykodesoxycholsäure.* 2b) Aus 3α,7α-Dihydroxykoprostan entsteht unter Hydroxylierung (12α) *3α,7α,12α-Trihydroxykoprostan*. 3b) Wie bei der obigen Sequenz entsteht daraus durch β-Oxidation *Cholsäure* 3α,7α,12α-Trihydroxycholansäure), 4c) daraus *Taurocholsäure* und *Glykocholsäure*. − Darmbakterien im Colon bilden aus Chenodesoxycholsäure durch Reduktion (7α) → *Lithocholsäure* (3α-Hydroxycholansäure), aus Cholsäure durch Reduktion (7α) → *Desoxycholsäure* (3α,12α-Dihydroxycholansäure) und aus Glykocholsäure durch Reduktion (7α) → *Glykodesoxycholsäure*.

17.8.4 ▸ *Gallensäuren sind stark oberflächenaktiv und zusammen mit Ca^{2+} wirksame Emulgatoren für hydrophobe Nahrungsbestandteile*, besonders Lipide. Durch den hydrotropen Effekt und die Micellenbildung wird die Oberfläche für die Angreifbarkeit lipolytischer Enzyme vergrößert. Wasserlösliche Micellen mit freien Fettsäuren, Monoacylglycerinen, Steroiden, Carotinoiden und lipophilen Vitaminen = *Choleinsäuren,* wichtige Voraussetzung für deren Resorption. Gallensäuren aktivieren die Pankreaslipase, hemmen die Magensekretion, die intestinale Cholesterinsynthese und stimulieren in den Mucosazellen die Wiederveresterung des Monoacylglycerins mit freien Fettsäuren wie auch die Glycerophosphatbildung aus Glucose für die de-novo-Synthese von Triacylglycerin. Bei *Fehlen der Galle* erscheinen mehr als 25% des aufgenommenen Fettes in den Faeces.

17.8.5 ▸ *Gallensteine* in Gallengängen oder -blase können durch Fremdkörper verursacht werden oder durch geänderte Gallenzusammensetzung. *Calciumbilirubinatsteine* entstehen, wenn Bilirubin-diglucuronid durch bakterielle β-Glucuronidase gespalten wird und freies Bilirubin eine in der Gallenflüssigkeit unlösliche Ca-Verbindung bildet; *Cholesterinsteine* treten bei verändertem Konzentrationsverhältnis zwischen Cholesterin, Lecithin und gallensauren Salzen auf. Die löslichen Komplexe dieser drei Substanzgruppen sind sehr labil.

17.9 Pathologischer Leberstoffwechsel

17.9.1 ▶ Zur *Fettleber* (bis 20% des Organfeuchtgewichtes an Triacylglycerin gegenüber normal 3-4% an Gesamtlipiden) führen verschiedene Metabolstörungen: a) *chronische Leberschädigung* durch Lebernoxen, insbesondere Alkohol. b) Aktivierung der Fettdepots, lipatische Spaltung des Triacylglycerins und Abgabe freier Fettsäuren ans Blut, Blutpegelanstieg. Die Leber fängt freie Fettsäuren ab, synthetisiert Triacylglycerin und gibt dieses in Form von Lipoproteinen wieder ans Blut. Ist die Synthese der lipidbindenden Apoproteine in der Leber gehemmt, reichert sich Triacylglycerin an. c) Ähnliche Dysregulationen treten temporär bei *überreichlicher alimentärer Fettzufuhr* ein. – d) Fehlen an sogenannten *lipotropen Substanzen:* Met, Cholin, Betain. Ihre Metabolwirkung ist noch unbekannt, doch wahrscheinlich sind die transferablen H_3C-Gruppen zum Anabolismus ausreichender Mengen an Phospholipiden nötig. Bei Karenz schaltet der Lipidmetabolismus von Phosphatidat völlig zu Triacylglycerin um, und stellt nicht die für deren Abgabe aus der Leber zusätzlich zu den Vehikel-Apolipoproteinen noch benötigten Phospholipide zur Verfügung.

17.9.2 ▶ Der Übergang vom Normalmetabolismus zum *Aberrationsmetabolismus* der geschädigten Leber zeigt sich an durch a) Abfall des ATP/ADP-Quotienten, b) Abnahme an Gesamt-Purin- und Pyrimidinnucleotiden, c) Zunahme des NAD^+/NADH-Quotienten, d) Abnahme von K^+, e) Abnahme von Glykogen, f) Abnahme von cytoplasmatischen, lysosomalen und mitochondrialen Enzymen (Schädigung und Durchlässigkeit der Zellmembran für Makromoleküle), g) Erhöhung von Leber-Metabolintermediaten im Serum: freie Fettsäuren, Lactat, Pyruvat, NH_3, Phenole, h) Erniedrigung von Leber-Sekretionsmetaboliten im Serum: Glucose, Cholesterin, -ester, Proteine, Blutgerinnungsfaktoren, i) Erniedrigung von Leber-Exkretionsmetaboliten: Harnstoff, Harnsäure.

17.10 Neonatale Leber

▶ In der *neonatalen Leber* sind gegenüber der adulten folgende Metabolhauptkettenenzyme *vermindert:* a) Glykolyse, b) Gluconeogenese, c) Atmungskette, d) Glucuronyl-Transferase, e) Met-Hb-Reductase (wichtig zur Beachtung bei Medikationen). – Da die neonatale Leber eine hohe Regenerations- und Proliferationsfähigkeit aufweist (auf

~das 100fache gesteigerte Mitoserate), ist sie gegen Zellgifte viel weniger empfindlich als die adulte Leber. Innerhalb der ersten Wochen post partum nimmt die Mitochondrienzahl in der neonatalen Leber zu, und die Enzymmuster gleichen sich denen der adulten Leber langsam an.

18 Niere und Harn

18.1 Mechanismus der Harnbildung 18.1.1 - 18.1.2

▶ *Transportprozesse der Tubuluszelle.* Im *proximalen Tubulussystem* erfolgt *Rückresorption* aus dem Primärharn durch aktiven Transport von 1. Glucose (100 mg pro min. 80 mg pro 100 ml Plasma d.h. 125 ml pro min). Nur wenige Milligramm Glucose pro 24 h gelangen in den Endharn. Die rückresorbierte Menge ist der filtrierten proportional. Die *Nierenschwelle für Glucose* entspricht dem Plasmapegel, von dem ab Glucose im Harn erscheint, sie liegt bei 200 mg pro 100 ml arteriellen Plasmas, entsprechend 180 mg Glucose pro 100 ml Venenblut. Da nicht alle 2×10^6 Nephrone dasselbe Transportmaximum haben, liegt die tatsächliche Nierenschwelle etwas niedriger. – 2. Na^+, K^+, PO_4^{3-}, SO_4^{2-}, Aminosäuren, Harnsäure, Ascorbat, Acetoacetat, β-Hydroxybutyrat. Die Transportmaxima reichen von sehr niedrigen Werten zu so hohen, daß sie unmeßbar sind. – Aminosäuren werden durch verschiedene Systeme aktiv rückresorbiert, analog der Resorption im Ileum (14.8). – 75-99% der in den Glomerula filtrierten niedermolekularen Blutbestandteile werden so dem Blut wieder zugeführt. – Durch Rückresorption sinkt der osmotische Druck des Primärharns unter den des umgebenden Gewebes. Somit werden auch ~150 l Wasser pro Tag rückresorbiert = *isosmotische Rückresorption,* das sind 2/3 - 4/5 des Primärharns. – *In den Henleschen Schleifen:* Der aufsteigende Schenkel ist für Wasser impermeabel, und an den dicken Segmenten wird Na^+ in das Interstitium abgepumpt. Die Flüssigkeit wird im absteigenden Schenkel hyperton, da Wasser nun in das hypertone Interstitium abströmt; im aufsteigenden Schenkel wird sie wieder verdünnt, und wenn sie sein oberes Ende erreicht, ist sie gegenüber Plasma durch den aktiven Transport von Na^+ aus dem Tubuluslumen hypoton geworden. – Beim Durchtritt durch die Henlesche Schleife nimmt das Flüssigkeitsvolumen netto um 50% ab, so daß beim Erreichen des distalen Tubulus ~80% der ursprünglich filtrierten Wassermenge rückresorbiert werden. – *Im distalen Tubulus* wird unter Wirkung von Vasopressin-ADH (antidiuretisches Hormon des HVL) die Epithelpermeabilität der Sammelrohre für Wasser erhöht. Weitere 15% des Primärfiltrats werden durch isosmotische Rückresorption im distalen Tubulus und nochmals 4% im Sammelrohr rückresorbiert. Insgesamt können beim Menschen 99,7% des filtrierten Wassers entfernt werden, so daß der Endharn 1400 mOsm pro Liter enthalten kann, eine fast fünfmal größere Konzentration als die des Plasmas. Hier erfolgt auch Rückresorption von Na^+ und Cl^-; je nach metaboler Erfordernis wird Na^+ gegen K^+ und gegen H^+ ausgetauscht. Dieser Prozeß unterliegt im wesentlichen der Kontrolle durch Mineralocorticoide. Müssen Anionen ausgeschieden werden, so wird NH_4^+ aus Glutamin bereitgestellt. Der distale Tubulus leistet also nicht nur Konzentrationsarbeit, sondern sezerniert Finalmetabolite und körperfremde Stoffe aktiv in den Endharn.

Die tubuläre Rücksesorption von Glucose, Aminosäuren, Harnsäure, PO_4^{3-} u.a. sowie die Sekretion von H^+ sind *aktive Transportvorgänge* gegen ein Konzentrationsgefälle, die *viel ATP-Energie* erfordern und *substratspezifisch* sind. Die Transportgeschwindigkeit nimmt nicht linear zur Stoffkonzentration des Transportgutes zu, sondern strebt ein Maximum an, das nicht überschritten wird: Limitierung durch Systemleistung = *Sättigungskinetik*.

18.1.3 ▶ Von den *hormonellen Regulatoren* wurde a) *Vasopressin-ADH* bereits erwähnt. Seine Sekretion wird durch die Osmoreceptoren kontrolliert. Der molekulare Wirkungsmechanismus erfolgt über A-3:5-MP, wofür bestimmte Receptoren im distalen Tubulus und im Sammelrohr vorhanden sein müssen. b) *Mineralocorticoide*, insbesondere

18.1.4 ▶ *Aldosteron*, fördern die Rückresorption von Na^+ und damit auch den Wasserefflux, s. auch ihre Bedeutung für die Auswahl von Na^+, K^+ und H^+ bei der Ausscheidung. Ihre Wirkungsorte liegen in den beiden Tubulusteilen und wahrscheinlich auch in der Henleschen Schleife. c) Auch *STH* fördert die Wasserrückresorption. d) Unter *Adrenalin* ist die Harnmenge sowie die Na^+- und Cl^--Ausscheidung vermindert. e) *Renin-Angiotensin-System*. Die hierauf ansprechenden Pressoreceptoren der juxtaglomerulären Zellen der Niere sorgen für Blutdruckerhöhung, sobald der Nettofiltrationsdruck in den Glomerula absinkt.

18.1.5 ▶ *Angeborene Transportdefekte* können einzelne oder mehrere Transportsysteme betreffen. Beim renalen Glucose-Diabetes ist die Rückresorption der Glucose gestört, bei der Cystinurie die von Cys, Arg, Orn und Lys, bei der

Glycinurie die von Gly, bei der Hartnup-Erkrankung die Rückresorption aller Aminosäuren mit Ausnahme von Pro, Hypr, Orn, Met und Arg. Beim Phosphat-Diabetes wird kein Phosphat und beim Harnsäure-Diabetes keine Harnsäure rückresorbiert. − Bei der renal-tubulären Acidose besteht Dysregulation von Säuren und Basen infolge insuffizienter H^+-Ausscheidung. − Der Diabetes insipidus renalis ist durch gestörte Harnkonzentrierung infolge des Fehlens der Adiuretinwirkung gekennzeichnet.

18.2 Zusammensetzung des Harns

18.2.1

▶ Die Mengenangaben sind 95% Bereiche; sie gelten für 24 h-Gesamtharn und sind, wenn nicht anders angegeben, Mittelwerte für Frauen + Männer: *a) Anorganische Bestandteile:* Na^+: 120-220 mVal; K^+: 35-80 mVal; Ca^{2+}: 6,5-16,5 mVal; Mg^{2+}: 3,4-16,7 mVal; Cl^-: 120-240 mVal; PO_4^{3-}: 30-40 mVal; SO_4^{2-}:107-130 mVal; NH_4^+:20-70 mVal. *b) Organische Bestandteile:* Harnstoff: 12,0-28,6 g; Kreatinin: Männer (20-45 Jahre) 1,1-2,5 mg pro kg Körpergewicht pro 24 h; Frauen (20-45 Jahre) 0.01-1,33 mg pro kg Körpergewicht pro 24 h; Harnsäure: 80-97,6 mg; freie Aminosäuren: 350-1180 mg; Proteine und Glykoproteine: ~100 mg. Neben dem angegebenen SO_4^{2-} (freies Sulfat) wird S auch in Form von Schwefelsäureestern: Indoxylsulfat, Steroidsulfat u.a., ausgeschieden, das sind ~10% des Gesamtsulfats. Eine weitere, geringe S-Menge liegt in Form von S-haltigen Aminosäuren, Rhodanid u.a. vor.

18.2.2

▶ Die *Harnstoffausscheidung* ist ein Maß für den *Proteinkatabolismus,* die Harnsäureausscheidung für den *Nucleinsäurekatabolismus* (wobei die Katabolismen freier Aminosäuren und ihrer Derivate wie die der freien Purinderivate unberücksichtigt sind).

18.2.3

▶ An *Proteinen* erscheinen *normal* im Harn *a) Amylase* (häufig erhöht bei akuter Pankreatitis). *b) Uropepsinogen* (fehlt bei Atrophie der Magenschleimhaut). c) Gesamtprotein 47-67,2 mg pro 24 h elektrophoretisch aufgetrennt: 25% in der Albuminfraktion, 17% in der $α_1$-Globulinfraktion, 24% in der $α_2$-Globulinfraktion, 16% in der β-Globulinfraktion und 12% in der γ-Globulinfraktion. Nachgewiesen wurden insgesamt bis zu 25 Serumproteine, darunter Transferrin, γA-Globulin und γG-Globulin. Bei Neugeborenen kann die normale Proteinausscheidung bis zu 0,5% betragen, ferner sind Erhöhungen in der Schwangerschaft, bei alimentärer Überladung und nach schweren körperlichen Anstrengungen nicht selten. „Orthostatische Albuminurie" entsteht bei aufrechter Körperhaltung infolge Veränderung der Nierenhämodynamik.

Pathologisch erhöht ist die Proteinausscheidung bei fieberhaften Erkrankungen, schwerem Schock, membranöser Glomerulonephritis und anderen Nierenerkrankungen. „Nephrotisches Syndrom" ist durch massive Proteinausscheidung von über 3,5 g pro 24 h gekennzeichnet.

18.2.4 ▶ *Glykosurie.* Der Normalgehalt des Harns an Glucose sowie die „Nierenschwelle" wurden erwähnt. *Alimentäre Glucosurie* tritt nach reichlichem Verzehr von Glucose oder bei leichtverdaulichen, oligomeren Kohlenhydraten auf.

18.2.5 ▶ *Pathologische Glucosurie* bei a) Diabetes mellitus infolge Unterproduktion an Insulin, b) „renalem Diabetes", wenn die Tubuli Glucose nicht normal rückresorbieren können, c) zuweilen bei Streß. − *Alimentäre Fructosurie:* nach reichlichem Fructoseverzehr. − *Essentielle Fructosurie:* angeborene Stoffwechselanomalie. − *Essentielle Galaktosurie* bei Galaktosämie infolge Fehlens von Galaktose-1-phosphat-UDPG-Transferase. − *Pentosurie* (familiär, essentiell): infolge eines genetischen Blocks auf der Stufe L-Xylulose → Xylit (es fehlt die L-Xylulose-Reduktase). − *Lactosurie:* endogen gebildete Lactose wird in den letzten Graviditätsmonaten und während der Lactation ausgeschieden. − Alle genannten Kohlenhydrate geben eine positive Reduktionsprobe. So muß man differenziert analysieren, um sie zu identifizieren, durch a) spezifische, enzymatische Methoden, b) Prüfung der Vergärbarkeit, c) Dünnschichtchromatographie.

18.2.6 ▶ *Hämoglobinurie:* Infolge Blutunverträglichkeit nach Transfusion, bei Sportlern nach intensivem Lauftraining, bei Schwarzwasserfieber, nach massiver Hämolyse oder schweren Verbrennungen. − *Porphyrie:* Ausscheidung von Porphobilinogen und δ-Aminolävulinsäure bei der kongenitalen, akuten, intermittierenden Porphyrie (erhöhter Gehalt an δ-Aminolävulinsäure-Synthetase in der Leber). − Ausscheidung von Uroporphyrin I und Koproporphyrin I bei der kongenitalen erythropoetischen Porphyrie (Morbus Günther) (Enzymdefekt: wahrscheinlich Uroporphyrinogen-Isomerase).

18.2.7 ▶ *Ketonurie.* Normal treten Ketonkörper im Harn zu 10-15 mg pro 24 h auf. Erhöhung bei Hunger und gleichzeitiger Muskelarbeit; pathologische Erhöhung bei Diabetes mellitus, nach Äthernarkose, im Fieber und zuweilen bei Schilddrüsenüberfunktion.

18.2.8 ▸ *Harnstein.* Harnkonkremente im harnbildenden und -ableitenden System bilden sich in Form solitärer oder multipler größerer Gebilde (Steine, Sand, Grieß) bei abnormer Zusammensetzung des Harns, entweder primär oder infolge entzündlicher Veränderungen. Kristallisationskeime sind Epithelien, Fibrinflocken oder Bakterien. Die Konkremente bestehen meist aus Ca-Oxalat, Ca-Phosphat, NH_4-Mg-Phosphat oder NH_4-Uraten. Ursachen sind Metabolstörungen oder aberrierte Nierentubulusfunktion. Bei saurer Harnreaktion fällt Harnsäure als freie Säure oder im alkalischen Harn als NH_4-Urat aus.

18.3 Stoffwechsel der Niere
18.3.1
18.3.2

▸ *Kohlenhydratmetabolismus.* Die Bedeutung der Niere für den Gesamtorganismus liegt in der *Rückresorptionsfähigkeit für Glucose* durch *aktiven Transport,* nach dem gleichen, im einzelnen noch unbekannten Mechanismus für Fructose, Galactose und Xylose. Er wird durch *Insulin nicht beeinflußt.* Durch die in histologisch verschiedenen Nierenabschnitten lokalisierten generellen Nierenfunktionen: a) Ultrafiltration des Plasmas, b) Rückresorption von Wasser, Elektrolyten und organischen Metaboliten in die Blutbahn, c) Sekretion von Stoffen in den Harn benötigt die Niere viel Energie. Besonders energieverbrauchend sind die Prozesse b) und c) da sie aktive Transportleistungen sind.

18.3.3 ▸ *Enzymausstattung.* So enthält die Niere die Enzymsysteme für Glucosekatabolismus, Citratcyclus und Atmungskette in hohen Aktivitäten. Darüberhinaus sind noch Aminoxidasen, Aminosäureoxidasen und Glutaminase in höheren Aktivitäten nachweisbar, also Enzyme, die freies NH_3 zum Abfangen von H^+ als NH_4^+ bilden und damit einer Acidose entgegenwirken.

18.4 Regulation des Säure-Basen-Haushaltes
18.4.1

▸ Die „Alkalireserve" des Blutes wird durch metabol entstandene und durch das Blut transportierte Anionen belastet: a) organische Anionen: Lactat, Pyruvat, Acetoacetat, b) anorganische Anionen: PO_4^{3-}, SO_4^{2-}. Die „Gegenionen" im Blut sind Na^+ und K^+. Im Glomerulum werden sie zusammen mit den Anionen sezerniert, im distalen Tubulus wieder rückresorbiert. Für die endgültig auszuscheidenden Anionen müssen sie, falls kein Überschuß im Organismus vorhanden, eingespart und durch uneingeschränkt verfügbare Kationen ausgetauscht werden. Hierzu gibt es drei Mechanismen: *a) Hydrogencarbonat/Kohlensäure-Mechanismus:* Na^+ wird gegen H^+ ausgetauscht. Hierzu wird $CO_2 + H_2O \rightleftharpoons H_2CO_3$ durch die Carboanhydratase auf etwa das 300fache der unkatalysierten Reaktionsgeschwindigkeit beschleunigt, $H_2CO_3 \rightleftharpoons HCO_3^- + H^+$ läuft fast augenblicklich ab. Die HCO_3^--Rückresorption in den Tubuli hängt nun einerseits vom Plasma-HCO_3^--Pegel, andererseits von der H^+-Sekretionsrate im Austausch gegen Na^+ ab. Und der Gesamtvorgang wird vom arteriellen pCO_2 limitiert, denn je mehr CO_2 für die Hydratisierung zu H_2CO_3 zur Verfügung steht, desto größer ist die zu sezernierende H^+-Menge. *Bei respiratorischer Acidose* ist die tubuläre H^+-Sekretion erhöht und H^+ wird aus dem Körper entfernt. Trotz erhöhtem Plasma-HCO_3^- ist die HCO_3^--Rückresorption erhöht und das Plasma-HCO_3^- nimmt weiter zu = *renale Kompensation für respiratorische Acidose. b) Hydrogenphosphat/Dihydrogenphosphat-Mechanismus.* Er kooperiert mit dem a)-Mechanismus insoweit, als das eine der beiden Na^+-Kationen zur Neutralisierung des HPO_4^{2-} durch H^+ ersetzt und dadurch das Anion zu $H_2PO_4^-$ wird. c) Na^+/NH_4^+-Mechanismus. NH_4^+ entsteht aus Glutamin durch Glutaminase in den Tubuluszellen, das in der Leber gebildet und zur Niere transportiert wird, wobei zunächst NH_3 sehr schnell mit H^+ reagiert, so daß $Na+$ gegen NH_4^+ ausgetauscht werden kann. Somit kooperiert auch dieser Mechanismus mit dem a) Mechanismus und kommt insbesondere bei der *metabolischen Acidose* zum Zuge. Hierbei werden stärkere Säuren als die Puffersäuren dem Blut zugefügt.

18.4.2 ▶ Das erwähnte *Glutamin* entsteht unter Glutaminsynthetase vor allem in der Leber (und im Gehirn): $Glu + ATP + NH_4^+ \rightarrow GluN + ADP + ℗$, wobei intermediär Glutamyl-γ-Phosphat entsteht und der Phosphatrest dann gegen die H_2N-Gruppe ausgetauscht wird. Es dient im Purinanabolismus und bei der Glucosamin- wie der Galaktosaminbildung als H_2N-Donator, ferner als Transportform für NH_3 aus der Leber und Niere, und erfüllt hier unter Katalyse durch Glutaminase den oben behandelten Na^+-Einsparungszweck.

18.4.3 ▶ Die ebenfalls erwähnte *Carboanhydratase* ist ein Zn-haltiges Enzym mit MG 30×10^3 und einer hohen Wechselzahl.

19 Fettgewebe

19.1 Funktion ▶ Die *mechanische Aufgabe* des mit Bindegewebszellen sowie kollagenen und elastischen Fasern durchsetzten *Fettgewebes* in Nierenlagern, Augenhöhlen und Gelenkkapseln ist Stütz- und Schutzfunktion. Das Fett dieses Gewebes ist metabol langsam mobilisierbar. Das ähnliche Aufgaben – zusätzlich noch Wärmeschutzfunktion – ausübende Unterhautfettgewebe sowie das Fettgewebe des Mesenteriums enthält schneller mobilisierbares Fett und erfüllt somit mehr *metabole Aufgaben*. Das Fett der mechanische Aufgaben ausübenden Fettgewebe darf bei Körpertemperatur nicht flüssig werden, im Gegensatz zu dem mit Metabolfunktion. Es enthält deshalb mehr an längerkettigen, gesättigten Fettsäuren, die höher schmelzen als die kürzerkettigen oder mehrfach ungesättigten Fettsäuren. Die Triacylglycerine übernehmen diese physikalischen Eigenschaften.

19.2 Stoffwechsel 19.2.1 und 19.2.2 ▶ Die fettspeichernden *Adipocyten* enthalten reichlich Mitochondrien und sind *metabol aktiv*. Ihr Speicherfett Triacylglycerin bedeutet Energiereserve. Es wird bei Nahrungsfettüberschuß schnell aufgenommen, gelagert und bei „Abruf mobilisiert" = lipolytische Spaltung in freie Fettsäuren + Glycerin, und ans Blut abgegeben, wo die Fettsäuren von Albumin gebunden und abtransportiert werden. – Die Fettsäuren-Zusammensetzung der Speicher-Triacylglycerine ist, was Acylkettennatur anbelangt, relativ variabel und von der Nahrungsfett-Zusammensetzung abhängig. Acylreste können bei Kohlenhydratmast auch über den Hauptmetabolshunt Kohlenhydrat → Pyruvat → Acetyl-CoA → Acylreste entstehen. Die Adipocyten besitzen alle Enzyme, auch das zur Bildung von Glycerin-3-phosphat. Nicht nur bei Extremlagen: Übercalorie → Fettdeponierung und Untercalorie → Fettmobilisierung sind die Adipocyten tätig, sondern auch bei ausgeglichener Metabolsituation: Fettdeponierung ⇌ Fettmobilisierung im Fließgleichgewicht.

Die *Gesamtfunktion* der *Adipocyten* wird endo- sowie exocellulär gesteuert: *1. Nerval:* Aus postganglionären, sympathischen Fasern kommende adrenerge Impulse in Form freigesetzten Noradrenalins sorgen über β-Receptoren für *erhöhte Lipolyse* (Molekularwirkung s.u.), aber man kennt keine cholinerge Impulse. Als adrenerge Notfallsfunktion wird somit neben erhöhtem Kohlenhydratangebot auch für erhöhtes Fettsäurenangebot aus den Adipocyten gesorgt = direkt neutrale Kontrolle des Fettmetabolismus über das autonome Nervensystem.

19.2.3 ▶ *2. Hormonal:*

a) Catecholamine aktivieren entsprechend ihrem Blutpegel die zellmembranständige *Adenylcyclase,* deren Reaktionsprodukt A-3:5-MP die *hormosensitive Lipase* aktiviert (die sich von der Lipoproteinlipase in den Capillarendothelien unterscheidet). *b) Diese Noradrenalinwirkung* wird *gefördert durch ACTH, Prolactin, STH, Nebennierenrinden-Glucocorticoide, Glukagon und Thyroxin.* Fasten und Streß erhöhen die Aktivität der hormosensitiven Lipase, Nahrungsaufnahme vermindert sie. Umgekehrt wird die Lipoproteinlipase-Aktivität durch Nahrungsaufnahme erhöht und

19.2.4 durch -karenz sowie Streß vermindert. *c) Insulin* macht Glucose intracellulär verfügbar, fördert somit seinen Katabolismus und damit den *Acylanabolismus.* Es *hemmt die hormosensitive Lipase* und *aktiviert die Lipoproteinlipase.* Es trägt zur Abnahme der Triacylglycerine in der Zirkulation und zur Speicherung in den Adipocyten bei. Das zur Triacylglycerinsynthese benötigte Glycerin-3-℗ kann nicht dem lipolytisch entstandenen Glycerin entstammen, da die Adipocyten keine Glycerinkinase enthalten, vielmehr wird es hier aus Dihydroxyaceton-℗ durch Glycerophosphat-Dehydrogenase unter Verbrauch von $NADH_2$ gebildet. Bei erhöhtem Glucosekatabolismus entstehen also vermehrt Acyl-CoA und Glycerin-3-℗. *d) Prostaglandine* senken die A-3:5-MP-Bildung und hemmen dadurch die hormosensitive Lipase. *e) Hypophysärer Faktor.* Wahrscheinlich gibt es noch einen hypophysären Faktor, der Triacylglycerin und freie Fettsäuren mobilisieren kann.

19.2.5 ▶ Beim *Hungern* schaltet der Organismus vom normalerweise bevorzugten Kohlenhydratkatabolismus (Vorrat reicht nur für einige Stunden) auf Muskelproteolyse und Gluconeogenese aus glucogenen Aminosäuren um, sowie – als zweite Sicherung – auf Mobilisierung von Triacylglycerinen aus Adipocyten, aber nicht von Strukturlipiden.

Muskulatur, insbesondere Herzmuskulatur und nach kurzer Induktionsperiode auch Zentralnervensystem, adaptieren sich bevorzugt an Acylkatabolismus zur Minimalgarantie von ATP. Acylanabolismus ist fast völlig unterbunden, schon aus Mangel an $NADPH_2$ durch den gebremsten Pentosephosphatcyclus sowie Blockade der Acetyl-CoA-Carboxylase (Acetyl-CoA → Malonyl-CoA). durch Acyl-CoA. – Biochemische Kennzeichnung des Hungerzustandes = Hyperlipämie, Blutpegelanstieg an freien Fettsäuren, zwar erhöhtem Acylkatabolismus in der Leber bis Acetyl-CoA, aber Anstau desselben infolge Citratcyclusbremse aus Oxalacetatmangel, Hemmung der Acetyl-CoA-Carboxylase durch hohe Acyl-CoA-Pegel in der Leber, Rückstaubildung von Ketonkörpern und deren Blutpegelanstieg.

19.2.6 ▶ Der Metabolstatus beim *Diabetes mellitus* gleicht dem des Hungerzustandes, nur besteht kein Glucosemangel, sondern eine Störung der Glucoseutilisierung. Im Vordergrund steht erhöhter Triacylglycerinabbau in den Adipocyten, erhöhte Ketonkörperbildung und verminderter Acyl- und Triacylglycerin-Anabolismus. Der Blutpegel an Glucose ist dem an freien Fettsäuren parallel erhöht. Die letzteren vermindern den Glucosekatabolismus und die Insulinempfindlichkeit der Gewebe. Beim Diabetes wirkt sich sowohl die mangelhafte Insulinhemmwirkung auf die Bildung freier Fettsäuren wie auch der Antagonismus der freien Fettsäuren zum Blutzucker senkenden Effekt des Insulins aus.

20 Muskelgewebe

20.1 Zusammensetzung und Ultrastruktur des Muskels

20.1.1 ▶ Der Skeletmuskel besteht aus einzelnen Muskelfasern. Jede Muskelfaser ist eine von einer Muskelmembran (sarcotubuläres (T) System + sarcoplasmatisches Reticulum) umgebene Zelle mit mehreren Kernen und einigen Tausend Mitochondrien. Sie hat eine langgestreckte, cylindrische Gestalt; zwischen den einzelnen Muskelfasern gibt es keine syncytialen Verbindungen, doch sind sie von Blutcapillaren engmaschig umgeben. – Die Muskelfasern bestehen aus *Myofibrillen,* diese aus Filamenten von ~15 nm Durchmesser und 150-160 nm Länge. Sie sind aus kontraktilen Proteinen zusammengesetzt: a) zu 35-40% aus *Myosin* mit MG 470×10^3, bestehend aus zwei Polypeptidketten von je MG 20×10^3. b) Zu 14% aus *Actin,* ein globuläres Protein mit MG 60×10^3. – Der aus Actin und Myosin bestehende *Actomyosin-Proteinkomplex* besitzt

20.1.2 ATPase-Aktivität, die durch eine bestimmte Ca^{2+}- und Mg^{2+}-Konzentration vermindert oder erhöht wird. Actomyosin ist das kontraktile Filament der Myofibrille. c) *Troponin,* ein weiteres spezifisches Muskelprotein, das von d) *Tropomyosin* an Actin gebunden wird (Troponin-Tropomyosin = „Erschlaffungsprotein"). – Troponin verhindert bei einer Ca^{2+}-Konzentration von $<10^{-7}M$ auch bei optimaler ATP-Konzentration die Komplexierung Actin-Myosin und damit auch die ATPase-Wirkung. e) *Globulin X,* seine Funktion ist noch unbekannt.

Ursache der typischen *Querstreifung* des Skeletmuskels sind Brechungsindexunterschiede in den verschiedenen Teilen der Muskelfaser. Das Gebiet zwischen zwei benachbarten Z-Linien = *Sarkomer;* Anordnung dicker und dünner Filamente bilden die Grundlage der Streifung. *Dicke Filamente* = Myosin = A-Bänder, *dünne Filamente* = Actin und Tropomyosin; dünnere Actinfilamente = weniger dicke I-Bänder. In der Mitte der A-Bänder zeigen hellere H-Bänder den Bereich an, in dem bei erschlafftem Muskel Actin- und Myosinfilamenete nicht mehr ineinandergreifen. Die Z-Linien dürften Schichten darstellen, die zugleich Actinfilamente verbinden und Fibrillen unterteilen.

20.2 Energiestoffwechsel des Muskels

20.2.1 ▶ Unmittelbarer Energielieferant für die Muskelkontraktion ist ATP. Normalerweise wird der *ATP-Bedarf* durch *Atmungskettenphosphorylierung* optimiert. Dies setzt optimale O_2-Zulieferung und CO_2-Abfuhr voraus. Kommt ein Muskel durch plötzlich einsetzende, längerdauernde Tätigkeit in den Zustand der unteroptimalen Zu- bzw. Ablieferung = *Hypoxie* und *Hypercarbie*, dann kann er auch noch längere Zeit durch *ATP aus der Substratkettenphosphorylierung* Arbeit leisten. Hierbei wird durch erhöhte Lactatbildung das Zellmilieu sauer. Lactat wird aus der Muskelzelle schnell ans Blut abgegeben. In der Leber wird Lactat zu Glucose → Glykogen resynthetisiert = *Cori-Cyclus*. Ein Teil des Lactats wird terminalmetabolisiert, um für den Glucoseanabolismus die benötigte ATP-Energie bereitzustellen. – Die Enzymaktivitäten für den Glucosekatabolismus in der Muskulatur sind recht hoch, weiter können freie Fettsäuren, Ketonkörper und Lactat zur ATP-Gewinnung, entsprechend der hierzu vorhandenen Enzymausstattung, verwendet werden.

20.2.2 ▶ Eine zweite Energiereserve ist *Kreatinphosphat;* seine Funktion: Kreatin + ATP → Kreatinphosphat + ADP (Kreatinphosphat: $\Delta G° = -11$ kcal·Mol^{-1}), katalysiert durch *Kreatinkinase*. Aus dieser Gleichgewichtseinstellung wird bei der Kontraktion entstandenes ADP + ℗ wieder zu ATP regeneriert. Im Erholungszustand wird nach obiger Gleichung Kreatinphosphat regeneriert. Das Gleichgewicht der Kreatinkinasereaktion liegt zugunsten der ATP-Bildung. Kreatin wird in der Leber aus Gly, der Guanidinogruppe des Arg und der H_3C-Gruppe von Met gebildet und auf dem Blutweg der Muskulatur angeboten. Seine Homöostase wird durch Überführung in Kreatinin (inneres Anhydrid) und dessen Ausscheidung erreicht.

Eine dritte energietransferierende Reaktion wird durch *Adenylatkinase* katalysiert: 2 ADP $\rightleftharpoons$ ATP + AMP. Da AMP Hemmstoff der Phosphorylasephosphatase ist, wird verhindert, daß die aktive Phosphorylase a in die inaktive Phosphorylase b übergeht. AMP unterliegt zwei Reaktionen: a) Rephosphorylierung → ADP → ATP, b) durch Adenylat-Desaminase: AMP + H_2O → Inosinsäure + NH_3. Bei der Muskelkontraktion entsteht freies Ammoniak.

20.3 Enzymausstattung des Muskels

▶ Enzymproteine betragen ~40% der Muskelproteine. Genannt wurden bereits: Enzyme des Glucosekatabolismus, des Citratcyclus und der Atmungskette, die Kreatin-Phosphokinase und die Adenylatkinase. Hinzu kommen

20.3.1 Enzyme der Glykogenogenese, Myoglobin als O_2-Binder. − Die *LDH des Herzmuskels* besteht vorwiegend als $LDH_1 = H_4$ und $LDH_2 = H_3M$ (α-HBDH = α-Hydroxybutyrat-Dehydrogenase). − Die *LDH des Skeletmuskels* (wie auch der Leber) besteht aus $LDH_5 = M_4$.

20.3.2 ▶ *Diagnostisch relevante Enzyme des Herzmuskels.* Bei Verdacht auf *Herzinfarkt* empfiehlt sich im Serum zu bestimmen: a) zur Differentialdiagnose CPK (Kreatin-Phosphokinase), GOT, LDH, GPT und Amylase. b) zur *Verlaufsbeobachtung* HBDH und γ-GT (γ-Glutamyl-Transpeptidase). Diagnostisch verwertbare Aktivitätsanstiege im Serum von CPK bei 98% der Patienten, GOT bei 97%, HBDH bei 94% und LDH bei 90%.

Der Beginn verwertbarer Aktivitätsanstiege liegt meist bei 4-8 h (CPK, GOT) oder 6-12 h (LDH, HBDH) nach dem Ereignis und dauert zwischen 16-36 h (CPK), 16-48 h (GOT), 24-60 h (LDH) oder 30-72 h (HBDH). Höhe der Enzymaktivitäten wie Nachweisbarkeitsdauer im Serum hängen von der Größe des infarzierten Bereiches ab. *Diagnostisch relevante Enzyme des Skeletmuskels.* Hier sind es vor allem CPK und ALD (Aldolase), dann GOT, GPT, LDH und HBDH. Der Wert ihrer Aktivitätsbestimmungen beruht in der Erfassung von heterozygoten Anlageträgerinnen und in der Frühdiagnose klinisch noch latenter Myopathien.

20.4 Erregung, Kontraktion, Relaxation

20.4.1 ▶ Das mit der Muskelfaser-Zellmembran kontinuierlich zusammenhängende, oben erwähnte T-System wird von den einzelnen Muskelfibrillen wie ein Sieb durchsetzt. Es dürfte der raschen Weiterleitung des Aktionspotentials von der äußeren Zellmembran an die Myofibrillen dienen, während das sarcoplasmatische Reticulum mit der Ca^{2+}-Verschiebung und dem Zellstoffwechsel zu tun hat.

20.4.2 ▶ Als neuromusculäre Verbindung ist die besonders differenzierte Endigung eines motorischen Axons an einem Skeletmuskel anzusehen (die Kontaktstellen zwischen autonomen Nerven und glattem Muskel sowie dem Herzmuskel sind weniger spezialisiert). Nahe seinem Ende verliert es seine Myelinscheide und teilt sich in eine Anzahl von Endknöpfen auf. Diese enthalten viele kleine *Vesikeln mit Acetylcholin*. Die Endknöpfe passen in Vertiefungen der dort verdickten Muskel-Zellmembran = *motorische Endplatte*. An einer motorischen Endplatte endet jeweils nur eine einzige Nervenfaser. Es gibt keine Konvergenz mehrerer efferenter Neurone zu einer Endplatte. – Der in die Endigung des motorischen Axons *einlaufende Impuls setzt Acetylcholin aus den dort vorhandenen Vesikeln frei.* Acetylcholin bildet einen Komplex mit Membranreceptoren. Die Permeabilität der Endplattenmembran wird erhöht und es strömt Na⁺ ein. Der *Na⁺-Influx* produziert ein depolarisiertes lokales Potential = *Endplattenpotential.* Hierdurch entsteht ein Stromabfluß. Er depolarisiert anliegende Membranstellen bis zur *Zündschwelle.* Beiderseits der Endplatte entstehen Aktionspotentiale. Diese werden in beiden Richtungen über die Muskelfaser durch das T-System weitergeleitet. Hierdurch wird die Muskelkontraktion ausgelöst. Nach Auslösung des Endplattenpotentials wird Acetylcholin in kürzester Zeit durch Acetylcholin-Esterase hydrolysiert.

20.4.3 ▶ *Erregungs-Kontraktions-Kupplung.* Ein einzelnes Aktionspotential verursacht eine *Muskelkontraktion.* Die Kontraktion setzt eine Steigerung der intramusculären Ca^{2+}-Konzentration von 10^{-7} auf 10^{-5}M und eine Erhöhung der ATPase-Aktivität voraus. Ca^{2+} stammt aus den Ca^{2+}-Depots in Grana der terminalen Cysternen des sarcoplasmatischen Reticulums in der Nähe des T-Systems. Ca^{2+} verbindet sich mit Troponin, der einen Komponente des „Erschlaffungsproteins". Jetzt bildet sich augenblicklich der Actin-Myosin-Komplex durch Darübergleiten von Actin über Myosin, unter gleichzeitiger, durch Ca^{2+} geförderter ATP-Hydrolyse und verbundener Energiefreisetzung durch nunmehr aktiv gewordene ATPase. Die Muskelfibrille verkürzt sich unter Energieverbrauch. Da die Muskeln in Serie mit den kontraktilen Fasern auch elastisch-viskose Elemente enthalten, kann eine Kontraktion ohne merkliche Änderung der Gesamtmuskellänge erfolgen = *isometrische Kontraktion* („gleiche Länge") im Gegensatz zur Verkürzung des Gesamtmuskels = *isotonische Kontraktion* („gleiche Spannung"). Meist gibt es Mischformen der Muskeltätigkeit. – Kommt kein weiterer nerval-humoraler Impuls mehr an, wird das Ca^{2+} durch eine spezifische „Ca^{2+}-Pumpe" wieder in die Grana der terminalen Cysternen des sarcoplasmatischen Reticulums zurückbefördert. – Bei ATP-Unterschwellenwert bildet sich ein Actin-Myosin-Komplex, in dem Actin nicht mehr über Myosin gleitet. Ist der ATP-Gehalt völlig abgesunken, erstarrt der Actin-Myosin-Komplex extrem = Totenstarre, bedingt auch noch durch den ansteigenden Lactatgehalt, d.h. H⁺-Anstieg. Denn Lactat wird jetzt weder terminalmetabolisiert, noch ans Blut abgegeben, sondern bleibt liegen. – Mit der *Initialphase* der

Muskelkontraktion wird eine *Initialwärme* frei. Sie entsteht bei der Umkehrung der durch die CPK katalysierten Reaktion: der Resynthese von ATP aus Kreatin-℗ (CP). Weiterhin tritt während der Kontraktion die *Phosphorylasekinase* in Aktion. Sie spaltet Muskelglykogen und stellt Glucose-1-℗ zum Glucosekatabolismus in der *Relaxationsphase* bereit, aus dessen sequentialem Ablauf und anschließendem Terminalmetabolismus via Citratcyclus-Atmungskette-Phosphorylierung die ATP- und CP-Reserven wieder aufgefüllt werden. Auch hierbei tritt Wärme auf = *Erholungswärme*. Ein Teil des ATP wird zum Rücktransport des Ca^{2+} in seine vorerwähnten Grana verwendet, ein anderer Teil zum Betrieb der K^+/Na^+-Pumpe an der Zellmembran, und die Hauptmenge bleibt für die neuerliche Kontraktion als unmittelbare Energiereserve bereitgestellt. −

21 Nervengewebe

21.1 Bestandteile des Nervengewebes
21.1.1

Im Vergleich zu anderen Geweben hat das Nervengewebe ungewöhnlich hohe Gehalte an Lipiden: periphere Nerven 36%, die weiße Substanz des Gehirns 16% und die graue Substanz 6%, dagegen Leber 6% (bezogen auf Feuchtgewicht). Die graue Substanz enthält hauptsächlich Nervenzellen, weiße Substanz und periphere Nerven hauptsächlich Nervenfasern mit den lipidreichen Myelinscheiden. − An *Triacylglycerin* ist relativ wenig vorhanden, dafür mehr an *Phospholipiden* (Phosphatide: Lecithin, Cephalin, Inositphosphatid, ferner Plasmalogene) sowie *Sphingolipiden*, darunter Sphingomyeline, und unter *Glykolipiden* Cerebroside, Sulfatide und Ganglioside, s. (7.4, 7.5). Zur weiteren Charakterisierung der Strukturelemente des Nervengewebes: Seine Funktionseinheiten sind *Neuronen* (das menschliche Nervensystem: ~30 × 10^9) und *Gliazellen* (~ 300×10^9). Das Neuron besteht aus a) *dendritischer Zone*, b) *Axon*, c) *Telodendrien*, d) *Zellkörper*. Die dendritische Zone ist *Receptormembran* des Neurons. Das meist von einer Myelinscheide (Plasmamembran aus Protein-Lipid-Komplex) umgebene Axon leitet Impulse von der dendritischen Zone zu den Telodendrien = *synaptische Endknöpfe*. − Zu den Gliazellen gehören die *Schwannschen Zellen*, welche die Axone im peripheren Nerven umkleiden, dann *Mikrogliazellen*, *Oligodendroglia* und *Astrocyten*. Sie haben Stütz- und Ernährungsfunktionen für die Neuronen. In den Gliafasern ist *Neurokeratin* enthalten sowie Kollagen. Neurokeratin ist wegen anderer Aminosäurenzusammensetzung (kein Cys) nicht mit Keratin verwandt. Gefäßverzweigungen von Gliazellen bilden mit den Capillarwandungen der Blutgefäße die *Bluthirnschranke*. *Die Neuronenzellkerne* enthalten ein sehr dichtes, aktives *Chromatin*. Unter allen Somazellen haben sie den höchsten Gehalt an *RNA*, *lokalisiert* im mikroskopisch deutlich sichtbaren *Nucleolus*, in den *Nissl-Granula* (RNA-Lipoprotein-Komplex) des Cytoplasmas, dem reichlichen *granulierten endoplasmatischen Reticulum*, den *neuralen Membranen* und den *Granula* der *Vesikeln* in den Telodendrien.

– Neuronen enthalten viele Mitochondrien, gehäuft im Pericaryon, den Dentriten, Axonen, besonders reichlich in Telodendrien. Im Cytoplasma gibt es nur wenige Glykogengranula. Bei Glucosekarenz reicht der Glykogenvorrat theoretisch nur aus, um den Glucosemetabolismus 15 min aufrecht zu erhalten. – Mehr als die Hälfte des Nichtprotein-N im Neuron ist GluN und GluN-N, die Konzentration an diesen beiden Aminosäuren beträgt das 2-3fache des Glucosegehaltes.

21.2 Stoffwechsel des Nervengewebes

21.2.1

▶ Der Energieumsatz ist außerordentlich hoch. Er wird fast ausschließlich durch Glucosekatabolismus bestritten (RQ = 1). Ein Erwachsener verbraucht *100-120 g Glucose pro Tag im Gehirn.* Die Blut-Hirn-Schranke hat einen besonders aktiven, insulinunabhängigen Glucose-Influxmechanismus. Der hohe Glucoseverbrauch erfordert einen hohen O_2-Zustrom. Der O_2-*Verbrauch des Erwachsenengehirns* beträgt *20-25% des Gesamtkörperbedarfs,* allein 16% verbrauchen die Neuronen. Glucose- und O_2-Mangel schädigen zuerst die Neuronen; erste Zeichen: Destruktion der Nissl-Substanz; klinische Zeichen: Krämpfe, Bewußtlosigkeit u.a. irreparable Störungen. Gluconeogenese aus Aminosäuren ist nur geringfügig möglich. „Ausweichsubstanz" für Glucose ist kurzzeitig Glu. Es penetriert

21.2.2

aber nicht die Blut-Hirn-Schranke aus dem Blut, sondern nur GluN. GluN wird bevorzugt von Neuronen metabolisiert, Pyruvat und Succinat (von der Leber) aus dem Blut von Gliazellen als temporäre Energielieferanten via Citratcyclus. Die Enzyme für den Glucosekatabolismus sind in Cyloplasma *und* Mitochondrien nachweisbar. Mitochondrial gebildetes ATP wird, wie in der Muskulatur, durch die CPK mit Kreatin zu *Kreatinphosphat* umgesetzt = zweiter Energiespeicher. Ein großer Energieteil wird zur RNA- und Proteinsynthese verbraucht, die in Neuronen höher liegt als in Leberzellen. Vom Zellkörper aus wandern Proteine entlang des Axons = *axoplasmatischer Proteintransport,* zu ihren vorbestimmten Funktionsorten, zum Beispiel denen der synaptischen Impulsübermittlung. – Der *Lipidmetabolismus* verläuft im Neuron autonom, da es normalerweise sämtliche Enzyme des Ana- und Katabolismus für Phospho- und Glykolipide enthält. Auch amphibole Enzyme sind vorhanden: zur Bildung von Galaktose (aus Glucose) und Aminozuckern. Ist die Lipidmetabolhomöostase durch genetisch bedingten Ausfall von Katabolenzymen gestört, kommt es zu *Lipidspeicherkrankheiten* (7.5). – *Cholesterin* kann zwar entstehen, doch ist die Anabolrate niedrig. Es kommt nie verestert vor. – *Prostaglandine* entstehen in postsynaptischen Membranen. – *Glu* unterliegt lebhaftem Metabolismus: a) α-Ketoglutarat + Pyridoxamin-$\circledP$ ⇌ Glu + Pyridoxal-$\circledP$ (Aminotransferase). b) Glu + NH_3 + ATP (Pyridoxal-$\circledP$-abhängig) → GluN + ADP + $\circledP$ + H_2O (Glutamin-Synthetase). c) GluN + H_2O → Glu + NH_3 (Glutaminase). d) GluN + α-Ketoglutarat → 2 Glu. – e) Glu → γ-Aminobutyrat + NH_3 (durch nur im Gehirn vorhandene Glutaminsäure-Decarboxylase). – Da der Bedarf an α-Ketoglutarat hoch ist, kann Nachlieferung *anaplerotisch* durch Pyruvat-Carboxylierung erfolgen. – Der vorbezeichnete hohe Glu-Metabolismus und weitere H_2N-Transferreaktionen erfordern hohe Aktivitäten an Pyridoxal-Phosphokinase. Auch die für Transmittersubstanzwirkung notwendige A-3:5-MP setzt hohe Aktivität an Adenylcyclase und an Phosphodiesterase voraus, sie sind höher als in anderen Organen.

21.3 ▶
Nervenleitung
und
Erregungs-
stoffe
21.3.1 ▶

a) *Acetylcholin:* Cholin + Acetyl-CoA → Acetylcholin + CoA (Cholin-Esterase). 4 Moleküle Acetylcholin + 1 Molekül ATP werden in den synaptischen Septen an ein spezifisches Protein gebunden = *inaktive Depotform.* Abbau durch Acetylcholin-Esterase in Cholin + Acetat. b) *Noradrenalin* (Anabolismus s. 11.6): In noradrenergen Synapsen von Granula zur inaktiven Form gebunden. Abbau: 1. Noradrenalin + [-CH_3] → *3-Methoxy-noradrenalin* (Katechin-O-Methyl-Transferase). 2. 3-Methoxy-noradrenalin → 3-Methoxy-4-hydroxy-mandelsäure („*Vanillinmandelsäure*") durch Monamin-Oxidase (MAO). c) *Serotonin (5-Hydroxytryptamin):* s. (11.4) wird an Gangliioside zur inaktiven Form gebunden. Ca^{2+} oder Reserpin blockieren diese Bindung. Hauptkatabolprodukt ist *5-Hydroxymandelsäure* (durch MAO und Aldehyd-Oxidase). d) *γ-Aminobutyrat.* Anabolismus wurde oben besprochen. Katabolie: α-Aminobutyrat + α-Ketoglutarat → Glu + Succinosemialdehyd (Aminotransferase), dieses → Succinat (Aldehyd-Oxidase), damit wieder Anschluß an den Citratcyclus.

Ruhezustand des Neurons. Innerhalb des Neurons ist [K^+] 20-40mal höher als außerhalb, im Axoplasma beträgt es ~400 mM, außerhalb 20 mM. Umgekehrt ist [Na^+] außen 3-10fach höher als innen. Durch diese Ionengradienten zwischen extra- und intracellulären Kompartimenten verursacht, liegt an der Trennmembran ein Ruhepotential von -60 bis -80 mV innen gegenüber außen. Da das Ionenungleichgewicht sich auszugleichen bestrebt ist, muß stetig Energie aufgewendet werden, um es aufrecht zu erhalten. Der *wirksame Reiz* an der dendritischen Zone kann elektrisch chemisch oder mechanisch sein. Durch ihn entsteht ein *Impuls* = physikochemische Störung des Ruhezustandes. Er wird entlang des Axons bis zu den Telodendrien geleitet. Er ist ein aktiver, sich selbst propagierender, Energie verbrauchender Prozeß mit *konstanter Amplitude und Geschwindigkeit*. Er gehorcht dem Alles- oder-Nichts-Gesetz. Der Impuls verursacht eine vorübergehende, mehrhundertfache Permeabilitätsänderung an der Neuronenmembran: Na^+ strömt passiv ins Axoplasma. Die Potentialdifferenz kehrt sich um. Im *Aktionspotential* beträgt sie dann +40 bis +60 mV. Gleichzeitig strömt K^+ aus. Dieser gegenläufig gerichtete Ionenstrom und die dadurch ausgelöste Potentialänderung dauert nur einige Millisekunden. Der vorherige membrandichte Zustand mit schlechter Ionenpermeierung wird sogleich wiederhergestellt. Das Aktionspotential läuft aber nur von Schnürring zu Schnürring. Dort löst es einen neuen Impuls aus = *saltatorische Erregungsleitung*. Myelinisierte Axone leiten bis 50mal schneller als die schnellstleitenden, nichtmyelinisierten Fasern. Es ist noch unklar, welche Rollen die Myelinscheiden haben.

An der plötzlichen *Permeabilitätsänderung für Na^+ und K^+* ist offenbar Acetylcholin maßgeblich beteiligt. Durch den Impuls wird es aus seiner Speicherform freigesetzt und bildet mit einem Aktionsprotein innerhalb der Membran einen Komplex. Dadurch wird Ca^{2+} frei. Jetzt ändert sich die Konformation des Aktionsproteins allosterisch. Nun wird beidseitig dieses Proteins der Raum offen für den gegenseitigen Ionenstrom bis zum Gradientenausgleich. Die sehr aktive Acetylcholin-Esterase zerlegt Acetylcholin in Cholin + Acetat. Jetzt nimmt das Aktionsprotein wieder seine Ursprungskonformation ein. Das Ganze dauert weniger als eine Millisekunde, in welcher Zeit jedes Enzymmolekül rund 50 Moleküle Acetylcholin gespalten hat. Darauf muß aber der alte Zustand der Konzentrationsungleichgewichte beidseitig der Membran wiederhergestellt werden. Das geschieht durch die *Natriumpumpe* = Mg^{2+}-*abhängige, Na^+, K^+-aktivierte ATPase*

$$ATP + Enzym \underset{}{\overset{Mg^{2+}\ Na^+}{\rightleftarrows}} ℗\sim Enzym + ADP$$

Es entsteht ein Enzymzwischenprodukt mit veränderter Konformation. In der ℗~Enzymform besitzt es hohe Affinität zu Na^+, in der ℗-Enzym-Form dagegen eine hohe Affinität zu K^+. Dieser energiekonsumierende Carriermechanismus sorgt dann für das Na^+-K^+-Ionengefälle im

Membranruhezustand mit Ruhepotential. Während der nervalen Aktivität steigt die gesamte Metabolrate auf das Doppelte an, was aus dem geschilderten Ablauf verständlich wird.

Neurotransmitter. Der Impuls läuft an den präsynaptischen Membranen der Telodendrien ein. Je nach der nun tätig werdenden *Transmittersubstanz* unterscheidet man verschiedene Neuronentypen. Jedes Neuron hat nur *einen* Transmitter. Die chemische Transmittierung gilt für die meisten, wenn nicht für alle, Erregungsübertragungen bei Säugern. *a) Cholinerge Neuronen: Acetylcholin* ist Transmitter an allen Synapsen zwischen prä- und postganglionären Neuronen des *vegativen Nervensystems,* an den neuromusculären Kontaktstellen, den Endigungen aller parasympathischen, postganglionären Neuronen und an manchen postganglionären Endigungen sympathischer Neurone. Ankunft eines Impulses im synaptischen Knopf setzt Acetylcholin aus seiner Proteinbindung in den synaptischen Spalt durch Exocytose frei und es durchwandert den Spalt. Über Receptoren der postsynaptischen Membran verursacht Acetylcholin dann die Permeabilitätsänderung von Na^+ und K^+. *b) Adrenerge Neurone. Noradrenalin* ist Transmitter an den meisten postganglionären synaptischen Endigungen im *autonomen Nervensystem.* Es ist ebenfalls an Granula in den Vesikeln gebunden. Der molekulare Wirkungsmechanismus scheint ähnlich wie beim Acetylcholin zu verlaufen. Catechin-O-Methyltransferase und MAO sorgen für schnelle Inaktivierung. – Dopamin-sezernierende Neurone, die die Aktivität adrenerger Neurone modulieren, werden in synaptischen Ganglien gefunden. *c) GABA-erge Neurone. GABA= γ-Aminobuttersäure.* Sie wird als *inhibitorische Transmittersubstanz* angesehen. Zu diesem Neuronentyp gehören strio-nigrale Neurone. Sie sind an der hemmenden Funktion der Substantia nigra beteiligt. – Über die Neuralfunktion des *Serotonins* ist wenig bekannt. Es wird im Diencephalon in höherer Konzentration nachgewiesen. Serotoninüberschuß erzeugt erhöhte cerebrale Aktivität, Serotoninmangel führt zu Depressionen.

21.3.2 ▶ Eine Reihe von *natürlichen und synthetischen Pharmaka* modifizieren die Neuronenfunktionen an verschiedenen Orten und nach verschiedenen Wirkungsmechanismen. Pharmaka, die auf *Endigungen präganglionärer cholinerger Neurone* wirken, unterscheiden sich von solchen, die *Endigungen postganglionärer cholinerger Neurone* beeinflussen, trotz Ähnlichkeit beider Überträgermechanismen. *Muscarin* (Alkaloid des Fliegenpilzes) wirkt kaum auf Synapsen in autonomen Ganglien, stimuliert aber die *visceralen Erfolgsorgane cholinerger postganglionärer Neurone*. Muscarinartige Wirkungen haben einige Acetylcholin-Derivate. – *Acetylcholinesterasehemmer* sind die Alkaloide *Physostigmin (Eserin), Neostigmin* (Prostigmin) in reversibler Form, *Parathion* (E 605) und das *Diisopropylfluorophosphat* in irreversibler Form (bildet kovalente Bindung mit der β-OH-Gruppe eines Serylrestes im Aktivzentrum des Enzyms). – *Atropin, Scopolamin* und natürliche oder synthetische *Belladonnaalkaloid-ähnliche* Stoffe blockieren die muscarinartige Wirkung des Acetylcholins, indem sie die Überträgerwirkung auf das Erfolgsorgan verhindern. – Acetylcholin (als Pharmakon appliziert) stimuliert in niederer Dosierung die postganglionären Neurone und blockiert in hoher Dosierung die Erregungsübertragung von der prä- auf die postganglionären Neurone. *Atropin* beeinfluß diesen Leistungsübergang nicht. *Nicotin* hat die gleiche Wirkung wie Acetylcholin. – *Curareähnliche* Stoffe blockieren hauptsächlich die Innervation der Skeletmuskeln, indem sie die Erregungsübertragung durch Acetylcholin an den motorischen Endplatten verhindern. – *Adrenolytica* bzw. *Sympathicolytica* blockieren Noradrenalineffekte auf viscerale Erfolgsorgane; *MAO-Inhibitoren* steigern den Catecholamingehalt.

22 Binde- und Stützgewebe

22.1 Bausteine, Stoffwechsel und Funktionen des Bindegewebes

22.1.1

▶ *Interstitium:* Bindegewebe ist ein vom Mesenchym gebildetes Stützgewebe. Es enthält Gefäße und Lymphbahnen, umkleidet Organe und Gewebestrukturen und hält sie zusammen (Fascien). Bindegewebiger Herkunft sind Knochen, Knorpel, Sehnen, Blutgefäße. Im Bindegewebe unterscheidet man *a) Grundsubstanz.* Sie ist organ*un*spezifisch, ungeformt, durchzieht kontinuierlich den gesamten Organismus. *b) kollagene und elastische Fasern* mit speziellen Aufgaben technischer Art, Zug- und Druckbeanspruchung u.a. *c) Bindegewebszellen* mit der Biosyntheseaufgabe von Bindegewebs-Bauelementen. Sie betragen oft nur 20-30% des Organvolumens, also eine beträchtlich niedrigere Zelldichte als in parenchymatösen Organen. *d) Auffallend geringe Vascularisation.* – Die Energiebereitstellung für Syntheseleistungen erfolgt bis zur Hälfte *O_2-unabhängig,* durch *Glucosekatabolismus.* Die einseitigen Syntheseprodukte werden in den Extracellulärraum abgegeben, zur Bildung von *Strukturelementen* nach den jeweiligen Erfordernissen. Die Ausgangsstoffe werden auf dem Blutwege angeliefert, dank ihrer Enzymausstattung sind Bindegewebszellen zur Totalsynthese befähigt. *Organgehalte* an Bindegeweben sind ganz verschieden hoch, je nach ihren Aufgaben. Nehmen wir *Kollagen* als bindegewebige Hauptsubstanz, so enthalten vom Menschen: Knochen 1700 g, Haut 1000 g, Skeletmuskel 350 g, Lunge 40 g, Aoarta tho. und Niere je 10 g und Leber 1,5 g, der gesamte Mensch also 3101,5 g Kollagen. 33% des Gesamtproteins eines Menschen besteht aus Kollagen.

22.1.2 - 22.1.5

▶ *Bindegewebsarten:* a) *Kollagen* = Skleroprotein, Hauptbestandteil der *kollagenen Fasern,* s. (2.3). b) *Elastin* = Hauptbestandteil der *elastischen Fasern,* s. (2.3). c) *Saure Mucopolysaccharide,* Glykosaminoglykan, s. (6.8), mit verschiedenen Aufgaben: Ca^{2+}-Bindung, s. später unter Knochen; *Wasserbindung:* infolge ihres hohen effektiven hydrodynamischen Volumens binden sie den größten Teil des Extracellulärwassers; *Permeabilitätsbarriere* durch dreidimensionale Vernetzung unter Einbezug kollagener Fasern.

Anabolismus des Kollagens. a) *Protokollagen:* Nach allgemeinem Prinzip der Proteinbiosynthese werden Einzelfasern gebildet. Sie sind bemerkenswert reich an Pro und Gly. Ein Teil des Pro ist obligatorische Vorstufe von Hyp. Durch *Protokollagen-Hydroxylase* erfolgt Hydroxylierung zu Hyp. Das Enzym ist eine mischfunktionelle Oxidase. Es benötigt O_2, Ascorbat, Fe^{2+} und α-Ketobutyrat als Cofaktoren. Bei O_2- und Vitamin C-Mangel müssen somit Störungen der Kollagenanabolie eintreten. Im Protokollagen ist die Relation Pro/Hyp mit größter Genauigkeit konstant. – Durch eine *Lysin-Hydroxylase* wird nach analogem Enzymmechanismus in der Peptidkette Lys zu Hyl hydroxyliert. b) *Prokollagen:* Primärprodukte sind sogenannte α-Ketten. Es gibt zwei Typen, die in ihrer Aminosäurenzusammensetzung geringfügig abweichen: $α_1$ und $α_2$. MG jeder Kette $\sim 100 \times 10^3$. Es assoziieren je $2α_1$ und eine $α_2$ Kette miteinander zu einer spiralen Quartärstruktur. Die drei Ketten sind rechtsdrehend zu einer *Superhelix* mit Ganghöhe von 2,8 nm verdrillt. c) *Anfügung einer prosthetischen Kohlenhydratgruppe.* An einem Teil der HO-Gruppen des Hyl werden β-glykosidisch Galaktosereste (Gal) angefügt, an diese dann α-glykosidisch je ein Glucoserest (Glc) gebunden. Die Disaccharidgruppen haben dann die Sequenz Glc-α(1-2)Gal. Kohlenhydratgehalt des Wirbeltierkollagens = $\sim 2\%$. – Die intracellulär entstandenen Stäbchen mit 280 nm Länge und 1,2-1,5 nm Durchmesser, MG 280-300×10^3, werden nun in den Extrazellularraum sezerniert. d) *Monomeres* Kollagen. Während oder nach der Sekretion wird vom N-terminalen Ende aus ein aus etwa 70 Aminoacylresten bestehendes Peptid abgespalten. Die so entstandenen, verkürzten Fasereinheiten sind *neutralsalzlöslich.* e) *Polymeres Kollagen.* Die monomeren Kollagenfasern lagern sich darauf nach dem Kopf-an-Schwanz-Prinzip und Seite-an-Seite-Prinzip so zusammen, daß die Verbindungsstellen der Monomeren längs der Achsen gegeneinander versetzt sind. Diese längeren und dickeren Fibrillenaggregate sind *säurelöslich.* f) *Quervernetztes Kollagen:* Zwischen den einzelnen Kollagenfasern bilden sich Querstreben aus: Zwei benachbarte Lysylreste verlieren durch Desaminierung ihre ε-Aminogruppen. Die entstandenen endständigen Aldehydgruppen gehen nach dem Prinzip einer *Aldolkondensation* eine kovalente Bindung ein; eine Aldehydgruppe reagiert mit einer benachbarten Aminogruppe nach dem Prinzip der *Aldiminkondensation.* Die

Kollagenfasern sind jetzt unlöslich. Ihre biologische Halbwertszeit liegt zwischen 30-60 Tagen (Leber, Muskel) bzw. 300 Tagen (Aorta).

Katabolismus des Kollagens. Natives (also nicht hitzedenaturiertes) Kollagen wird durch *Kollagenase* zerlegt. Tierisches Enzym spaltet alle drei Ketten an derselben Stelle, so daß Spaltstücke aus drei Ketten mit jeweils 25% bzw. 75% der ursprünglichen Länge des Kollagens entstehen. Diese sind wasserlöslich und werden proteolytisch terminalmetabolisiert. Der Hyp-Gehalt des Blutes ist ein Maß für die Kollagen-Abbaurate. *Anabolismus des Elastins* = Hauptprotein der elastischen Fasern, Begleitprotein ist Kollagen. Es enthält zwei ungewöhnliche Aminosäuren: *Desmosin* und *Isodesmosin.* Diese Verbindungen entstehen aus Lys. Über diese Kernstücke sind Verzweigungen von Polypeptidketten möglich.

Katabolismus des Elastins. Analog dem Kollagen über Elastase (im Magendarmkanal durch Pankreatopeptidase E, spaltet Peptidbindungen zwischen neutralen Aminoacylresten). Innerhalb des Organismus ist Katabolismus noch weitgehend unbekannt.

Anabolismus der Sauren Mucopolysaccharide: s. (6.8). Enthalten alternierend eine N-acetylierte (bzw. sulfatierte) Aminohexose und eine Uronsäure bzw. Galaktose, manche von ihnen auch Estersulfatgruppen. a) *Bereitstellung* der für die Synthese benötigten *UDP-Monosaccharide:* Uridinphosphat-Galaktose (UDPGal), Uridinphosphat-N-acetyl-galaktosamin (UDPGalNAc), Uridinphosphat-N-acetyl-glucosamin (UDPGlcNAc) u.a. b) *Polymerisation* dieser Bausteine, Übertragung von Estersulfat, Verknüpfung mit einem Protein zu Glykosaminoglykan-Proteinen: Proteoglykane bzw. Glykoproteine. – Fast alle Bindegewebe haben charakteristisches Mucopolysaccharid-Verteilungsmuster. Sie sind altersabhängig. *Katabolismus der Sauren Mucopolysaccharide.* Sie haben relativ hohe Umsatzraten. Halbwertszeiten: Chondroitinsulfat 7-10 Tage, Hyaluronsäure 2-4 Tage. Der Metabolismus dieser Stoffe wird hormonal kontrolliert: Nebennierenrindenhormone hemmen den Anabolismus, bei Thyroxinmangel häufen sich Hyaluronat in der Haut an und Dermatansulfat nimmt ab. – Normalerweise ist Homöostase zwischen Ana- und Katabolismus ausgeglichen. Proteasen, Peptidasen und Glykosidasen, bei sulfatierten Mucopolysacchariden und Sulfatasen *aus Lysosomen* mit pH-Optima 4-5 sorgen für Partialabbau, deren Einzelheiten noch ungeklärt sind.

22.1.6 ▶ a) *Mucopolysaccharid-Speicherkrankheiten* zeigen alle den rezessiven Erbgang. Enzymdefekte betrifft Katabolenzyme. *Typ I:* Beim *Morbus Hurler* (Zwergwuchs, Schwachsinn) wird infolge Defektes an α-L-Iduronidase Dermatansulfat im Urin ausgeschieden. – Bei Morbus Scheie (Corneatrübung) besteht der gleiche Enzymdefekt, nur erscheint im Harn Heparansulfat. – *Typ II:* Bei *Morbus Hunter* (klinisches Bild wie bei M. Hurler, nur nicht so schwer), ist die Aktivität der Iduronidsulfat-Sulfatase gestört, und im Urin findet man größere Mengen an Dermatansulfat und Heparansulfat. – *Typ III:* Die sogenannte *Sanfilippo-Erkrankung* (Polydystrophische Oligophrenie mit verschiedenen Typen) zeigt sich klinisch in schwerer körperlicher und geistiger Entwicklungsstörung, verursacht durch Enzymdefekte an Heparansulfat-Sulfamidase (Typ A) bzw. α-N-Acetyl-glucosaminidase (Typ B). Im Harn erscheint Heparansulfat. – *Typ IV:* Bei *Morbus Morquio-Brailsford* (Osteochondrodystrophie) besteht Zwergwuchs, Skeletanomalie und Corneatrübung. Der Enzymdefekt ist unbekannt. Im Harn ist Keratansulfat auffindbar. – *Typ V:* Bei *Morbus Maroteaux-Lamy* kommt es zu Skeletdeformierungen, Corneatrübung, die geistige Entwicklung ist aber normal. Wahrscheinlich ist die N-Acetyl-Galaktosaminidsulfat-Sulfatase defekt. Im Harn ist Dermatansulfat. – *Typ VI: Schließlich ist bei der Sly-Erkrankung,* die sich klinisch durch die Symptome des Typ I, nur in leichterer Form, darstellt, die β-Glucuronidase defekt, und im Harn findet man Chondroitinsulfat und Dermatansulfat.

22.2
Knochen und Knochenbildung
22.2.1
▶ *Organische Knochen- und Zahnsubstanz: a) Knochen:* 18% Kollagen, 0,2% Mucopolysaccharide (MPS), 2,8% Proteine, Lipide. *b) Zahnzement:* 18% Kollagen, 0,2% MPS, 1,8% Proteine, Lipide. *c) Dentin:* 8% Kollagen, 0,1% MPS, 0,9% Proteine, Lipide. *d) Zahnschmelz:* weder Kollagen, noch MPS, sondern nur 1,0% Proteine, Lipide. – Der Wassergehalt beträgt in der Reihenfolge a-d: 9%, 8%, 5%, 1%.

Anorganische Knochen und Zahnsubstanz. Behalten wir die obige Reihenfolge a-d bei, dann: a) 60% Hydroxylapatit (HA): $(Ca_{10} (PO_4)_6 (OH)_2$, 10% übrige Mineralstoffe. b) 60% HA, 12% übrige. c) 75% HA, 11% übrige, d) 95% HA, 3% übrige. – Unter „übrige": Fluorapatit, Carbonatapatit, $CaCO_3$, $MgCO_3$.

22.2.2 Mineralisation Knochenstoffwechsel

▶ ~0,3% der anorganischen Knochenbestandteile sind in ständigem Austausch begriffen. Der Erwachsene enthält ~1 kg Ca^{2+} und er nimmt täglich ~1 g auf. Im Apatit ist Ca^{2+} Zentralatom, darum 3 $Ca_3(PO_4)_2$ als Liganden angeordnet. Gegenionen sind dann OH^-, CO_3^-, HPO_4^{2-}, F^- oder organische Säuren. Sie sind leicht austauschbar. Ca^{2+} ist auch gegen Sr^{2+} austauschbar, zum Beispiel gegen $^{90}Sr^{2+}$, das aus Atombombenversuchen in die Atmospähre kommt, mit dem Regen heruntergewaschen wird und in unsere Nahrung gelangt (ähnliches gilt für Ra, U, Pb). F^- befindet sich hauptsächlich in der Zahnhartsubstanz. Oberflächliche Abdichtung und Härtung durch CaF_2. Der „turnover" geschieht durch *Osteoblasten* und *Osteoklasten*. Die *Mineralisation* verbraucht Energie und verläuft in mehreren Phasen: a) die Kollagenfasern im nichtverknöcherten Knorpel sind von Chondroitinsulfat-Protein eingehüllt. Die diese Substanz produzierenden Zellen degenerieren. Die Osteoblasten zeigen erhöhte Metabolaktivität, insbeondere schalten sie von bevorzugter ATP-Gewinnung aus Substratkettenphosphorylierung (Glucosekatabolismus) auf Atmungskettenphosphorylierung (Terminalmetabolisierung) um. Chondroitinsulfat-Protein wird katabolisiert, das von Chondroitinsulfat komplex gebundene Ca^{2+} wird frei. b) Die jetzt demaskierten ε-NH_2-Gruppen von Lys und Hyl des Kollagens werden unter einer ATPase und Beteiligung von ATP pyrophosphoryliert: Kollagen-NH_2 + ATP → Kollagen-NH-℗~℗ + AMP. c) Die gebundenen Pyrophosphatgruppen bilden einen Ca-Komplex. Ein „Kristallisationskeim" veranlaßt die Addition weiterer Apatitkristalle = *Nucleisationskristallisation*. d) Bei dieser Art von „anorganischem Mineralisationswachstum" ist ΔG kleiner als bei Präcipitationskristallisation, da die erstere „orientiert" ist. Raummaß der Apatitkristalle 20 × 3 nm.

22.2.3 ▶ Im mineralisierenden Knorpel ist eine *Alkalische Phosphatase* in relativ hoher Aktivität nachweisbar. Sie fehlt im „Ruheknorpel", z.B. Gelenkknorpel und bei defekter Knochenbildung, ist aber erhöht bei Callusbildung nach einer Fraktur, bei erhöhter Osteoblastenaktivität, zum Beispiel bei Rachitis, sowohl im Gewebe als auch im Blutplasma. Die Alkalische Phosphatase ist wahrscheinlich nicht an der primären, sondern an der secundären Mineralisation der organischen Matrix beteiligt.
Der *Knochenmetabolismus* ist vom Allgemeinmetabolismus des Organismus abhängig. An seiner Steuerung sind insbesondere die Hormone *Calcitonin* und *Parathormon*

beteiligt. Optimale Vitaminzufuhr, insbesondere an Calciferol, Retinol und Ascorbinsäure ist Voraussetzung für optimale Funktion.

Weiterführende Fachliteratur

BUDDECKE, E.: Grundriß der Biochemie, 4. Auflage. Berlin New York: Walter de Gruyter, 1974.
KARLSON, P.: Kurzes Lehrbuch der Biochemie, 9. Auflage, Verlag Stuttgart: Georg Thieme 1974.
GANONG, W. F.: Lehrbuch der Medizinischen Physiologie, 3. Auflage, Berlin Heidelberg New York: Springer-Verlag, 1974.
LATSCHA, H. P., KLEIN, H. A.: Chemie für Mediziner, Begleittext zum Gegenstandskatalog. Berlin Heidelberg New York: Springer Verlag, 1974.
BEYER, H.: Lehrbuch der Organischen Chemie, 17. Auflage, Stuttgart: S. Hirsch Verlag, 1973.
KANIG, K.: Einführung in die allgemeine und klinische Neurochemie. Stuttgart: Gustav Fischer Verlag, 1973.
BUSELMEIER, W.: Biologie für Mediziner, Begleittext zum Gegenstandskatalog, Berlin Heidelberg New York: Springer-Verlag, 1974.
BÜHLMANN, A. F., FROESCH, E. R.: Pathophysiologie, Basistext Medizin. Berlin Heidelberg New York: Springer-Verlag, 1972.
LEHNINGER, A. L.: Bioenergetik. Stuttgart: Georg Thieme Verlag, 1970.
RAUEN, H. M.: Chemie für Mediziner – Übungsfragen. Berlin Heidelberg New York: Springer-Verlag, 1969.
RAUEN, H. M.: Biochemie – Übungsfragen. Berlin Heidelberg New York: Springer-Verlag, 1969.
LENZ, W.: Medizinische Genetik. Stuttgart: Deutscher Taschenbuchverlag, Georg Thieme Verlag, 1970
HOELZL WALLACH, D. F., KNÜFERMANN, H. G.: Plasmamembranen. Berlin Heidelberg New York: Springer-Verlag, 1973.
KABAT, E. A.: Einführung in die Immunchemie und Immunologie. Berlin Heidelberg New York: Springer-Verlag, 1971.
HARBERS, E.: Nucleinsäuren, Biochemie und Funktionen. Stuttgart: Georg Thieme Verlag, 1969.
BÄSSLER, K.-H., FEKL, W., LANG, K.: Grundbegriffe der Ernährungslehre. Berlin Heidelberg New York: Springer-Verlag, 1973.

H. P. Latscha, H. A. Klein

Chemie

für Mediziner
zum Gegenstandskatalog für die Fächer
der Ärztlichen Vorprüfung

82 Abbildungen. VIII, 241 Seiten. 1974
DM 16,80; US $6.90
ISBN 3-540-06878-3
Preisänderungen vorbehalten

Dieses Buch ist in erster Linie für Medizinstudenten
gedacht. Es enthält das vom Gegenstandskatalog geforderte
Prüfungswissen. Das Buch ist somit vor allem eine Lernhilfe
für Medizinstudenten. Die Nummern der Lernziele sind
jeweils am linken Seitenrand angegeben. Eine Zuordnungstabelle „Lernziel/Seitenzahl" erleichtert die Rekapitulation. Die Stichworte der Lernziele sind im Text gekennzeichnet.

Inhaltsübersicht: Chemische Elemente und chemische
Grundgesetze. Aufbau der Atome. Periodensystem der
Elemente. Moleküle, chemische Verbindungen und Reaktionsgleichungen. Bindungsarten. Materie und ihre Eigenschaften. Redoxvorgänge. Chemisches Gleichgewicht.
Säuren und Basen. Lösungen. Geschwindigkeit chemischer
Reaktionen (Kinetik). Thermodynamik. Kohlenwasserstoffe. Verbindungen mit einfachen funktionellen Gruppen. Verbindungen mit ungesättigten funktionellen
Gruppen. Stereoisomerie. Kohlenhydrate. Aminosäuren
und Peptide. Heterocyclen und weitere Naturstoffe.

Springer-Verlag
Berlin Heidelberg New York

W. Buselmaier
Biologie für Mediziner
Begleittext zum Gegenstandskatalog
2. verbesserte und erweiterte Auflage
91 Abbildungen. XII, 176 Seiten. 1975
(Heidelberger Taschenbücher, 154. Band)
DM 16,80; US $7.30
ISBN 3-540-07231-4

Die im Mai 1974 erschienene erste Auflage dieses Basistextes hatte einen so großen Erfolg, daß jetzt die 2. Auflage notwendig wurde.

Inhaltsübersicht: Allgemeine Cytologie und Ultrastruktur der Zelle. Vererbungslehre. Evolution. Grundlagen der Mikrobiologie. Morphologie und Physiologie ein- und mehrzelliger Organismen.

H.M. Rauen
Chemie für Mediziner – Übungsfragen
VIII, 64 Seiten. 1969
(Heidelberger Taschenbücher, 52. Band)
DM 12,80; US $5.50
ISBN 3-540-04547-3

H.M. Rauen
Biochemie – Übungsfragen
VIII, 123 Seiten. 1969
(Heidelberger Taschenbücher, 53. Band)
DM 12,80; US $5.50
ISBN 3-540-04547-3

Preisänderungen vorbehalten

Springer-Verlag
Berlin Heidelberg New York

Vitamine und abgeleitete Coenzyme

(CoA loc. cit.)
FAD Flavinadenin-dinucleotid
FMN Flavinmononucleotid
fp Flavoprotein
NAD^+ Nicotinamid-adenin-dinucleotid
$NADH_2$ oder $NADH+H^+$ reduziertes NAD
$NADP^+$ Nicotinamid-adenin-dinucleotid-phosphat
$NADPH_2$ oder $NADPH+H^+$ reduziertes NADP
NMN Nicotinamid-mononucleotid
PLP Pyridoxalphosphat
PMP Pyridoxaminphosphat
Q Ubichinon
QH_2 Ubihydrochinon
TPP Thiaminpyrophosphat

Hormone

ACTH Adrenocorticotropes Hormon
DOC Desoxycorticosteron
DOCA Desoxycorticosteronacetat
FSH Follikel-stimulierendes Hormon
HCG Human-Choriongonadotropin
HHL Hypophysenhinterlappen
HMG Human-Menopausegonadotropin
HVL Hypophysenvorderlappen
ICSH Interstitialzellen-stimulierendes Hormon
LH Luteinisierendes Hormon = ICSH
LTH Luteotropes Hormon
MSH Melanocyten-stimulierendes Hormon
NNM Nebennierenmark
NNR Nebennierenrinde
PMSG Stutenserum-Gonadotropin
STH Somatotropes Hormon
TSH Thyreotropes Hormon

Enzyme

ADH Alkohol-Dehydrogenase
ATPase Adenosintriphosphatase
ChE Cholin-Esterase
GAPDH Glycerinaldehydphosphat-Dehydrogenase
GLDH Glutamat-Dehydrogenase
GOT Glutamat-Oxalacetat-Transaminase
GPT Glutamat-Pyruvat-Transaminase
IDH Isocitrat-Dehydrogenase
LAP Leucinaminopeptidase
LDH Lactat-Dehydrogenase
MDH Malat-Dehydrogenase
MK Myokinase = Adenylatkinase
PFK Phosphofructokinase
PK Pyruvatkinase
POD Peroxidase
RHase Ribonuclease
SDH Sorbit-Dehydrogenase

MIX
Papier aus verantwortungsvollen Quellen
Paper from responsible sources
FSC® C105338

If you have any concerns about our products,
you can contact us on
ProductSafety@springernature.com

In case Publisher is established outside the EU,
the EU authorized representative is:
**Springer Nature Customer Service Center GmbH
Europaplatz 3, 69115 Heidelberg, Germany**

Printed by Libri Plureos GmbH
in Hamburg, Germany